传匠心

U0236357

非遗文化空间设计

Space Design of Intangible Cultural Heritage

中国建筑学会室内设计分会　组织编写

化学工业出版社
·北京·

内容简介

本书精选了非遗文化空间设计作品 46 件，介绍并展现了每件作品的设计理念、构思、方案及效果。书中作品来自国内设计类特色教育创新项目——“室内设计 6+”2023 年（第十一届）联合毕业设计项目，遴选了 37 所国内室内设计（或类似）专业知名高校的联合毕业设计答辩优秀作品，内容十分丰富。

本书可供高等院校建筑设计、室内设计、环境艺术设计、景观设计等相关专业师生使用，也可供建筑、室内、环艺和景观等专业设计人员参考。

图书在版编目（CIP）数据

匠心传承：非遗文化空间设计 / 中国建筑学会室内设计分会组织编写. -- 北京：化学工业出版社，2024.10. -- ISBN 978-7-122-46189-6

Ⅰ. TU238.2

中国国家版本馆 CIP 数据核字第 2024FJ7440 号

责任编辑：徐　娟　　装帧设计：中图智业
责任校对：王鹏飞　　封面设计：刘丽华

出版发行：化学工业出版社（北京市东城区青年湖南街 13 号　邮政编码 100011）
印　　装：天津市银博印刷集团有限公司
880mm×1230mm　1/16　印张 13½　字数 400 千字　2024 年 10 月北京第 1 版第 1 次印刷

购书咨询：010-64518888　　售后服务：010-64518899
网　　址：http://www.cip.com.cn
凡购买本书，如有缺损质量问题，本社销售中心负责调换。

定　　价：138.00 元

本书编委会名单

评委及企业导师（排名不分先后）：

高校导师（排名不分先后）：

实验组：

左　琰　林　怡　兆　翚　刘　杰　谢冠一　薛　颖　云　翃　刘晓军　杨　琳　滕学荣
张　丽　朱　飞　王　晶

东北区：

马　辉　都　伟　高　莹　杨　淘　吕丹娜　迟家琦　杜心舒　唐　晔　张享东　鲍　春
孙　莞　杨小舟　莫日根　吕奇达　刘利剑　宋　一　邵　丹　刘学文　郭秋月　阚盛达
席田鹿　胡书灵　邵卓峰　王郁新　王嘉琳

华北区：

孙　锦　侯　熠　张金勇　郭笑梅　魏　强　张翼明　任永刚　韩　冰　陈淑飞　吴志锋
要　宇　徐胤嫣　刘辛夷　郭全生

华东区：

邵　靖　郭谌达　汪　利　郭浩原　华亦雄　董立惠　陈月浩　庄　艳　方贤峰　刘毅菁
姬　琳　马　辉　王　迪

华西区：

张　豪　翁　萌　周炯焱　林建力　刘清清　刘令贵　谷永丽　张琳琳　谢　迁　郑君芝
李金春

华中区：

白　舸　王祖君　黄　敏　罗　雪　陆　虹　谢旭斌　刘少博　王　刚　谢　华　雷　鑫
梅小清　彭　云　王中杰　何　凡　黄学军　张　进

华南区：

朱应新　廖　橙　胡林辉　王　萍　黄　芳　肖　彬　梁　青　叶　昱　黄　智　薛震东
李逸斐　巫　濛　何　兰　黄宏伟

前言

室内设计专业在中国经过了将近 70 年的发展历程，其专业名称、从属学科也经历了数次改变。直到今天在建筑学、环境设计等学科内都设置有室内设计专业，可见该专业所涵盖知识的复杂性。目前全国设有室内设计（或类似）专业的高校有 1500 多所，可见该专业也具有广泛性。

中国建筑学会室内设计分会是室内设计专业领域国内最具权威的学术组织，多年来一直引领着中国室内设计学术与实践的发展方向。从 2013 年起中国建筑学会室内设计分会开始组织“室内设计 6+”，至今已持续了十一届。在国内按地域和实践类型分为实验组、东北区、华北区、华东区、华西区、华中区、华南区七个组，共有 60 余所院校参与，已在国内形成了较大的影响力。“室内设计 6+”组织模式的不断创新也是今年的亮点之一，“飞行院校”的加入打破了以往区域的限制，在迎接新的挑战同时也促进了区域之间的交流。这种模式的创新我们会坚持走下去，我们要打破区域、校际之间的壁垒，让各院校的教师、学生思想的碰撞更为猛烈。这种模式所产生的最终效应和成果是我们想看到的，也是本书所要呈现的。

大学是传道、授业、解惑的场所，教学又是大学办学的根本。如何培养好学生是一所学校、一个专业、一群教师的职责，“室内设计 6+”正是在以不断创新教学形式来完成这一目标。今年的命题“非遗文化空间设计”是当下国家发展需要且社会热点的话题之一。每个参加院校的师生们对此的不同解读和思想碰撞，最终会呈现在本书上。

每年我们都会将各个区域名列前茅的优秀作品汇聚成册，这是对该项目的记录和总结，同时也是对能刊登在作品集上的设计者的鼓励。十一本作品集放在一起，一方面是汇聚了每年各个院校教学的成果，展现设计教育变化着的时代气息；另一方面也体现出我们这个学术团体为中国室内设计教育发展进步所贡献的绵薄之力。

苏丹

2023 年 11 月

目录

5 华东区作品

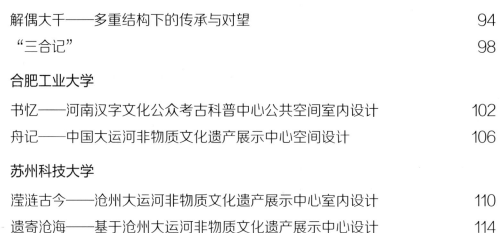

6 华西区作品

1

项目规章

中国建筑学会室内设计分会
“室内设计 6+”联合毕业设计特色教育创新项目章程
（2023 版）修订草稿

本书收集作品高校名录

中国建筑学会室内设计分会
“室内设计 6+”联合毕业设计特色教育创新项目章程

（2023 版）修订草稿

教育是国之大计、党之大计。党的二十大报告指出，“加强基础学科、新兴学科、交叉学科建设，加快建设中国特色、世界一流的大学和优势学科。”高等教育体系在教育体系中具有引领性、先导性作用，在加快建设高质量教育体系中应走在时代前列。

为服务城乡建设领域室内设计专门人才培养需求，加强室内设计师培养的针对性，促进相关高等学校在专业教育教学方面的交流，引导面向建筑行（企）业需求开展综合性实践教学工作，由中国建筑学会室内设计分会（以下简称“室内设计分会”）倡导、主管，国内外设置室内设计相关专业（方向）的高校与行业知名建筑与环境设计企业开展联合毕业设计。

为使联合毕业设计活动规范、有序，形成活动品牌和特色，室内设计分会在征求相关高等学校意见和建议的基础上形成原《“室内设计 6+1”校企联合毕业设计章程》，并于 2013 年 1 月 13 日“室内设计 6+1”2013（首届）校企联合毕业设计（北京）命题会上审议通过，公布试行，并结合活动实施情况持续修订。2018 年该活动经中国建筑学会批准为《“室内设计 6+”联合毕业设计特色教育创新项目》。

历经十余届联合毕业设计的深入交流，“室内设计 6+”联合毕业设计取得了卓越成果，形成广泛而深远的影响力，积累了室内分会设计教育平台建设成功经验，形成了多联融合的特色教育创新项目组织实施格局。

一、联合毕业设计设立的背景、目的和意义

1. 背景

自 1992 年 5 月开始的全国建筑学专业评估全面引导和提升了我国建筑学专业教育水平，同时也带动了室内设计专业（方向）建设和发展。截至 2023 年度，通过全国建筑学专业（本科）评估学校（含有条件）已达 78 所。

2010 年教育部启动了“卓越工程师教育培养计划”，于 2011~2013 年分三批公布了进入“卓越计划”的本科专业和研究生层次学科。

2011 年国务院学位委员会、教育部公布《学位授予和人才培养学科目录（2011 年）》，增设了艺术学（13）学科门类，将设计学（1305）设置为艺术学学科门类中的一级学科。环境设计建议作为设计学一级学科下的二级学科；室内设计及其理论建议作为新调整的建筑学（0813）一级学科下的二级学科。

2012 年教育部公布《普通高等学校本科专业目录（2012 年）》，在艺术学（13）学科门类下设设计学类专业，环境设计（130503）等成为其下核心专业。

艺术学门类的独立设置，设计学一级学科以及环境设计、室内设计等学科专业的设置与调整，形成了我国环境设计教育和室内设计专门人才培养学科专业的新格局。

2022 年国务院学位委员会、教育部印发《研究生教育学科专业目录（2022 年）》《研究生教育学科专业目录管理办法》。该目录主要适用于研究生专业设置以及学士、硕士、博士的学位授予工作。新版目录将设计学（1403，可授工学、艺术学学位）列入新增单列的交叉学科（14）。

2024 年 2 月，教育部公布了 2023 年度普通高等学校本科专业备案和审批结果，并发布了最新《普通高等学校本科专业目录（2024）》。本科专业类型和区域布局结构进一步优化，高校服务经济社会发展的意识和能力进一步增强。其中，将建筑学（082801）、风景园林（082803）、历史建筑保护工程（082804T）等列在工学（08）建筑类中；环境设计（130503）、产品设计（130504）、艺术与科技（130509T）等“室内设计 6+”项目相关专业，列在艺术学（13）设计学类中。

2. 目的和意义

组织开展室内设计联合毕业设计，对加强相关学科专业特色建设，深化综合性实践各教学环节交流，促进室内设计教育教学协同创新，融通融合，结合文化、科技、人工智能等培养服务行（企）业需求的室内设计专门人才，具有十分重要的意义。

二、联合毕业设计组织机构

1. 指导单位、主办单位

“室内设计 6+”联合毕业设计由室内设计分会主办，受全国高等学校建筑学学科专业指导委员会、教育部高等学校设计学类专业教学指导委员会等指导。

2. 参加高校、主（参）编高校

联合毕业设计一般由学科专业条件相近、设置室内设计方向的相关专业的 6 所高校间通过协商、组织成为活动参加组，并以通过全国建筑学专业（本科）评估学校作为核心高校。应突出参加组合的地理区域、办学类型、专业特色、就业面向等的代表性、涵盖性、多样性，在学科专业间形成一定的交叉性和联合毕业设计工作环境和交流氛围。

室内设计分会组织建立《“室内设计 6+”联合毕业设计特色教育创新项目》三个层级的参加高校组。进一步提升“室内设计 6+”联合毕业设计既有“实验组”对全国活动的引领和示范作用；在室内设计分会工作六大地区（东北、华北、华东、华西、华中、华南地区）增设“室内设计 6+”联合毕业设计“（ × 地区）组”，开展地区活动，突出地区特色；在有条件的省市增设“室内设计 6+”联合毕业设计“（ × 省 / 市）组”，开展省市活动，突出省 / 市特色。每届联合毕业设计中，各组可多邀请 1 所本地区或本省 / 市的高校作为临时参加高校，再邀请 1 所跨地区或跨省 / 市的高校作为临时交流高校，形成带动本地和跨地交流的项目进出更新机制。参加高校需严格遵守与室内分会签订的成为本教育创新项目成员高校协议，积极开展相关工作。

室内设计分会安排专家、项目观察员等指导不同层级参加组联合毕业设计活动，促进多联融合交流。

每年通过各层级活动参加组申报和室内分会遴选，确定相应的毕业设计开题调研、中期检查、毕业答辩等的承办高校，以及中国建筑学会室内设计分会推荐专业教学参考书：“室内设计 6+” ×（年）（第 × 届）（ × 地区或 × 省 / 市）联合毕业设计《（主题） ×[卷]——（总命题） × 》（以下简称《主题卷》）主编高校，其他参加高校作为参编高校。

每所高校参加联合毕业设计到场汇报的学生一般以 6~8 人为宜，分为 2 个方案设计组；要求配备 2~3 名指导教师，其中至少有 1 名指导教师具有高级职称；高校导师熟悉建筑学（室内设计）、风景园林（景观设计）、历史建筑保护工程、环境设计、产品设计、艺术与科技等参加专业的实践业务，与相关领域企业联系较广泛。室内设计分会负责聘任高校导师，指导开展联合毕业设计。

3. 命题单位

参加高校向室内设计分会推荐所在地区、省市的行业代表性建筑与室内设计企业作为毕业设计命题单位，单位命题人应具有高级职称；室内分会负责聘任单位命题人作为联合毕业设计特聘导师。特聘导师与相应高校导师联合编制联合毕业设计总命题下的《“（子课题） × ”毕业设计教学任务书》，指导开展联合毕业设计。

4. 支持单位

通过室内设计分会联系和参加高校推荐等，遴选每届活动支持单位。室内设计分会负责聘任支持单位代表为项目观察员，参与联合毕业设计观察点评。

5. 出版单位

室内设计分会和《主题卷》总编高校遴选行业知名出版单位，作为《主题卷》出版单位，参与联合毕业设计相关环节工作。

三、联合毕业设计流程环节

1. 联合毕业设计每年由室内设计分会主办 1 届，与参加高校毕业设计教学工作实际相结合。

2. 室内设计分会负责联合毕业设计总体策划、宣传，组织研讨、编制、公布每届联合毕业设计《（主题） ×——（总命题） × 框架任务书》《项目纲要》等，协调参加高校、命题单位、相关机构等，聘请领域专家为专题论坛演讲人，组织对毕业设计子课题成果、毕业设计组织单位、毕业设计命题单位等的审核，以及室内设计教育国际交流等。

3. 联合毕业设计主要教学环节包括：命题研讨、开题调研、中期检查、毕业答辩、编辑出版、专题展览等 6 个主要环节，以及联合指导、观察点评、校组交流、对外交流等多个联合毕业设计活动的扩展环节。相关工作分别由室内设计分会、参加高校、命题单位、支持单位、出版单位等分工协同落实。

4. 命题研讨

室内设计分会组织召开联合毕业设计命题研讨会。每届联合毕业设计的总命题着眼建筑学（室内设计）、风景园林（景观设计）、历史建筑保护工程、环境设计、产品设计、艺术与科技等相关领域学术前沿和行业发展热点问题，参加高校联合命题单位细化总命题下子课题。联合毕业设计子课题要求具备相关设计资料收集、现场踏勘、项目管理方支持等条件。

命题研讨会一般安排在高校秋季学期，在当年室内设计分会年会期间（10月下旬）安排专题研讨。

5. 开题调研

室内设计分会组织开展联合毕业设计开题调研活动，颁发联合毕业设计高校导师和特聘导师聘书；联合主办高校协同落实开题仪式、专题论坛、开题报告汇报、项目调研等工作。每所参加高校进行开题报告汇报，每组不超过20分钟，专家点评不超过10分钟。

开题活动一般安排在高校春季学期开学初（3月上旬）进行。

6. 中期检查

室内设计分会组织开展联合毕业设计中期检查活动；联合主办高校协同落实专题论坛、中期检查汇报、项目调研等工作。每所参加高校推荐不超过2个初步设计方案组进行汇报，每组不超过20分钟，专家点评不超过10分钟。

中期检查一般安排在春季学期期中（4月中旬）进行。

7. 毕业答辩

室内设计分会组织开展联合毕业设计毕业答辩及课题研究活动；联合主办高校协同落实毕业答辩、颁发证书、项目调研等工作。每所参加高校推荐不超过2个深化设计方案组进行陈述与答辩，每组不超过20分钟，专家点评不超过10分钟。

在答辩、点评的基础上，室内设计分会组织开展《“室内设计6+”联合毕业设计特色教育创新项目》年度研讨，重点研究各毕业设计子课题成果质量，肯定毕业设计组织单位、毕业设计命题单位、支持单位等。坚持“质量第一、宁缺毋滥”的原则，毕业设计子课题成果质量成绩按百分制计，其中90分以上、80~89分两段打分结果一般按照1：2比例设置。

毕业答辩及课题研究一般安排在春季学期期末（6月上旬）进行。

8. 专题展览

室内设计分会在每届联合毕业设计结束当年的室内设计分会年会暨学术研讨会（每年10~11月份）举办期间安排联合毕业设计作品专题展览；专题展览结束后，相关高校可自愿向室内设计分会申请联合毕业设计作品巡回展出。

9. 编辑出版

基于每届联合毕业设计成果，由室内分会组织编辑出版《主题卷》，作为室内分会推荐的专业教学参考书。《主题卷》总编工作由室内设计分会和总编高校、参编高校联合编著，参加高校导师负责本校排版稿的审稿等工作，出版单位作为责任单位，负责校审、出版、发行等工作。

10. 对外交流

室内设计分会和出版单位一般在每届联合毕业设计结束当年室内分会年会期间联合举行《主题卷》发行式；由室内分会联系如亚洲室内设计联合会（AIDIA）等室内设计国际学术组织，开展室内设计教育成果国际交流，宣传中国室内设计教育，拓展国际交流途径。

四、联合毕业设计相关经费

1. 室内设计分会负责筹措对毕业设计项目子课题成果（含完成人、指导教师）、毕业设计组织单位、毕业设计命题单位、支持单位等的邀请，以及室内设计分会年会专题展览、宣传经费，以及《主题卷》出版补充经费等。

2. 参加高校自筹参加联合毕业设计相关师生各环节经费。

3. 联合主办高校负责联合毕业设计开题调研、中期检查、毕业答辩等环节的宣传、场地、设备、调研、专家差旅等经费；毕业答辩环节联合主办高校还负责用作毕业答辩的深化设计方案《主题卷》书稿册页的打印装订等经费；《主题卷》总编高校负责出版主体经费等，并为项目成果交流提供一定数量的样书。

4. 命题单位、支持单位、出版单位等负责为向校企联合毕业设计提供一定形式的支持等。

5. 室内设计分会适时组织参加高校组，将《“室内设计6+”联合毕业设计特色教育创新项目》申报为国家有关基金项目。

五、附则

本章程于2024年5月12日室内设计分会常务理事会审议通过，由室内设计分会负责解释。先前版本废止。

本书收集作品高校名录

实验组（7校）

同济大学　华南理工大学　哈尔滨工业大学　西安建筑科技大学　北京建筑大学　南京艺术学院　天津大学

东北区（5校）

大连理工大学　沈阳建筑大学　大连工业大学　东北师范大学　吉林艺术学院

华北区（4校）

河北工业大学　山东建筑大学　河南工业大学　北方工业大学

华东区（3校）

苏州科技大学　合肥工业大学　吉林建筑大学

华西区（5校）

西安美术学院　四川大学　西安交通大学　云南艺术学院　西安工程大学

华中区（6校）

华中科技大学　湖北美术学院　武汉理工大学　南昌大学　中南大学　武汉大学

华南区（7校）

广州美术学院　广东工业大学　广西艺术学院　厦门大学　深圳大学　福州大学　辽宁工业大学

2

实验组

参加院校：同济大学、华南理工大学、哈尔滨工业大学、西安建筑科技大学、北京建筑大学、南京艺术学院、天津大学

联合主办单位：北京建筑大学、同济大学建筑设计研究院、哈尔滨工业大学

命题单位：金螳螂文化发展股份有限公司

支持单位：北京筑邦建筑装饰工程有限公司

实验组作品

天津大学

苏州桃花坞木版年画博物馆室内设计

同济大学

欣·灯·荟——秦淮灯会、灯彩非遗文化展陈空间设计

西安建筑科技大学

匠心传承——南京城墙博物馆非遗文化展示空间设计

哈尔滨工业大学

阡陌曲声起，入木风物吟——苏州桃花坞木版年画博物馆文化空间设计

华南理工大学

桃花坞木版年画博物馆室内方案

北京建筑大学

苏州桃花坞木版年画博物馆策划与设计

南京艺术学院

金陵匠艺——南京非遗文化展示空间设计

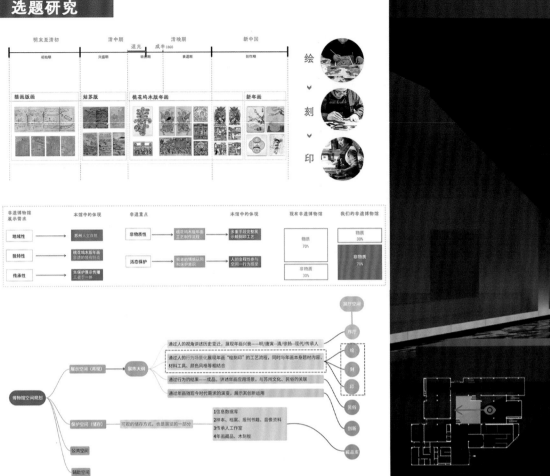

选题研究

苏州桃花坞木版年画博物馆室内设计

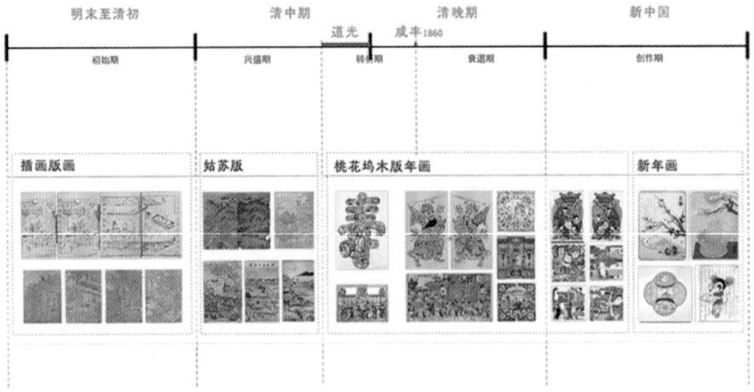

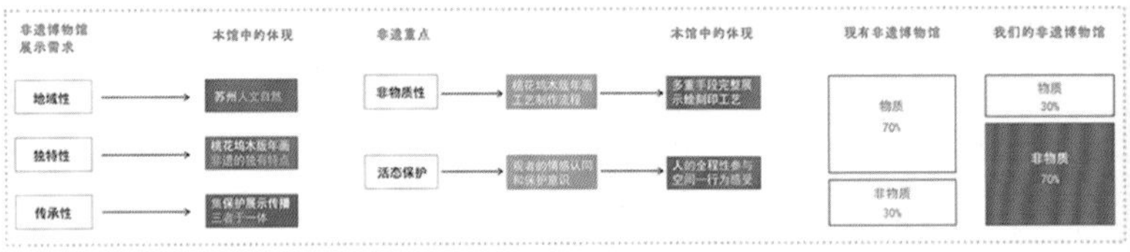

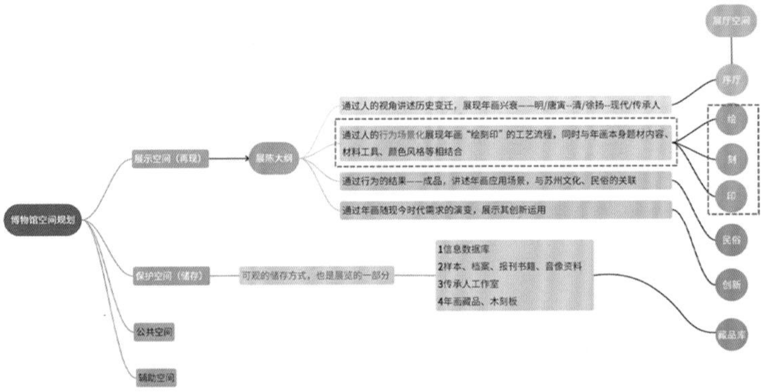

空间策略

整体空间的设计策略基于苏州古城独有的双棋盘格局。该格局作为苏州城市的水陆交通规划，自春秋时期历经 2500 年保留至今。苏州的水路和陆路被规划成两个平行的交通体系，同时，绘、刻、印三大工艺流程的重复性，也与其格局不谋而合。因此在空间上，将绘、刻、印作为展览的三大部分，分别放置在不同楼层，同时放置在两条流线中。再者，苏州

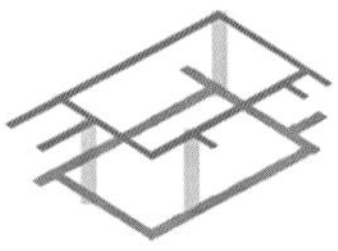

双棋盘格局

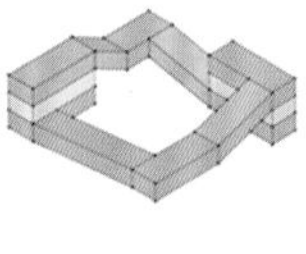

双流线立体交通

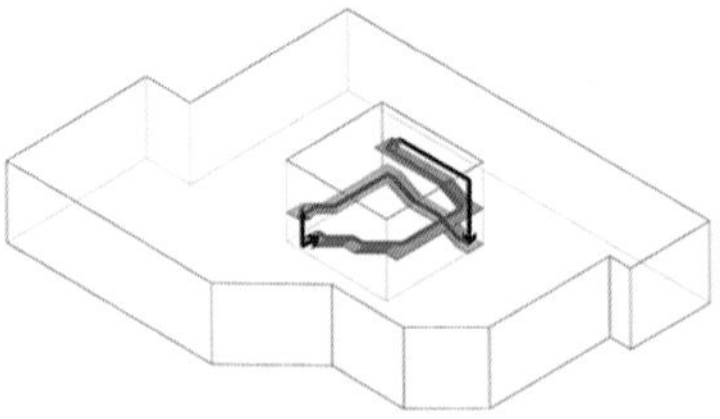

置入建筑中庭 重新布局室内空间

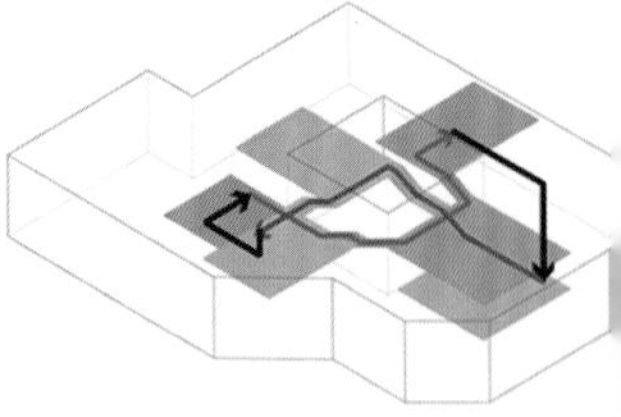

连接展厅 形成空间闭环

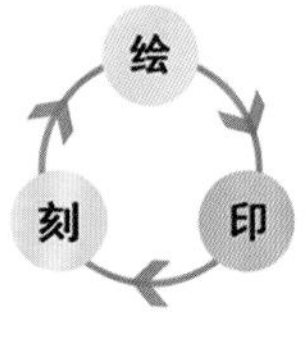

三大工艺流程

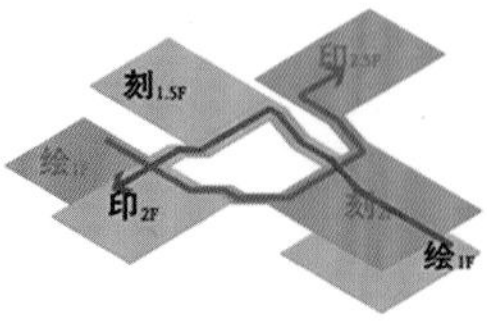

放置绘、刻、印内容

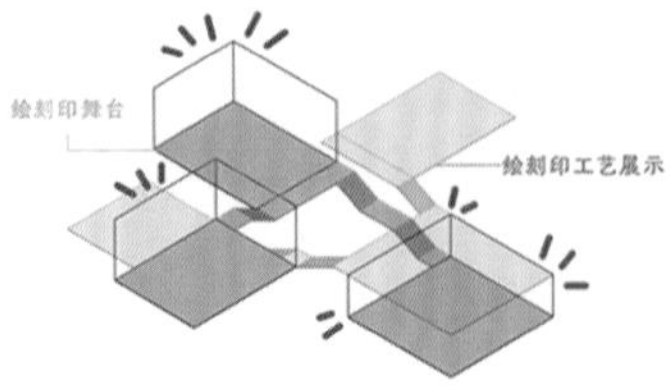

置入舞台 形成两套展览空间

形成完整非物质展

中庭空间效果图（于绘舞台看向刻舞台）

指导教师：王　晶
作　　者：吴彦暄　于琬珑　戴钰惠　石　帅　刘芳辰

在垂直交叉处交汇转换，形成立体的交通网。本设计从双棋盘格局中提炼出了双流线立体交通的概念，并将双流线立体交通置于建筑中庭，连接了高差不同的两部分建筑空间。通过竖向交通连接两条流线，自此形成空间闭环。
物质技艺，其工艺制作流程是动态连续的。为了表达这一特点，本设计在首流线中置入了舞台设计的概念。最终形成了两套非物质展览空间和完整的非物质展示流线。

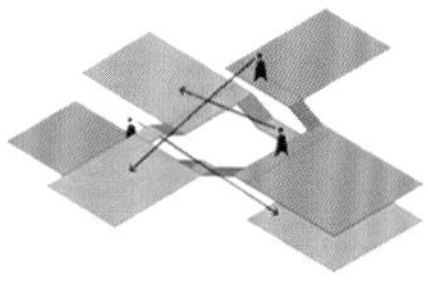
看与被看

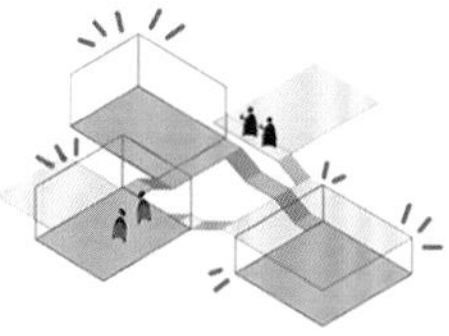
舞台上没有演员
参观者即是演员

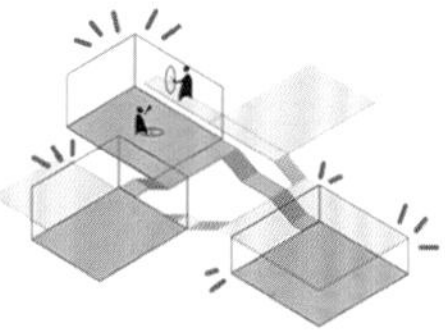
两套空间互相呼应

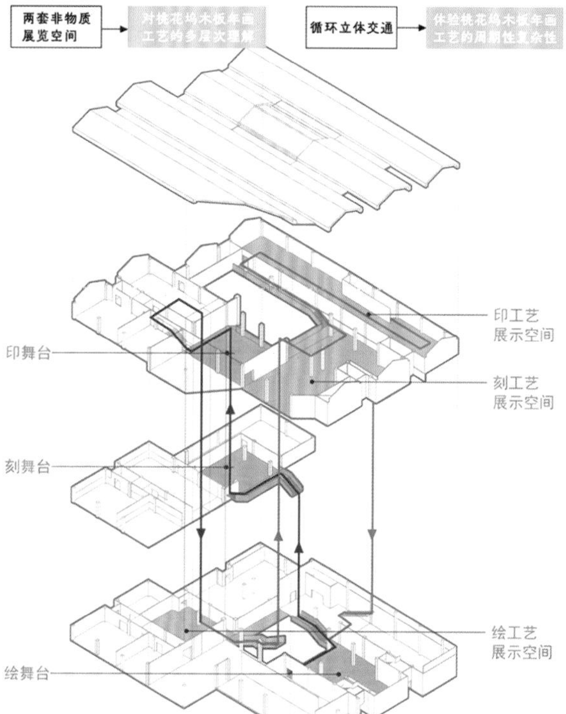
两套非物质展览空间
对桃花坞木板年画工艺的多层次理解
循环立体交通
体验桃花坞木板年画工艺的周期性复杂性
印工艺展示空间
印舞台
刻工艺展示空间
刻舞台
绘工艺展示空间
绘舞台

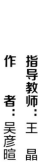

中庭空间组织

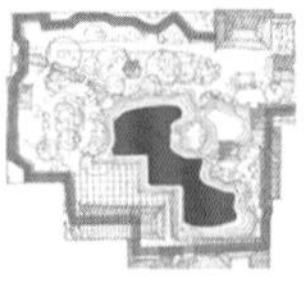

苏州园林空间结构

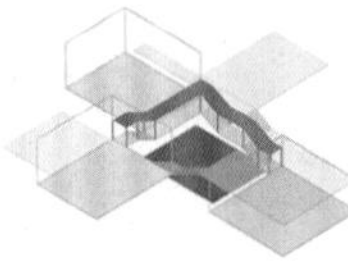

置入水面和虚拟廊

中庭空间效果图（于过厅看向中庭）

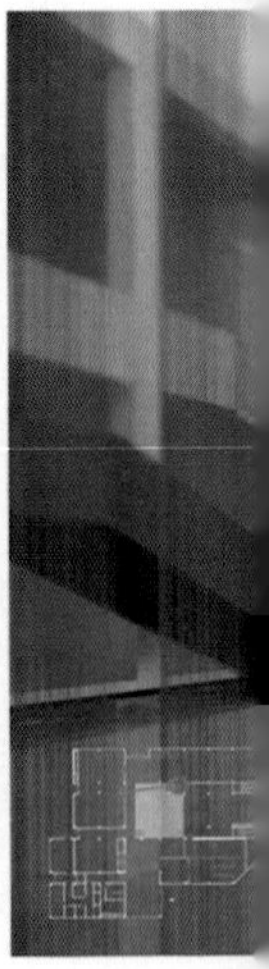

技术图纸

在项目原有建筑方案的基础上进行二次空间设计。首先将原有中庭形态进行简化并向西侧移动至建筑正层及夹层间隔处。将双流线立体交通置于调整后的建筑中庭形成交通空间。

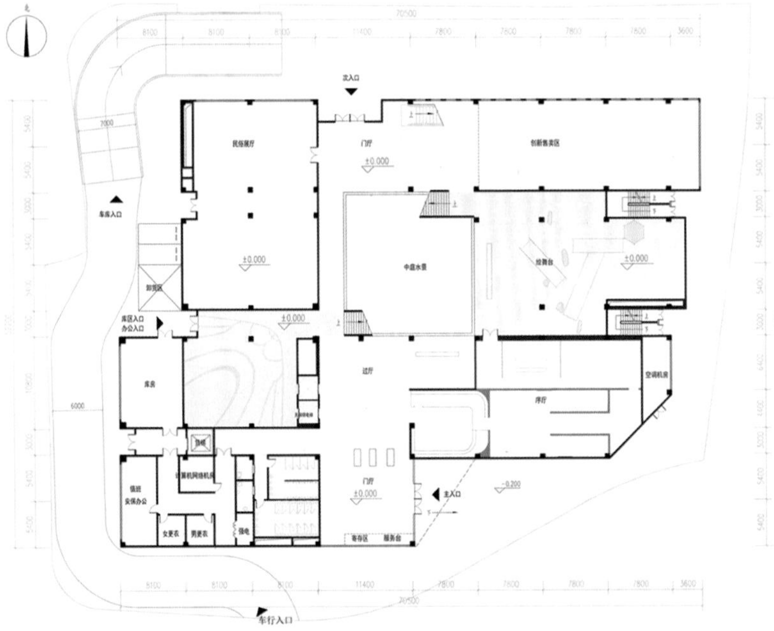

一层平面图

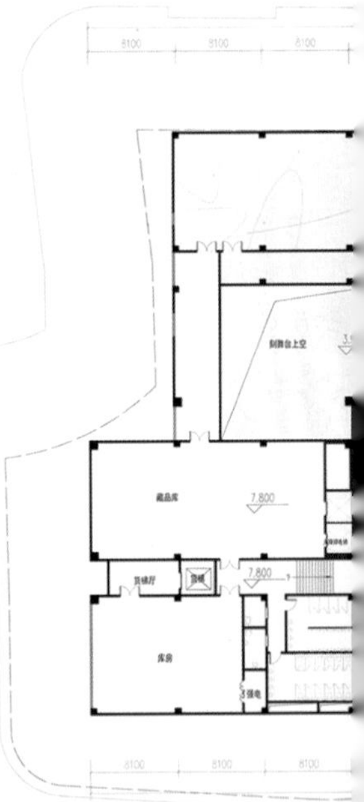

中庭空间效果图(于绘工艺展示空间出口处看向绘舞台)

性将辅助空间南移至建筑南侧角落。剩余展厅部分去掉原有走廊进行打散重组。

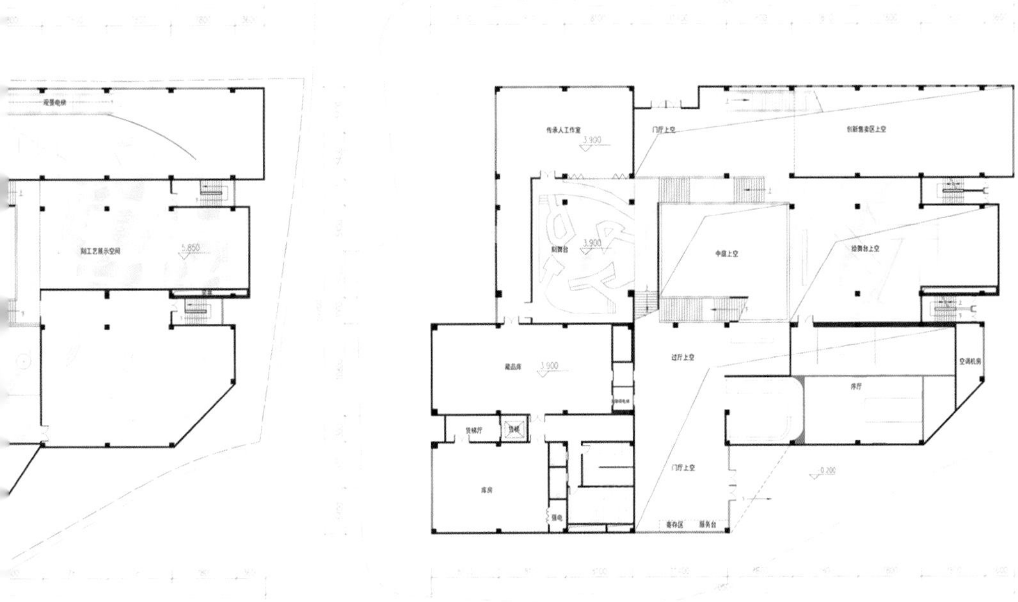

夹层平面图

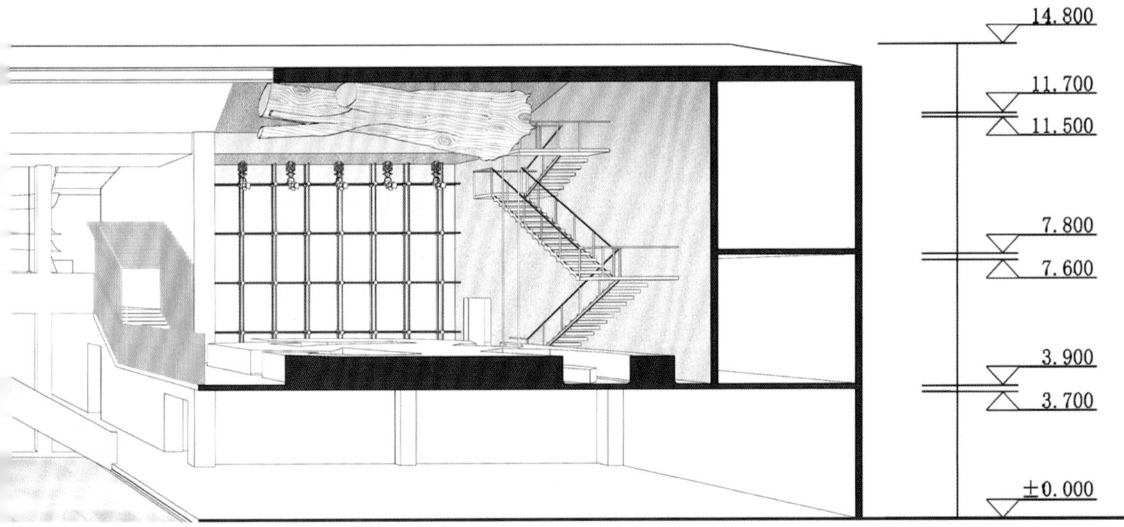

室内·联合
毕业设计
6+

欣·灯·荟——秦淮灯会、灯彩非遗文化展陈空间设计

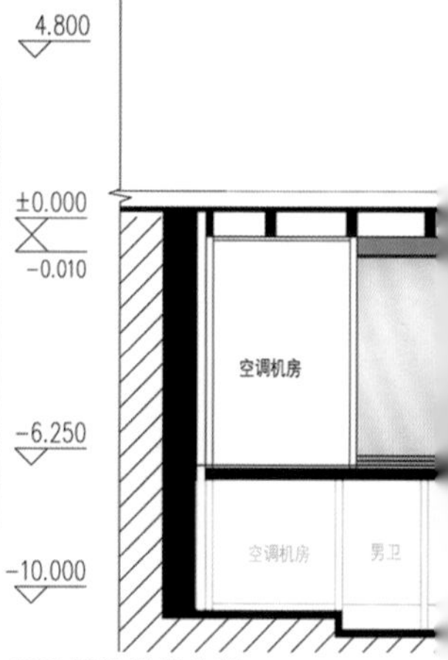

周边历史文化分析

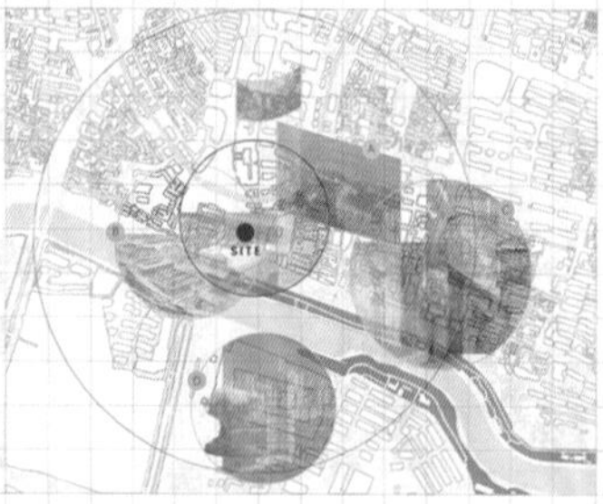

共性提取

A 南京城墙

世界最长、规模最大、保存原真性最好的古代城垣。得山川之利，空江湖之势。

B 中华门瓮城

世界上保存最完好、结构最复杂、规模最大的堡垒瓮城，有"天下第一瓮城"之称。

C 老门东

南京传统民居聚集地，自古人文荟萃，是南京传统生活、市井文化的缩影。

D 大报恩寺

中国规模最高、规模最大、保存最完整的寺庙遗址。是南朝寺庙发祥地和江南佛教中心。

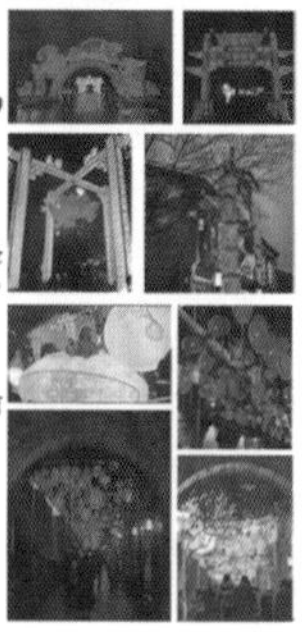

周边博物馆分析

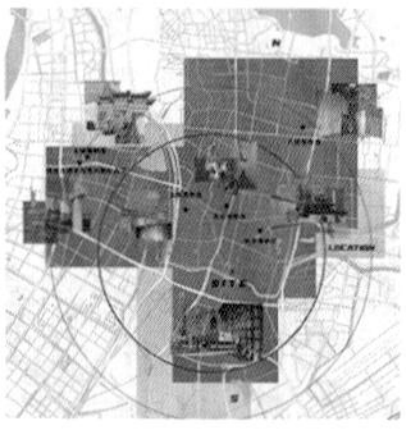

秦淮灯会流线分析

建筑形态关系

"文化缺失"
没有详析文化的博物馆

"一城一河"
灯会流线收束点

"走城头"
内容呼应建筑形态

基地周边配置分析

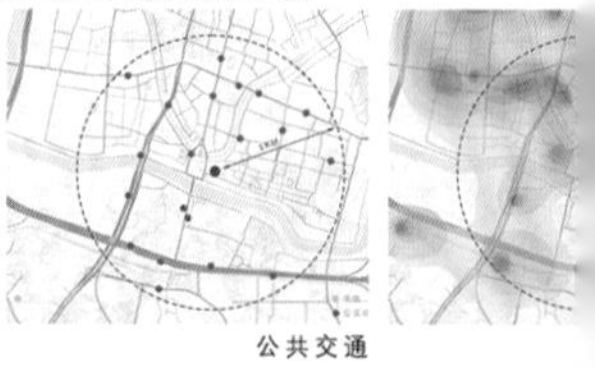

公共交通

游客行为活动分析

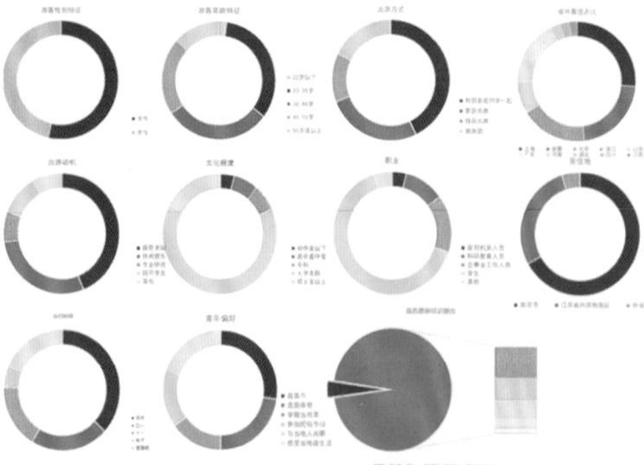

数据来自2019南京青奥艺术灯会、南京博物院及2018新青年旅行报告。数据表示游客大部分为中青年，其中朋友同游和家庭旅游为主要形式。大部分游客来看展览是为了探求知识休闲娱乐的，并且大多数群体为本科大学生。另外有半数以上的参观者为本地居民。其中大部分青年出行在周末或五一时期，且更偏好逛集市、走街串巷、参加民俗节日等，感受当地文化。

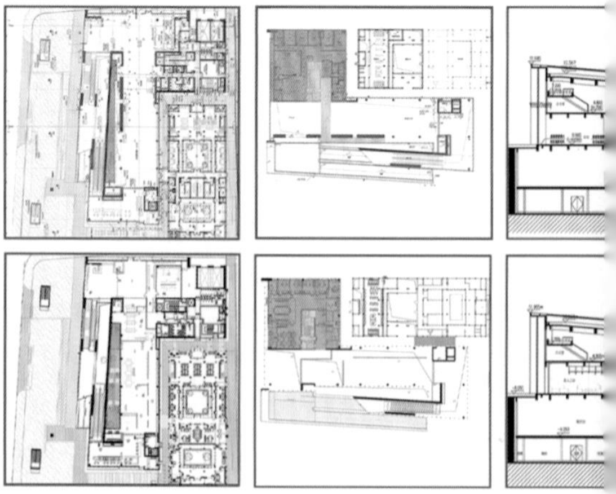

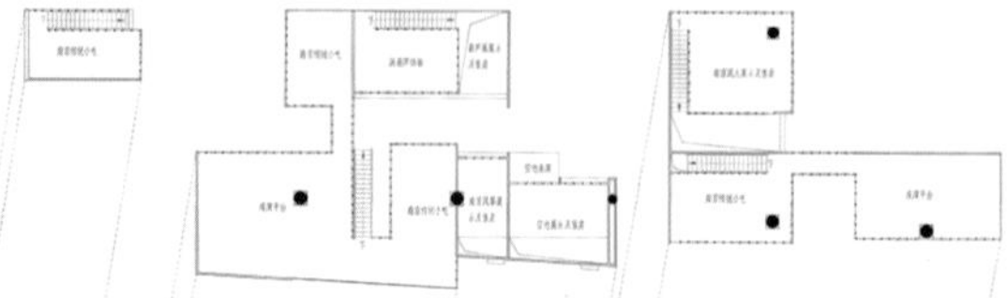

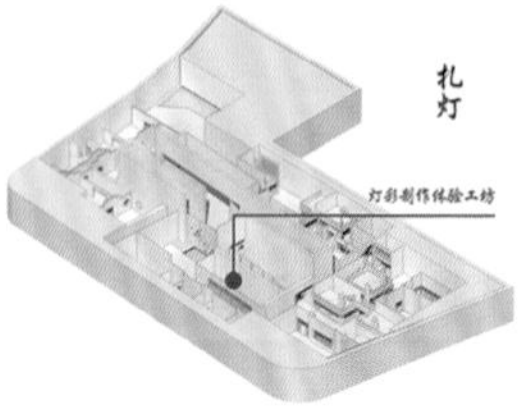

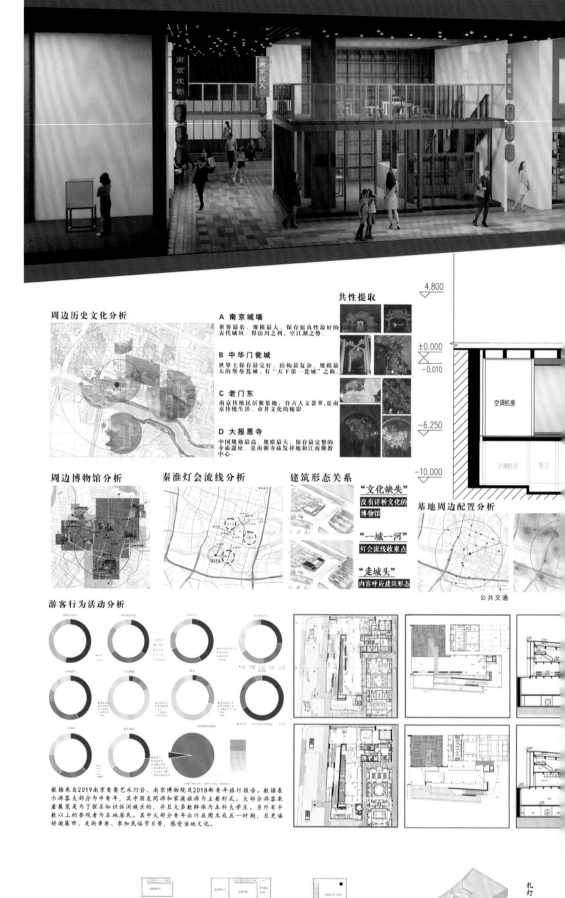

指导教师：左琰　林怡
作　者：于佳卉　赵子昕　梁淼哲

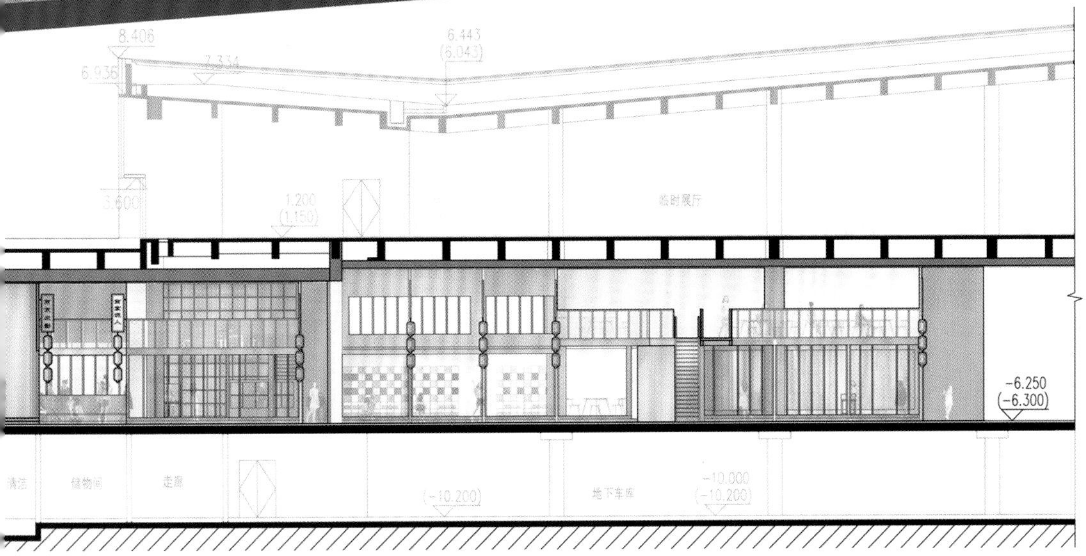
8.406
6.936
7.334
6.443
(6.043)
3.600
1.200
(1.150)
临时展厅
-6.250
(-6.300)
清洁
储物间
走廊
(-10.200)
地下车库
-10.000
(-10.200)

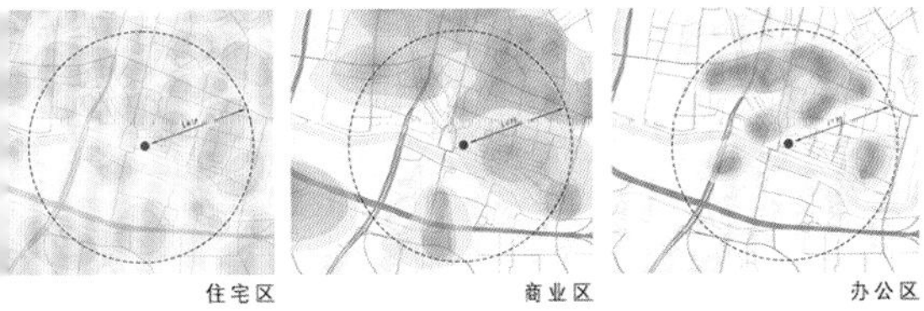
住宅区
商业区
办公区

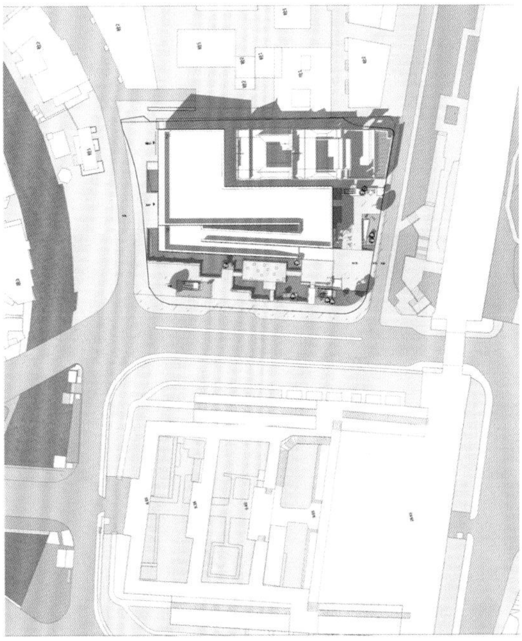

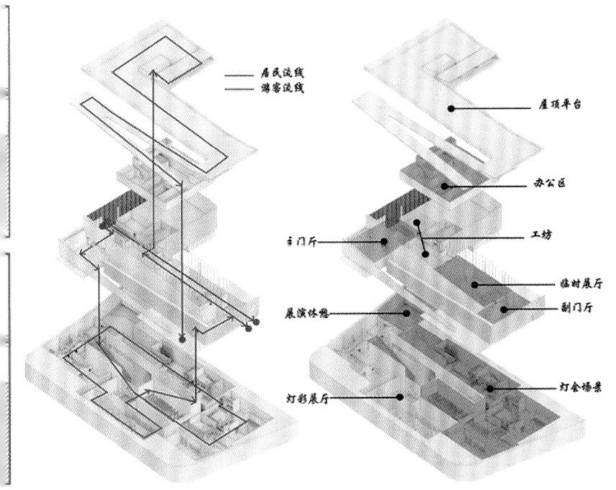
居民流线
游客流线
屋顶平台
办公区
主门厅
工坊
临时展厅
副门厅
展演休憩
灯彩展厅
灯会场景

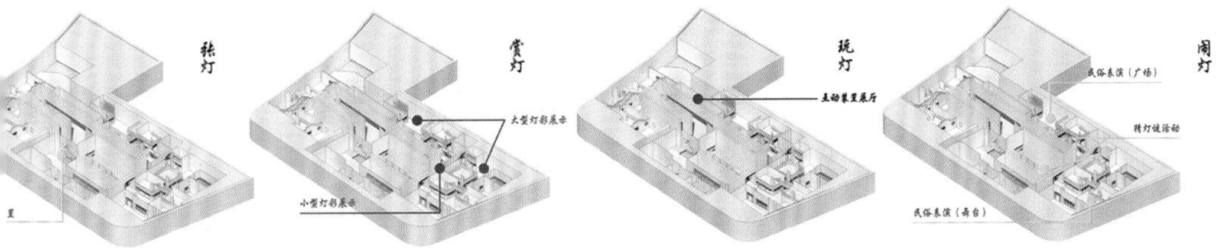
张灯
赏灯
大型灯彩展示
小型灯彩展示
玩灯
互动装置展厅
闹灯
民俗表演（广场）
猜灯谜活动
民俗表演（舞台）

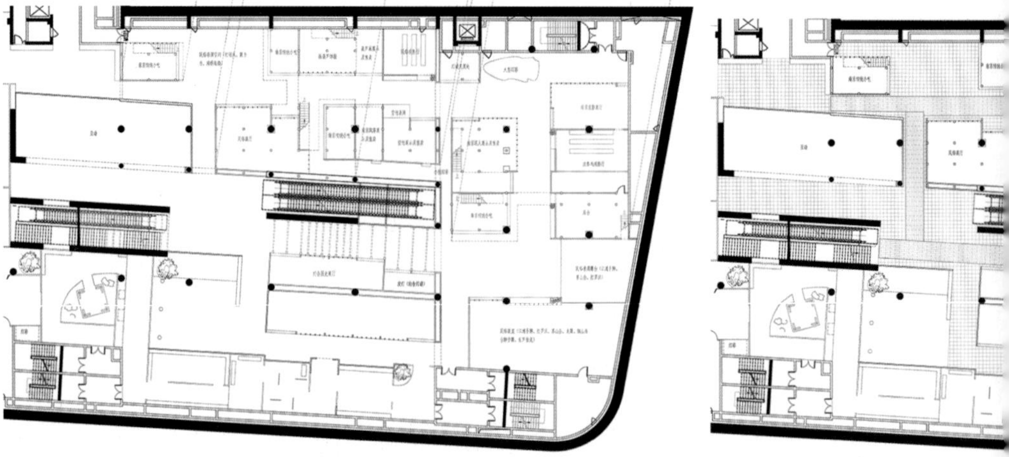

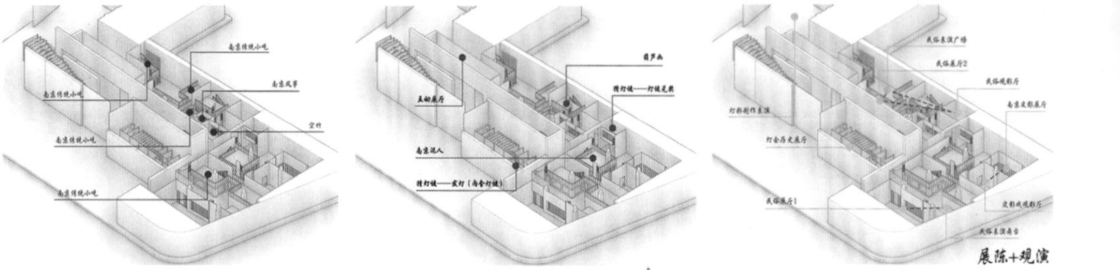
展陈+观演

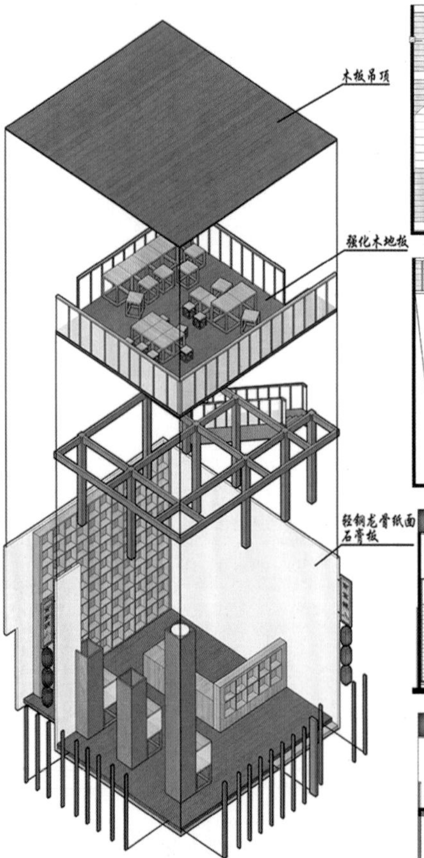
木板吊顶
强化木地板
轻钢龙骨纸面石膏板

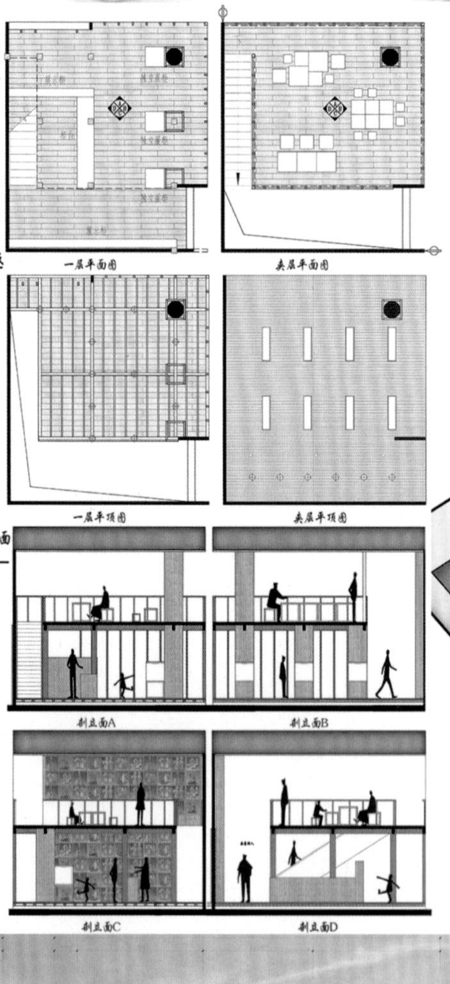
一层平面图
夹层平面图
一层平顶图
夹层平顶图
剖立面A
剖立面B
剖立面C
剖立面D

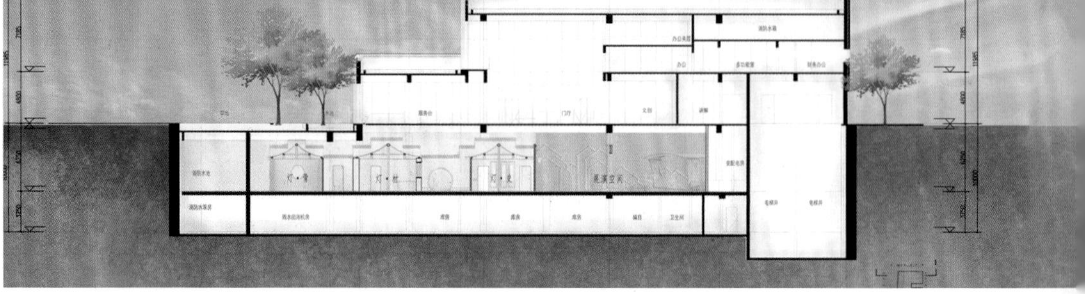

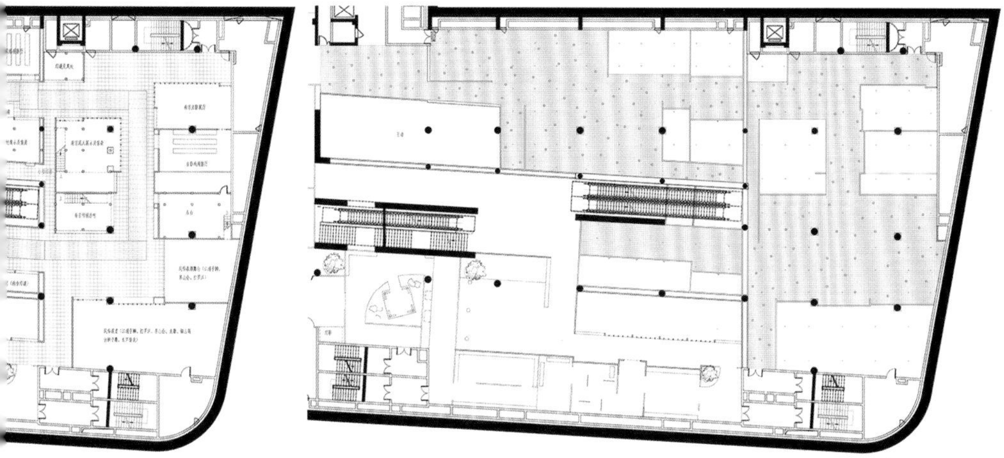

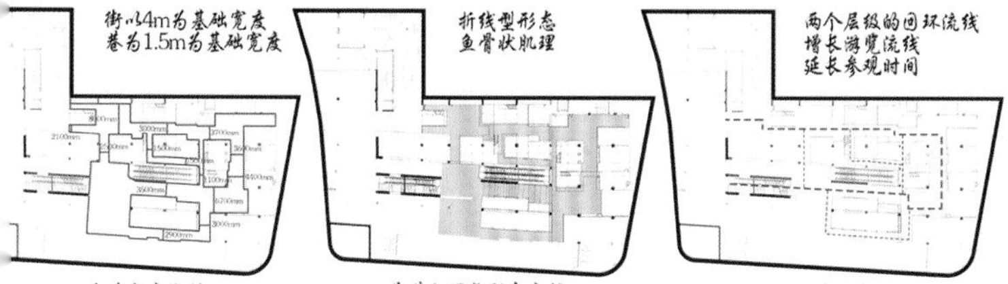

街以4m为基础宽度
巷为1.5m为基础宽度
折线型形态
鱼骨状肌理
两个层级的回环流线
增长游览流线
延长参观时间

街巷宽度控制　　街巷肌理与形态分析　　街巷长度控制

采用木框架结构解决部分夹层承重问题，布置方式综合考虑原结构柱网秩序和传统街巷开间尺度

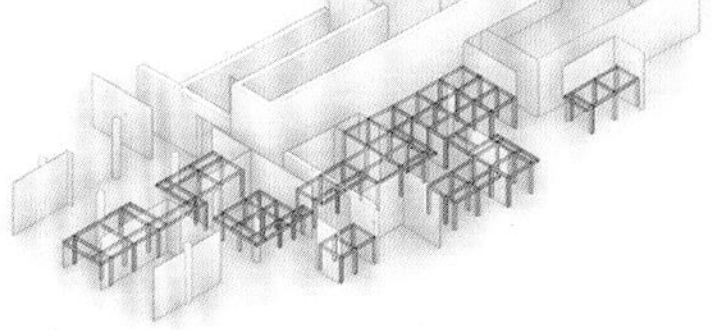

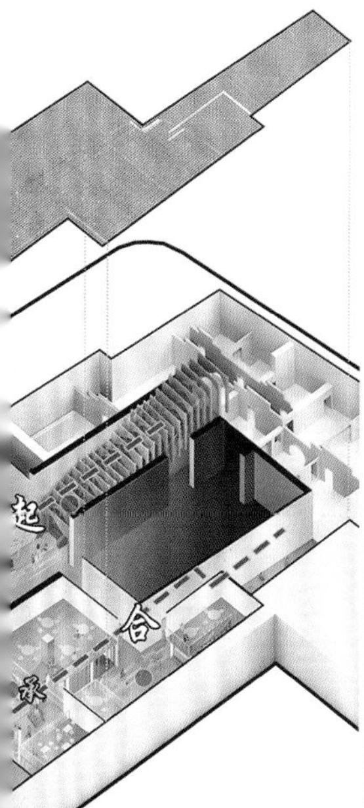

起
合
承

黑色铝合金网状格栅吊顶
格栅筒灯
木格栅
轻钢龙骨纸面石膏板
长方形灰色地砖

1
2
3
4
5
6
7
8
9

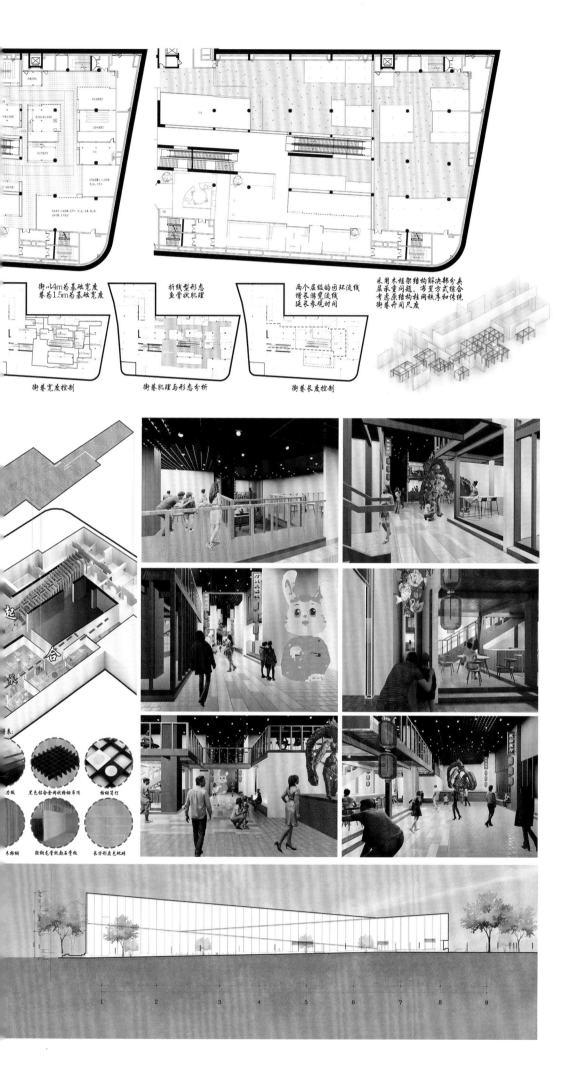

匠心传承——南京城墙博物馆非遗文化展示空间设计

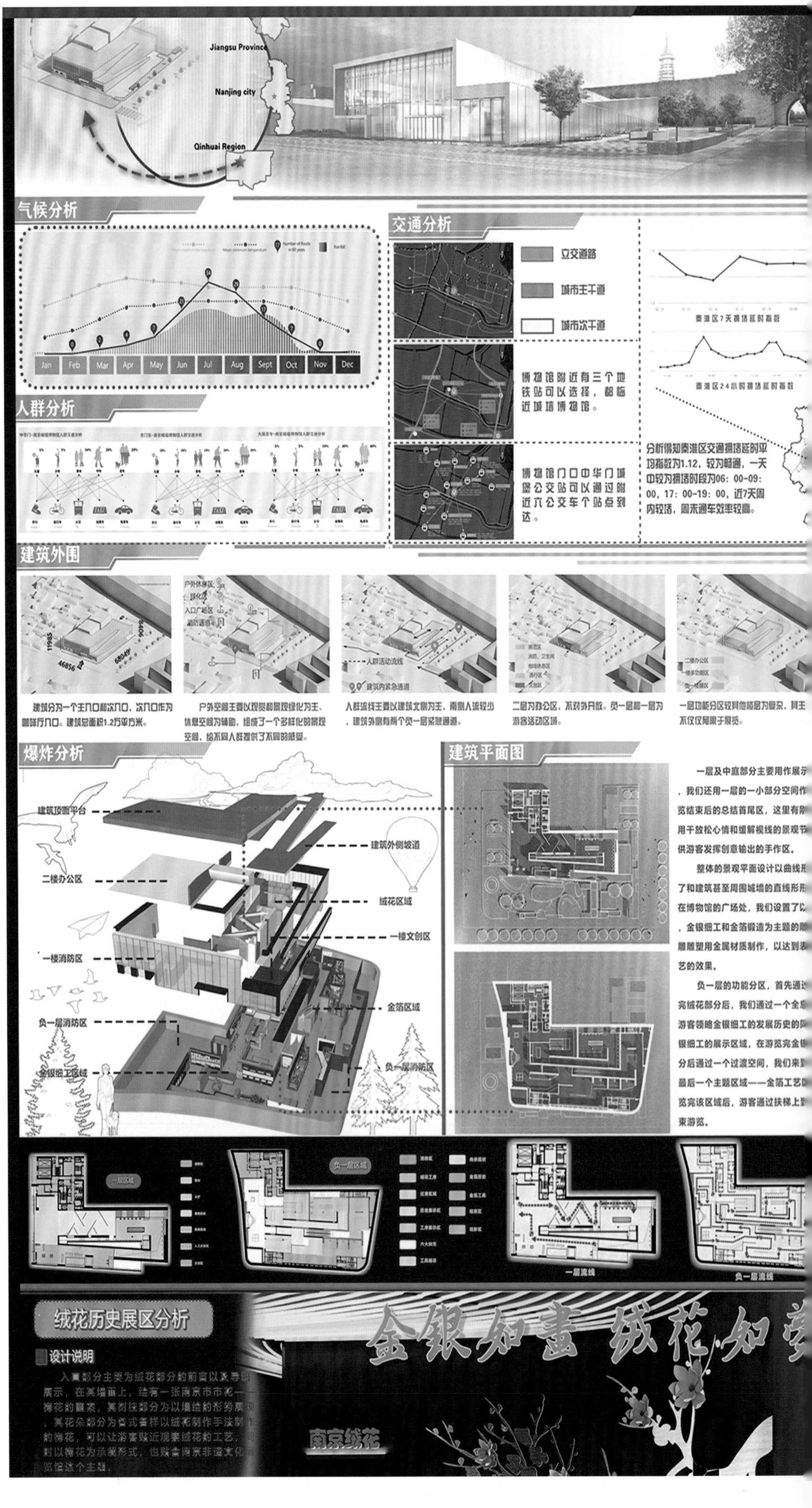
Jiangsu Province
Nanjing city
Qinhuai Region
气候分析
Jan
Feb
Mar
Apr
May
Jun
Jul
Aug
Sept
Oct
Nov
Dec
交通分析
立交道路
城市主干道
城市次干道
博物馆附近有三个地铁站可以选择，都临近城墙博物馆。
博物馆门口中华门城堡公交站可以通过附近六公交车个站点到达。
秦淮区7天拥堵延时指数
秦淮区24小时拥堵延时指数
分析得知秦淮区交通拥堵延时平均指数为1.12，较为畅通，一天中较为拥堵时段为06：00-09：00，17：00-19：00，近7天周内较缓，周末通车效率较高。
人群分析
建筑外围
户外休息区
绿化区
入口广场区
人群活动流线
建筑内紧急通道
建筑分为一个主入口和次入口，次入口作为咖啡厅入口。建筑总面积1.2万平方米。
户外空间主要以观赏和景观绿化为主、休息空间为辅助，组成了一个多样化的景观空间，给不同人群提供了不同的感受。
人群流线主要以建筑北侧为主，南侧人流较少，建筑外侧有两个负一层紧急通道。
二层为办公区，不对外开放。负一层和一层为游客活动区域。
爆炸分析
建筑顶面平台
建筑外侧坡道
二楼办公区
绒花区域
一楼文创区
一楼消防区
金箔区域
负一层消防区
金银细工区域
负一层消防区
建筑平面图
一层及中庭部分主要用作展示
，我们还用一层的一小部分空间作
览结束后的总结首尾区，这里有用
用于放松心情和缓解视线的景观节
供游客发挥创意输出的手作区。
整体的景观平面设计以曲线形
了和建筑甚至周围城墙的直线形形
在博物馆的广场处，我们设置了以
，金银细工和金箔锻造为主题的雕
雕雕塑用金属材质制作，以达到表
艺的效果。
负一层的功能分区，首先通过
完绒花部分后，我们通过一个金银
游客领略金银细工的发展历史的同
银细工的展示区域，在游览完金银
分后通过一个过渡空间，我们来到
最后一个主题区域——金箔工艺区
览完该区域后，游客通过扶梯上到
束游览。
一层区域
负一层区域
一层流线
负一层流线
绒花历史展区分析
设计说明
入南郊部分主要为绒花部分前首以及寺展示，在其墙面上，绘有一张南京市市——梅花的簪饰，其梅花部分为以墙结绒的形束，其花朵部分为古式簪饰以绒花制作的梅花，可以让游客更近观赏绒花的工艺，对以梅花为承载形式，也赋予南京非遗文化馆这个主题。
金银如画 绒花如
南京绒花

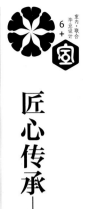

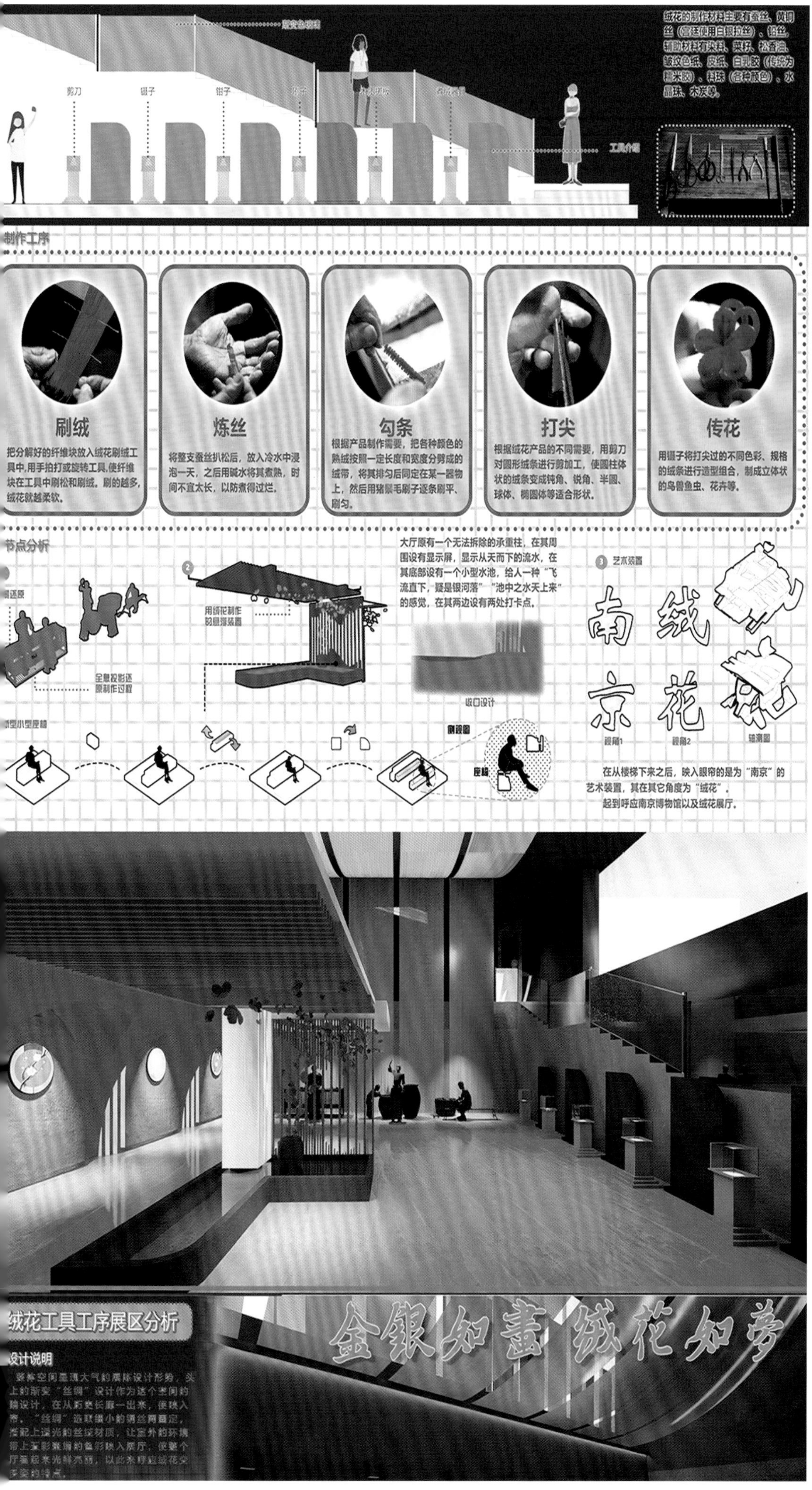
绒花的制作材料主要有蚕丝、黄铜丝（宫廷使用白银拉丝）、铅丝，辅助材料有染料、菜籽、松香油、皱纹色纸、皮纸、白乳胶（传统为糯米胶）、料珠（各种颜色）、水晶珠、木炭等。
剪刀
镊子
钳子
工具介绍
制作工序
刷绒
把分解好的纤维块放入绒花刷绒工具中,用手拍打或旋转工具,使纤维块在工具中刷松和刷绒。刷的越多，绒花就越柔软。
炼丝
将整支蚕丝扒松后，放入冷水中浸泡一天，之后用碱水将其煮熟，时间不宜太长，以防煮得过烂。
勾条
根据产品制作需要，把各种颜色的熟绒按照一定长度和宽度分劈成的绒带，将其排匀后固定在某一器物上，然后用猪鬃毛刷子逐条刷平、刷匀。
打尖
根据绒花产品的不同需要，用剪刀对圆形绒条进行剪加工，使圆柱体状的绒条变成钝角、锐角、半圆、球体、椭圆体等适合形状。
传花
用镊子将打尖过的不同色彩、规格的绒条进行造型组合，制成立体状的鸟兽鱼虫、花卉等。
节点分析
全息投影还原制作过程
用绒花制作的悬浮装置
大厅原有一个无法拆除的承重柱，在其周围设有显示屏，显示从天而下的流水，在其底部设有一个小型水池，给人一种“飞流直下，疑是银河落”“池中之水天上来”的感觉，在其两边设有两处打卡点。
收口设计
艺术装置
南京
绒花
视角1
视角2
轴测图
在从楼梯下来之后，映入眼帘的是为“南京”的艺术装置，其在其它角度为“绒花”。
起到呼应南京博物馆以及绒花展厅。
侧视图
座椅
绒花工具工序展区分析
金银如画 绒花如梦
设计说明
整栋空间呈现大气的展陈设计形势，头上的渐变“丝绸”设计作为这个空间的设计，在从历史长廊一出来，便映入帘。“丝绸”选取细小的钢丝网固定，搭配上透光的丝绒材质，让室外的环境带上五彩斑斓的色彩映入展厅，使整个厅看起来光鲜亮丽，以此来呼应绒花多姿的特点。

西安建筑科技大学

指导教师：刘晓军

作　者：赵步青　黄子潇　王宇豪　李俞辰

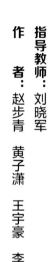

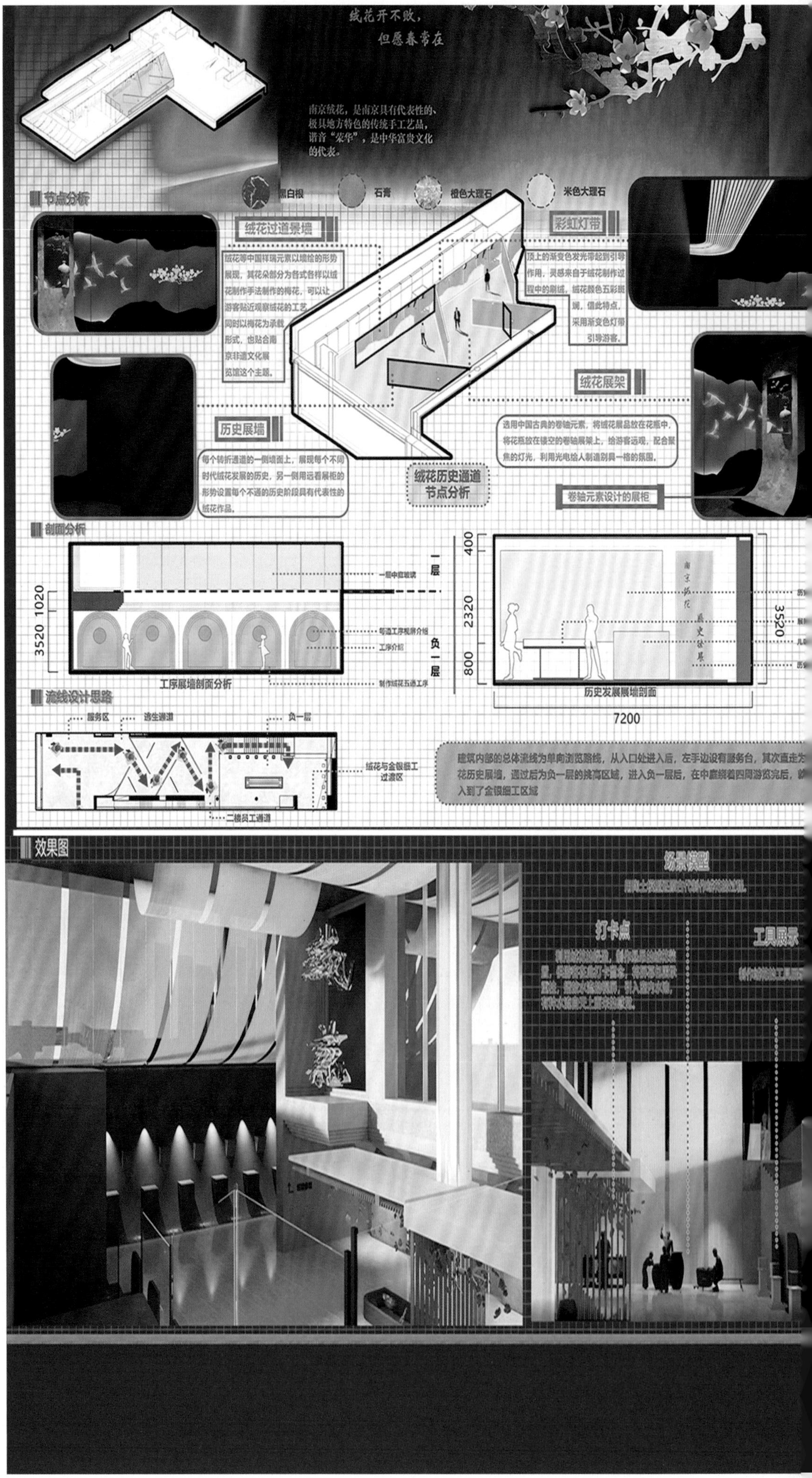
绒花开不败，
但愿春常在
南京绒花，是南京具有代表性的、极具地方特色的传统手工艺品，谐音"荣华"，是中华富贵文化的代表。
节点分析
黑白根
石膏
橙色大理石
米色大理石
绒花过道景墙
绒花等中国祥瑞元素以墙绘的形势展现，其花朵部分为各式各样以绒花制作手法制作的梅花，可以让游客贴近观察绒花的工艺，同时以梅花为承载形式，也贴合南京非遗文化展览馆这个主题。
彩虹灯带
顶上的渐变色发光带起到引导作用，灵感来自于绒花制作过程中的刷绒，绒花颜色五彩斑斓，借此特点，采用渐变色灯带引导游客。
绒花展架
选用中国古典的卷轴元素，将绒花展品放在花瓶中，将花瓶放在镂空的卷轴展架上，给游客远观，配合聚焦的灯光，利用光电给人制造别具一格的氛围。
历史展墙
每个转折通道的一侧墙面上，展现每个不同时代绒花发展的历史，另一侧用远看展柜的形势设置每个不通的历史阶段具有代表性的绒花作品。
绒花历史通道
节点分析
卷轴元素设计的展柜
剖面分析
3520
1020
一层中庭玻璃
一层
每道工序视屏介绍
工序介绍
负一层
制作绒花五道工序
工序展墙剖面分析
400
2320
800
3520
历史发展展墙剖面
7200
流线设计思路
服务区
逃生通道
负一层
绒花与金银细工过渡区
二楼员工通道
建筑内部的总体流线为单向浏览路线，从入口处进入后，左手边设有服务台，其次直走为绒花历史展墙，通过后为负一层的挑高区域，进入负一层后，在中庭绕着四周游览完后，就入到了金银细工区域
效果图
场景模型
打卡点
工具展示

匠心传承——非遗文化空间设计

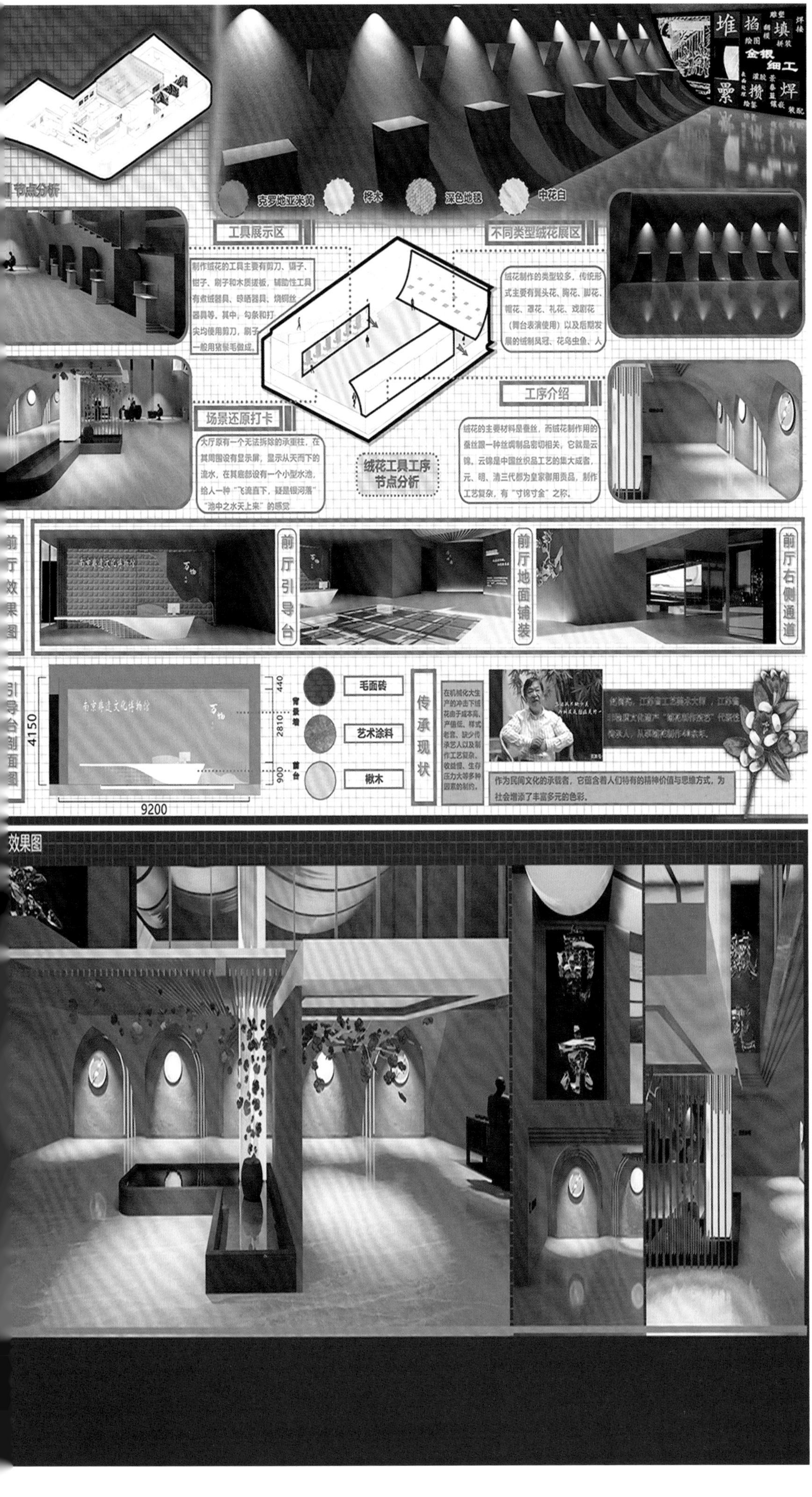
节点分析
克罗地亚米黄
榉木
深色地毯
中花白
工具展示区
制作绒花的工具主要有剪刀、镊子、钳子、刷子和木质拔板，辅助性工具有煮绒器具、晾晒器具、烧铜丝器具等。其中，勾条和打尖均使用剪刀，刷子一般用猪鬃毛做成。
不同类型绒花展区
绒花制作的类型较多，传统形式主要有鬓头花、胸花、脚花、帽花、罩花、礼花、戏剧花（舞台表演使用）以及后期发展的绒制凤冠、花鸟虫鱼、人
工序介绍
绒花的主要材料是蚕丝，而绒花制作用的蚕丝跟一种丝绸制品密切相关，它就是云锦，云锦是中国丝织品工艺的集大成者，元、明、清三代都为皇家御用贡品，制作工艺复杂，有“寸锦寸金”之称。
场景还原打卡
大厅原有一个无法拆除的承重柱，在其周围设有显示屏，显示从天而下的流水，在其底部设有一个小型水池，给人一种“飞流直下，疑是银河落”“池中之水天上来”的感觉
绒花工具工序
节点分析
前厅效果图
前厅引导台
前厅地面铺装
前厅右侧通道
引导台剖面图
4150
9200
440
2810
900
背景墙
前台
毛面砖
艺术涂料
榉木
传承现状
在机械化大生产的冲击下绒花由于成本高、产值低、样式老套、缺少传承艺人以及制作工艺复杂、收益慢、生存压力大等多种因素的制约。
作为民间文化的承载者，它蕴含着人们特有的精神价值与思维方式，为社会增添了丰富多元的色彩。
效果图

2

实验组作品

阡陌曲声起，入木风物吟——苏州桃花坞木版年画博物馆文化空间设计

当前线上有2759人在看
提示您附近风景区~
可以登上屋顶体验桃花坞美景哦！
姑苏繁华图
清代宫廷画家徐扬创作的一幅纸本画作
全长十二米多，画面“自灵岩山起，由木渎镇东行，过横山、渡石湖，历上方山，介狮和两山之间，入姑苏郡城，自葑、盘、胥三门出阊门外，
至虎丘山止”。据统计，
点击展开）
VLOG录制
已观览
线上交易

元宇宙在展陈设计中的应用

信息化
体验
人机互动
沉浸式
扩展
融入
个性化
创新
五感体验

文字云

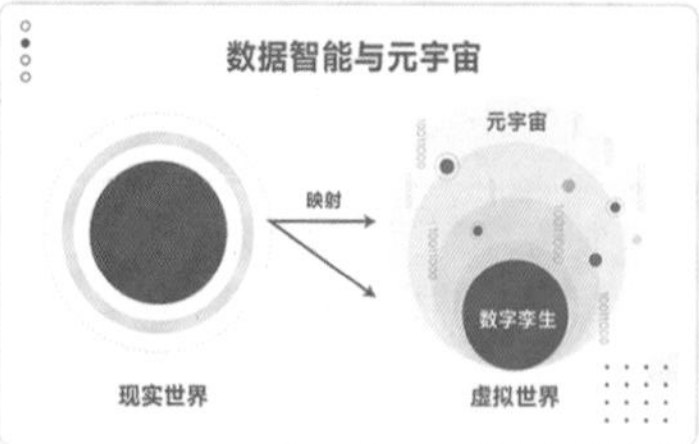
数据智能与元宇宙
映射
元宇宙
数字孪生
现实世界
虚拟世界

WELCOME

元宇宙

元宇宙（Metaverse），是人类运用数字技术构建的，由现实世界映射或超越现实世界，可与现实世
“元宇宙”本身并不是新技术，而是集成了一大批现有技术，包括5G、云计算、人工智能、虚拟现

元宇宙沉浸式展厅

配合三维技术，搭建一个三维立体的沉浸空间，尽可能利用人的感官体验，包括视觉、听觉、触觉
震撼效果的沉浸感受。

门厅

寅时:船工与店家忙着上货

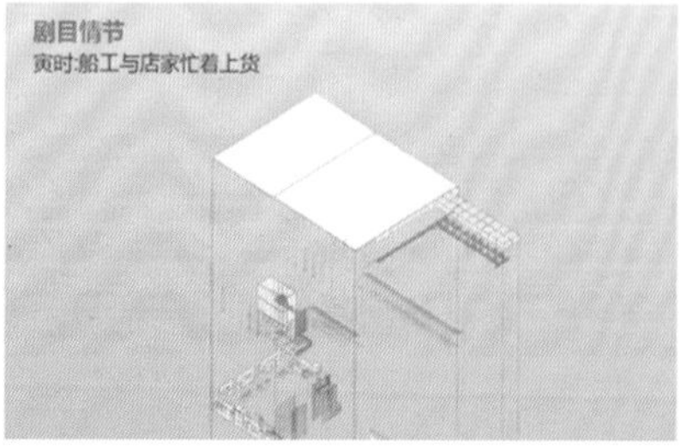
剧目情节
寅时:船工与店家忙着上货

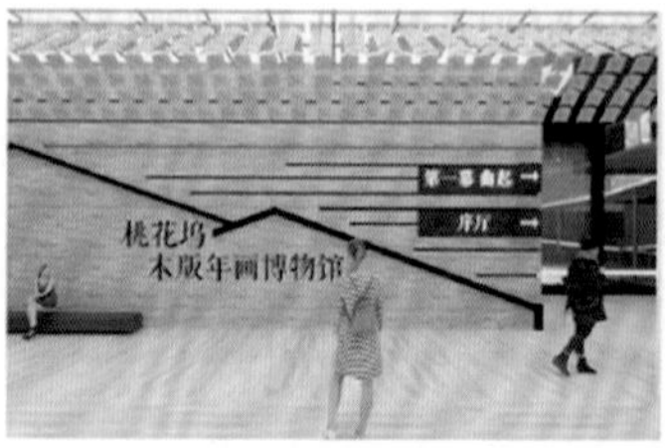
桃花坞
木版年画博物馆
序厅

①苏州民居元素 转译：屋顶线条，镂空瓦片

哈尔滨工业大学

指导教师：刘杰兆翚

作者：马敬容 邢芮铭 崔云舒 李文昊 汤鑫 高钰璇 聂心怡

MAP(点击可放大)
Central Hall
前方休息区
VR体验
北寺塔风光
探索知识有奖励!
荐推荐

+6
任务已完成~
© 木版年画历史
© 木版年画历史

a.智能导览小地图：追踪器自动定位游客在展馆内的位置，提示参展路线。

b.知识追踪游戏：根据游客位置附近的展示内容产生小任务，完成获得积分，可以兑换文创。

小太阳y
2023.5.22VLOG录制中
© 木版年画工艺
© "印"
© 回顾有情

c.个性化推荐：根据游客信息和观展偏好推荐游览计划。

d.多平台交互：满足游客出游分享需求，随时录制个人VLOG，也有模板可供选择。

请注意刻刀持握方式!
数字版画
刻刀持握
不同类型刻刀刀痕
按照箭头指示进行版画雕刻体验

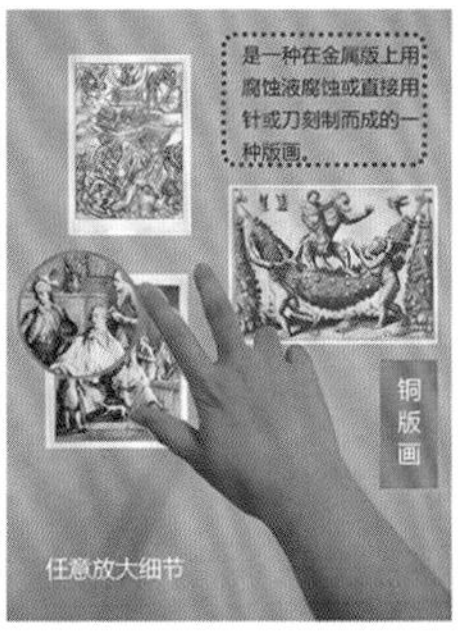
是一种在金属版上用腐蚀液腐蚀或直接用针或刀刻制而成的一种版画。
铜版画
任意放大细节

注意套印顺序哦!
套色可以由浅色到深色，也可以由深色到浅色或从中间层次开始
了解更多细节，请进入前方展区继续参观

DESIGNED BY FUTURE

线上互动交流平台

界，具备新型社会体系的数字生活空间。
货币、物联网、人机交互等。

营造身临其境的氛围，给参观者带来强大

幕.木版画工艺

巳时：商贾云集，街市繁华

午时：游廊画意

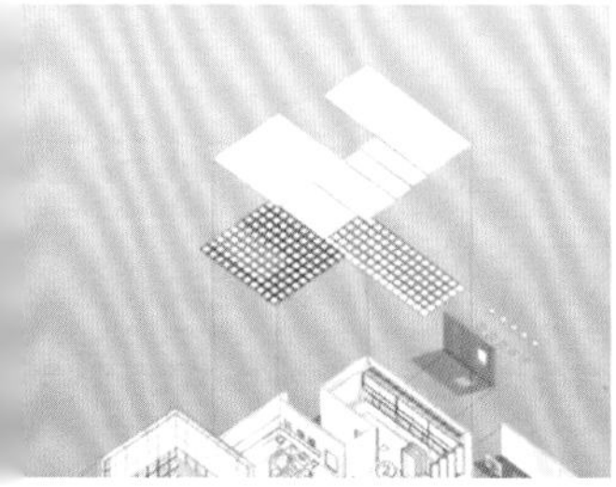

①园林要素-廊 转译：利用场地空间条件，将画的意境与庭院景色融合，游廊触发联想，庭院感悟自然。

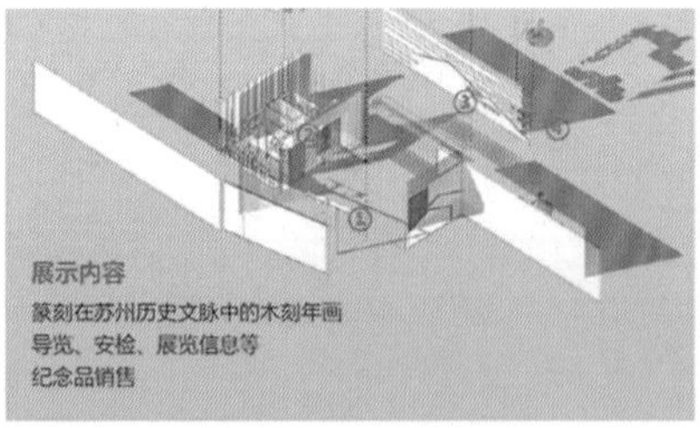
展示内容
篆刻在苏州历史文脉中的木刻年画
导览、安检、展览信息等
纪念品销售

②园林要素-虚实变换 转译：瓦片的间隙大小变化

第一幕.木版画起源与发展

辰时：山清水秀，游客杳然而至

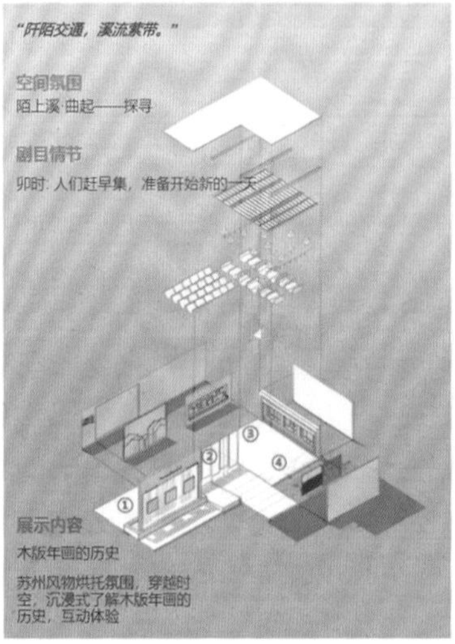
“阡陌交通，溪流萦带。”
空间氛围
陌上溪·曲起——探寻
剧目情节
卯时：人们赶早集，准备开始新的一天
展示内容
木版年画的历史
苏州风物烘托氛围，穿越时空，沉浸式了解木版年画的历史，互动体验

①园林要素-水 转译：通过设置水幕，营造开阔氛围

③园林要素-廊 转译：一侧通透，一侧封闭

②园林要素-山 转译：通过叠山置石，营造园林意境

④园林要素-路 转译：观赏路径幽深曲折，移步换景

第三幕.木版画题材

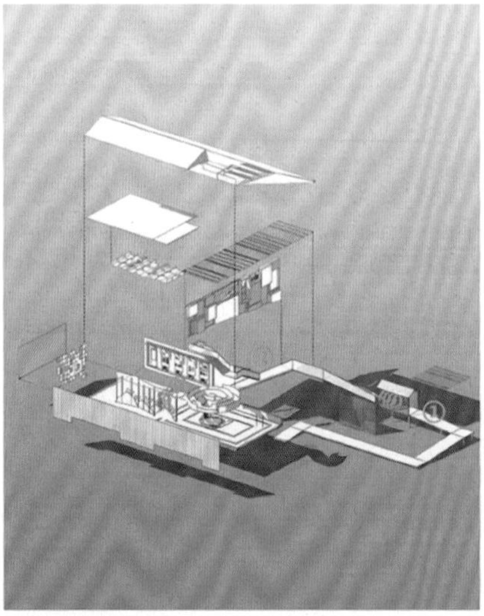

①园林要素-月洞门 转译：穿过层叠墙洞，刻凿孔洞光影强化穿越感和缥缈感。

①互动：两侧的木板孔洞形成光影打在地随着游人的拨动穿行摇曳改变。

②版画工艺-“刻削凿划”转译：一侧凹凸墙面展陈 中部一条刻刀路径互动。

②互动：游览者可随着滑轨移动工具，感版之间不同层次的凹凸。

“柳堤花坞，风物一新。”

空间氛围

陌上花·曲转——幻梦

剧目情节

①申时：柳堤花坞，风物一新

②酉时：湖光山色，洞天福地

③戌时：华灯初上，一梦姑苏

展示内容

木版年画题材

互动体验：题材拼图、数字油画上色

③版画展示-长画卷展开 转译：不仅第三幕，展厅的其他位置也可以从不同高度欣赏到环绕的画卷。

③视野一侧是封闭的版画墙，一侧开庭院。

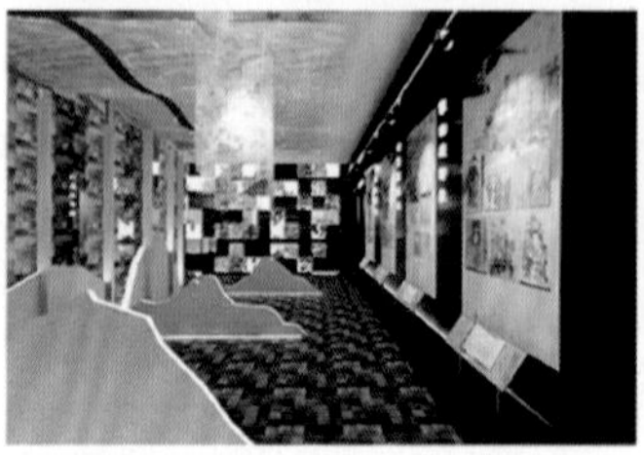

④园林要素-山石造景 转译：空间由散布展厅的山体巧妙分隔，还有为展品量身定制的群山。

④互动：对不同题材的版画拼图重组，特点有更好的了解；数字油画上色感受画色彩的鲜艳明快。

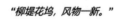

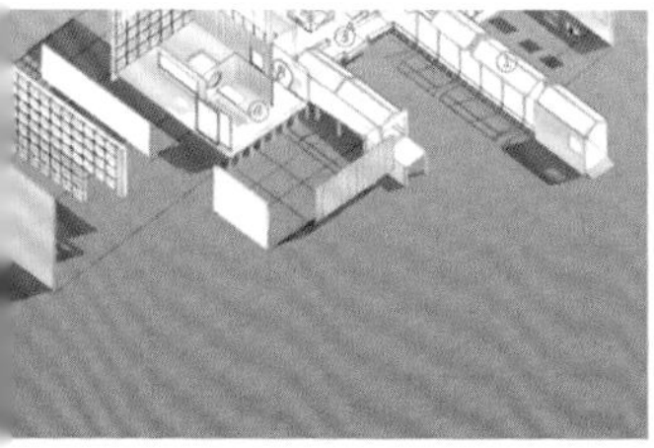

池沼，旁植桃李。"

氛围

、曲扬——开阔

情节

商贾云集，街市繁华

游廊画意

饮茶下棋，谈天休憩

内容

木版年画工艺

艺体验，版画工艺展示，互动体验

工艺与空间生成

、印

幕.木板年画传承与发展

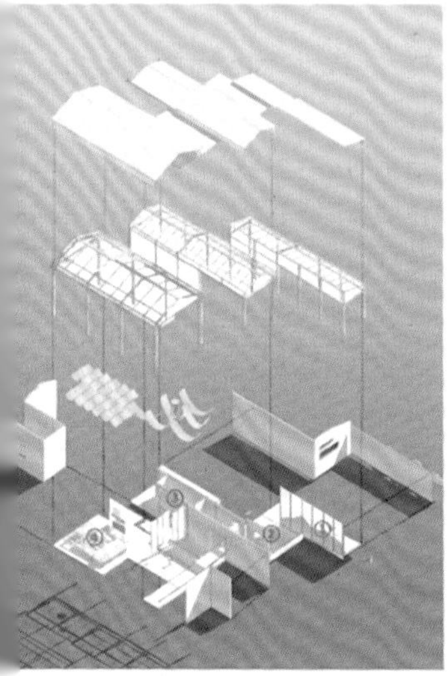

马足富者趣，酒盏花枝贫者缘。"

氛围

、· 曲叹——咏叹

情节

饮酒赋诗，赏花观景

放花灯，许愿望

内容

画的传承与发展

验区、照片版画制作、

宇宙的线上线下互动

②园林要素-轩 转译：庭院视觉层次营造，呼应分板稿原理

未时：饮茶下棋，谈天休憩

③版画工艺-刻 转译：廊桥呼应场地特色，设置停留观景区域，以工坊形式增加互动体验

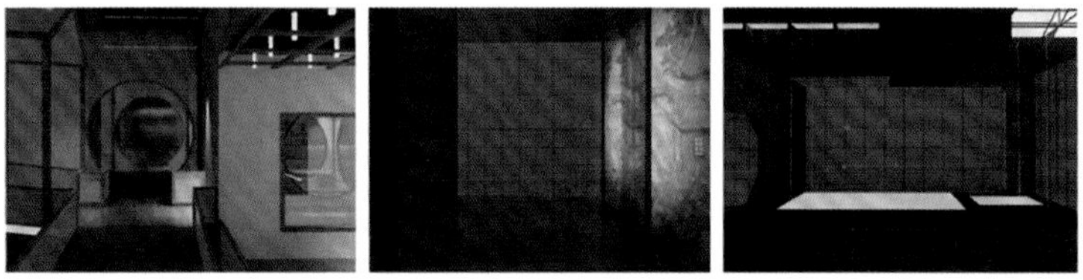

④版画工艺-印 转译：运用镜像的手法暗示展厅主题，呼应印版特征，重点展示套色，呼应回看过程设置体验与互动留存区域，为游客带来动手体验的乐趣

戌时：饮酒赋诗，赏花观景

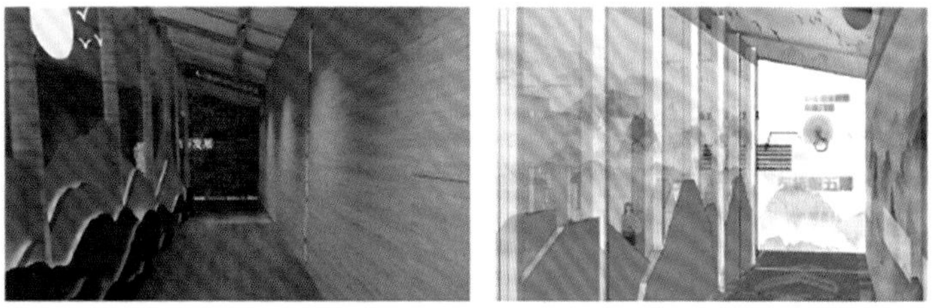

①园林要素-廊 转译：一侧通透，一侧封闭

②园林要素-片墙 转译：层层片墙开洞，引导游览路径

亥时：放花灯，许愿望

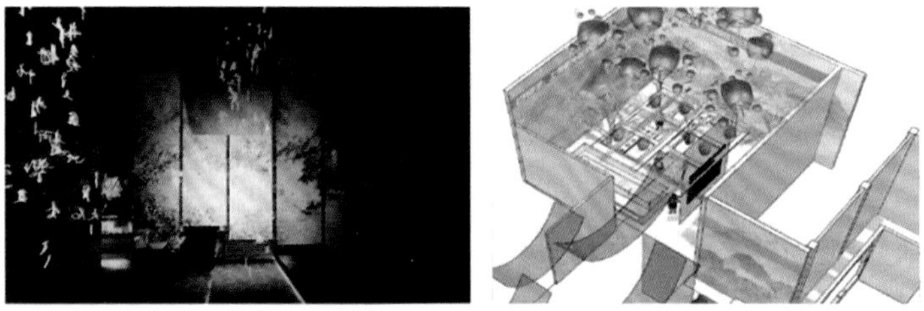

③园林要素-轩 转译：内部空间+外围廊道

④园林要素-舫 转译：不系舟的第二层，完整大空间

桃花坞木版年画博物馆室内方案

工艺体验厅

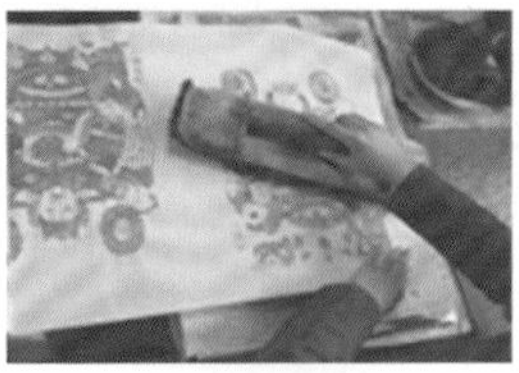

利用桃花坞木版年画拓印的正负形特点，将刻板置于地面，画置于天花，让人行走于上下对称的板与画之间，感受年画的制作。

墙上设有小型刻板，人们在领取工具后可以进行简单的拓印，亲手印制的画可拿走用于纪念

在与下一个展厅的交界处，巨大化的刻刀毛笔作为立柱，使人穿行其间。

创意工坊

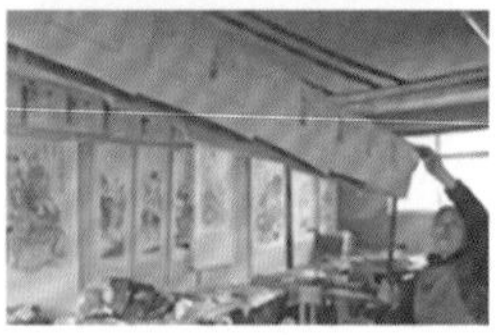

引用了非遗传承人工坊的特色，略显沧桑的木桌，木柜，房顶悬挂正在晾晒的年画，用工坊的陈设展示桃花坞木版年画的工具，使人身临其境。

面向西的落地窗刚好在午后光线充足，夕阳时分还可以观赏落日，设置屏风切分光影。

港口贸易场景

展厅设计理念

苏州桃花坞木版年画对海外的影响体现在：由于当时海上贸易频繁，木版年画通过海上贸易传播到海外并对欧洲印象派和日本浮世绘产生了重要影响。

展厅使用铺地模拟甲板，给从一楼上楼的参观者营造出海的感觉以及用地面屏幕技术模拟海水流动。加入许多港口贸易的元素，例如海船模型、木质集装箱、货物、海塔等。其中集装箱与展厅桌子凳子结合，形成交流区，海船模型与展台结合陈列展品和内容。

展厅流线

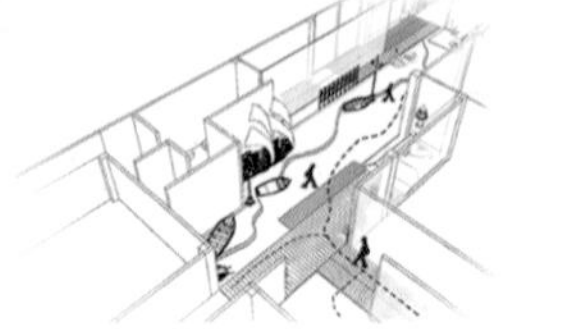

华南理工大学

指导教师：薛 颖 谢冠一 云 翃
作 者：陈薇思 张璞苇 李姝颉

庭光影装置

庭光影装置原理

将颜色的层叠与中庭的阳光结合，形成了巨大的光影装置，阳光透过带有颜色的透明板，在地面及墙面上映射出彩色的影子，应用光的三原色红、绿、蓝，在光影交叠的地方创造出新的颜色，随着光线变化营造出丰富且绚丽的光影变化。

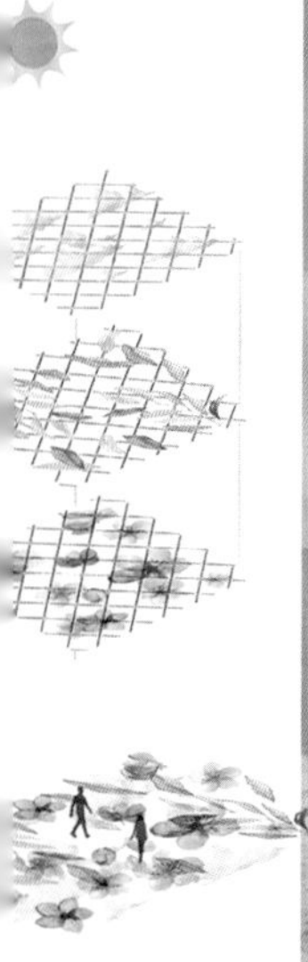

浮世绘与印象派

有代表性的印象派画家是梵高，他的许多画作借鉴模仿了浮世绘作品

中梅屋图》歌川广重（浮世绘）
开的梅花》梵高（印象派）

左：《身穿云龙打挂的花魁》溪斋英泉（浮世绘）
右：《花魁》梵高（印象派）

梵高割耳后的自画像中出现了日本佐藤虎清的《艺者与富士》

桥骤雨》歌川广重（浮世绘）
中桥》梵高（印象派）

《咖啡馆老板娘》作品的右上角也出现了日本浮世绘人物。

头顶富士山的《唐吉老爹》，梵高画了两幅，画作的背景墙壁上都是浮世绘。

观呈现的作品，在梵高品中，也隐约可见日本浮的影响，梵高曾赞美葛饰奈川冲浪里》，而后人的《星月夜》时，也惊的星云与浮世绘的海浪如

二层透视图

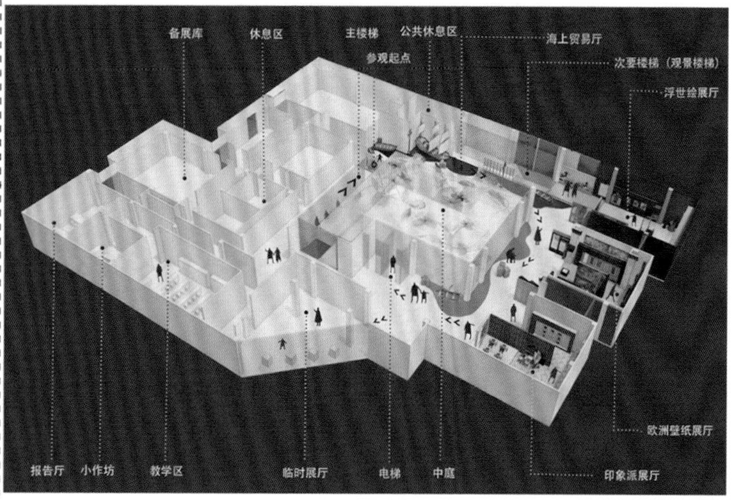
备展库
休息区
主楼梯
公共休息区
参观起点
海上贸易厅
次要楼梯（观景楼梯）
浮世绘展厅
欧洲壁纸展厅
报告厅
小作坊
教学区
临时展厅
电梯
中庭
印象派展厅

效果图

日本浮世绘展厅

展厅设计理念

苏州桃花坞木版年画对海外的影响体现在：苏州与日本海图较近，海船来往频繁，17世纪下半叶至18世纪上半叶，姑苏版年画从太古浏家港通过长崎口岸大量涌入日本，木版年画被带往日本后引起了日本画家的模仿学习并用于浮世绘的创作。如大批浮世绘采用姑苏版画表现手法，如空间透视法、铜板画排线刻法。

展厅加入日本庭院的元素，例如枯山水、植物、架空木平台，以及采用浮世绘的用色等来营造日式场景。

材质分析

白橡木（质地坚硬紧密，

黑胡桃木（结构均匀，

花岗岩

橡胶木

展厅流线

分析图视角

效果图

印象派展厅

木版年画对印象派的影响体现在木版年画传播到欧洲后引起了欧洲画家的模仿学习，对欧洲后印象派油画的技法和风格产生了重要的影响。浮世绘对印象派的影响体现在许多印象派画家例如梵高、莫奈广泛收集浮世绘，经常把浮世绘作为自己的作品参考。

利用现代电子屏技术体验印象派模仿木板年画和浮世绘进行创作。

展厅植入印象派画家的日常绘画场景进行场景还原

画框画架与展台展柜结合。

分析图视角

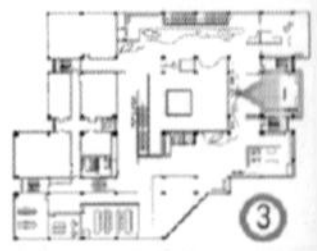

展厅流线

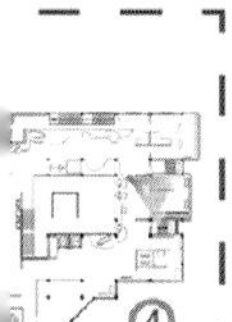

欧洲壁纸展厅

展厅设计理念

木版年画对欧洲的影响体现在姑苏版年画通过东印度公司的贸易商船进入欧洲市场，得到了欧洲皇室贵族的欣赏，用来作为壁纸装饰房间。

效果图

展厅植入欧洲建筑风格，欧洲皇室贵族家庭元素，并将这些元素与展台、展厅隔断，灯光结合，还原年画壁纸在皇室贵族家庭中的场景，营造古典、浓郁、华丽的历史氛围感。

苏州桃花坞木版年画博物馆策划与设计

机枢携游 虚实交辉

为了让界面能够适用不同展演主题，我们采用了最先进的舞台灯光与数字虚拟展厅技术，界面使用环模融合投影技术和/U型沉浸式LED拼接墙技术，180°/ 270°巨幅纱幕全息投影打造虚实相交的梦幻体验。空间继承了其他展馆的虚拟现实技术，观众可灵活运用虚拟现实AR技术更好地与空间、工作人员进行互动。人们可通过免费体验的MR眼镜或者只需要扫码现场登录微信小程序便可参加。

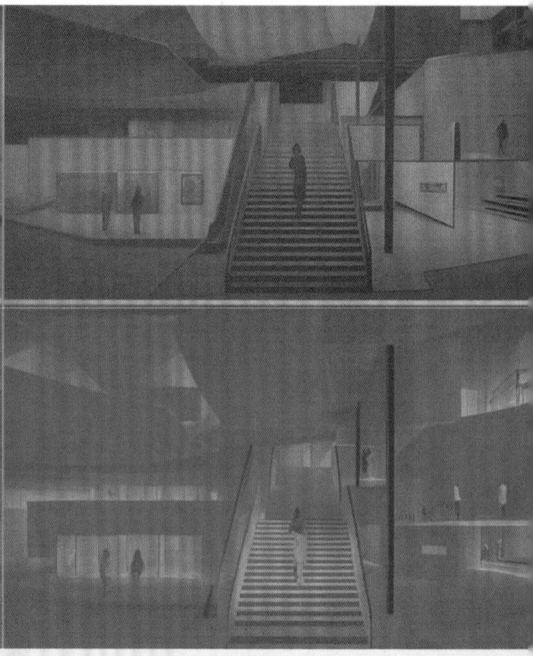

创造 万千可能的 沉浸式体验空间

机枢携游 创造全新体验

中庭作为设计展厅重要的联通空间，有着奠定展馆主题、沟通展馆各个功能区的作用。由"循艺追技·桃坞再造"过程考虑到桃花坞木版年画源自民间的通俗艺术的特点，和目前桃花坞木版年画创新乏力，影响力逐渐衰退的主题能够超越空间和时间的局限，作为一种沟通古今文化，联系未来和虚拟世界，打造文化与数字再生的渡口，并推动其融入当代大众的社会土壤中。

解构空间 解放"传统"

将生成的空间流线与装置界面进行布尔运算，装置界面被分割成多块。向上吊起体块并将其上翻，形成如同船帆一般的空间，界面与错落有致的机构组成了如同舞台般的互动空间。空间错落遮掩，变幻丰富，趣味盎然

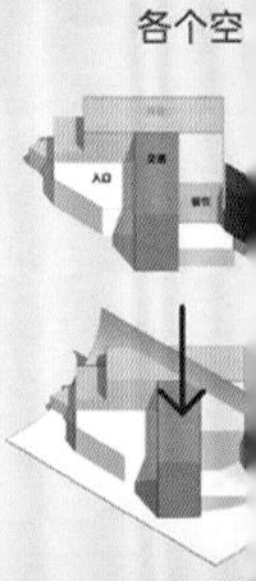
各个空
布尔运

18: 00
平江概览
舟楫交织
18: 30
枫桥夜泊
18: 50

1759·姑苏繁华

穿着明代清代服饰的小贩叫卖声音贯穿场馆。工坊刻工印刷声，非遗传承人穿着服饰现场制作，如同身临其境的奇幻主题乐园。游客可根据自身体验，着桃花坞文创服饰沉浸体验演出。

展陈细节 "镌录清嘉"

"二十四节气""市井风俗

"美好生活"乔麦文创展呈现生活气息的文创艺术品和美观的文创艺术品，同时展示相应服装和自制香薰。

镌録清嘉
乔麦年画文创展
二十四节气

指导教师：杨　琳　滕学荣　张　丽
作　　者：王朝阳　王子昂　高　沐　湛　放

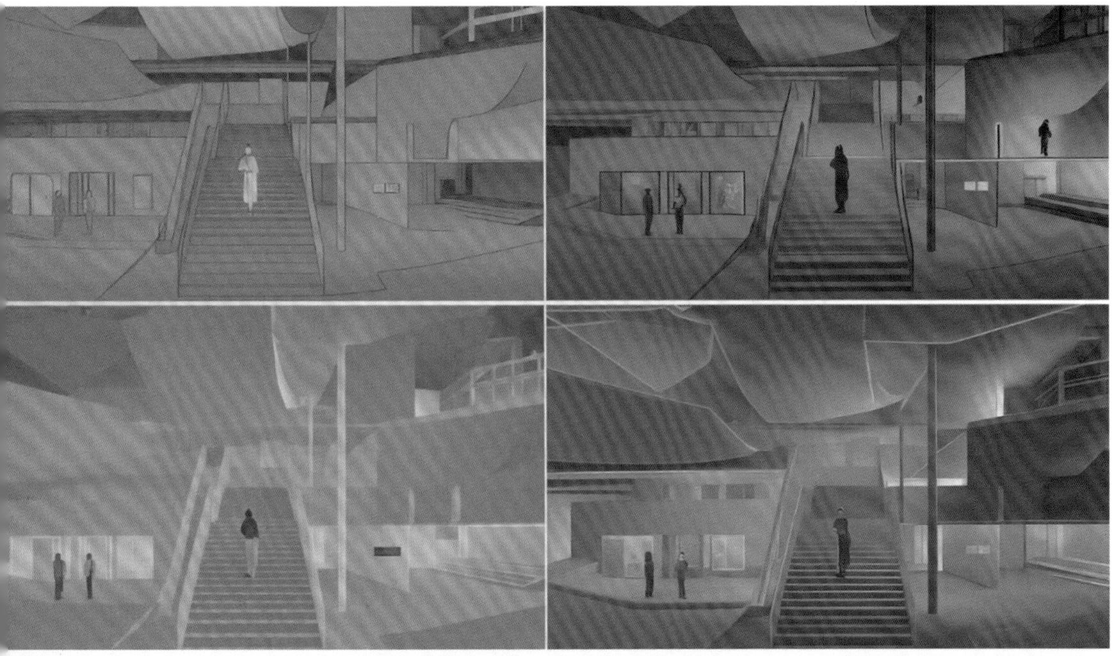

多态互动交通界面

在传统展馆中，文创商业展示、休息区、活动展演区与饮食区通常各占博物馆中庭一隅。为了更好的打造全方位沉浸、机能畅游、虚实交辉的设计目标，我们将四大部分进行重构，采纳开放式舞台美术设计等理念，让展厅能够适应多角度多主题的沉浸式空间叙事，告别单一割裂的功能排布方式。在12米高层展厅设置1+、2+夹层，活动展演区、商业展示交错分布，呈现错落状态，在自动扶梯南侧设置长廊，集休息区为一体，长廊联系沟通12层并与餐饮空间进行链接，同时延长至界面下侧面向主入口位置与入口进行呼应互动。

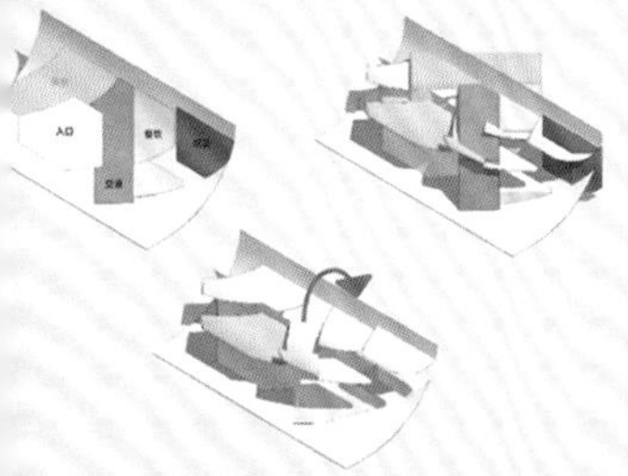

切割界面　导入空间　界面上翻

走廊　入口　售卖

朴园·夜上海

剧目展示桃花坞近代的风云变幻，首先展示，抗战末期已因战乱人亡技消的桃花坞木版年画艺术，在有识之士的帮助下与光怪陆离电影结合，呈现出万千变化，同时展现新中国建立后，走访建立新年画社工作走访场面，呈现时代巨变后人们尝试挽救于危亡的国传统文化，呈现世界交融变幻后的新桃花坞木版年画。

现代萌芽
18：30
18：50
深入人民
19：45
走向未来

空间生成

“市井风俗气”乔麦文创展呈现生活气息的文创艺术品和美观的文创艺术品，同时展示相应服装和自制香薰。

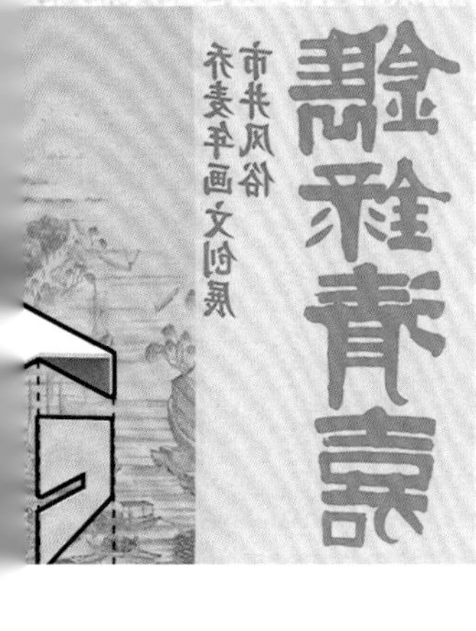
市井风俗
乔麦年画文创展

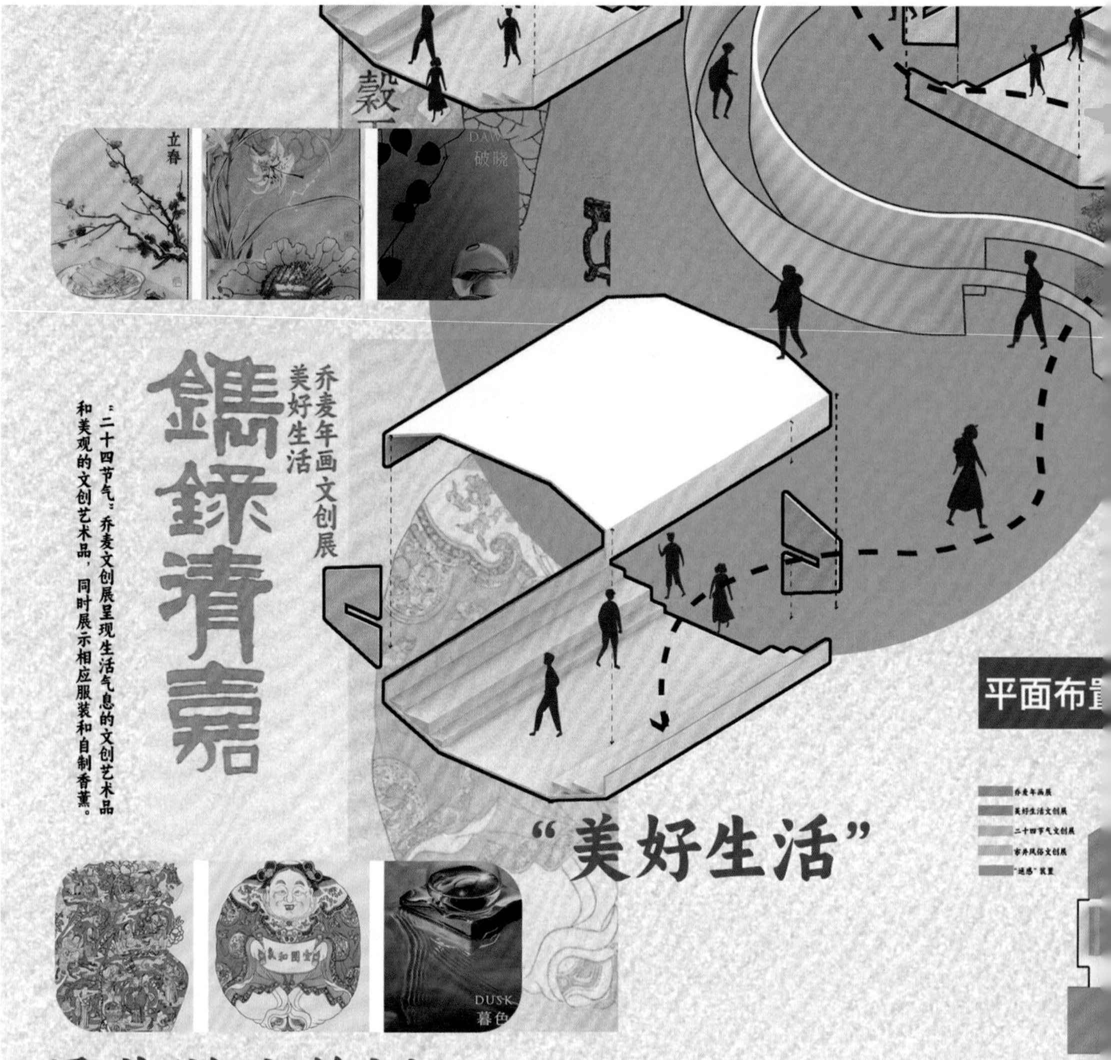
立春
DAWN
破晓
乔麦年画文创展
美好生活
鑄鎟清嘉
“二十四节气”乔麦文创展呈现生活气息的文创艺术品和美观的文创艺术品，同时展示相应服装和自制香薰。
“美好生活”
平面布置
DUSK
暮色

展览游戏策划

技艺追寻：个性内容、丰富选择

交互：多感官、沉浸感

交互道具

- 打破空间界限
- 环境心理
- 引导人群观展
- 打破数字化展陈壁垒
- 环境心理
- 清晰影像，光源慰藉

游戏框架

位于每个展厅前，设备会发布提示并触发主线剧情动画。并进行互动收集。

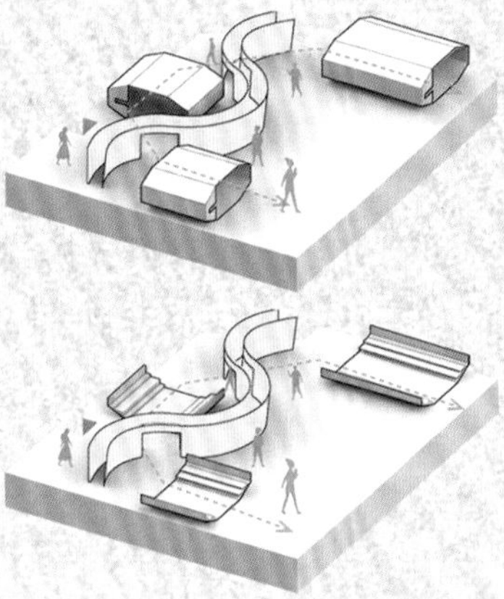

本次设计以桃花坞木版年画博物馆为主体，围绕着年画技艺传承展开。在本次设计中，我们着重探讨了非遗传承方式与技艺活态化之间关系，希望以此得到一个能使得非遗脱离保护性推广，自发传播的良性状态。确立了以“活态化传承”作为策划以及设计原则，以其画作艺术价值作为切入点，深入挖掘其文化内涵，所能被现代设计所利用众多元素，以最大限度推广传播桃花坞木版年画。本次设计以桃花坞木版年画博物馆为主体，探讨非遗传承与技艺活态化的关系。通过展示文化背景、技艺流程和现代创作，展厅分为数字展厅、画稿展厅、刻印展厅和体验空间。连接区域展示地区文化和美食，提供互动和休憩。设有序厅、交流空间和研究中心。重要学术成果在固定展厅展示。

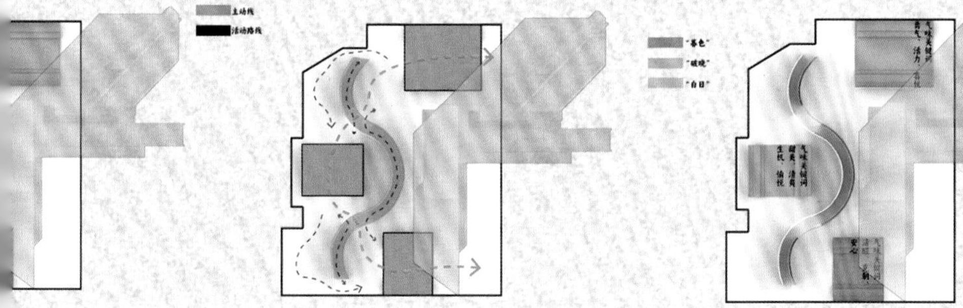

成就

通过主线互动动画游戏以及收集展厅内设置的虚拟数字藏品，解锁成就。

交易

获得成就兑换积分，积分抽取线上限量数字藏品。博物馆搭建线上交易品台供游客交换数字藏品。

金陵匠艺——南京非遗文化展示空间设计

项目介绍

南京城墙博物馆，位于江苏省南京市秦淮区老门东边营1号，毗邻中华门瓮城，总建筑面积12000平方米，作为中国古代城墙历史与文化的专题博物馆以及申报世界文化遗产的展示地，是中国规模最大的城墙专题博物馆

中国/ 江苏省/ 南京市
秦淮区
南京市民俗博物馆
江南丝绸文化博物馆
门东文化带
愚园
中华门翁城
本案位置
城墙博物馆

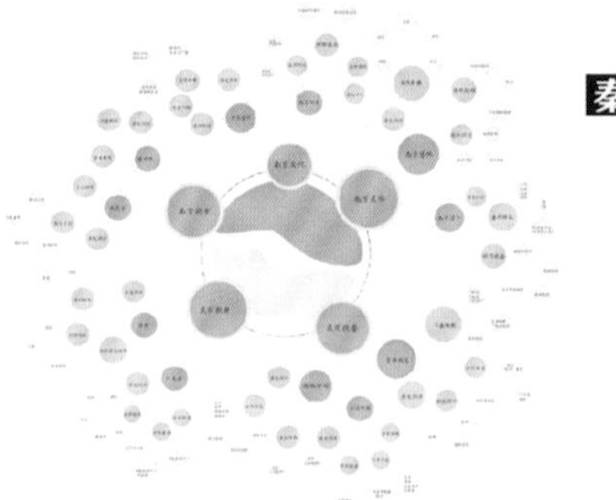

思 导

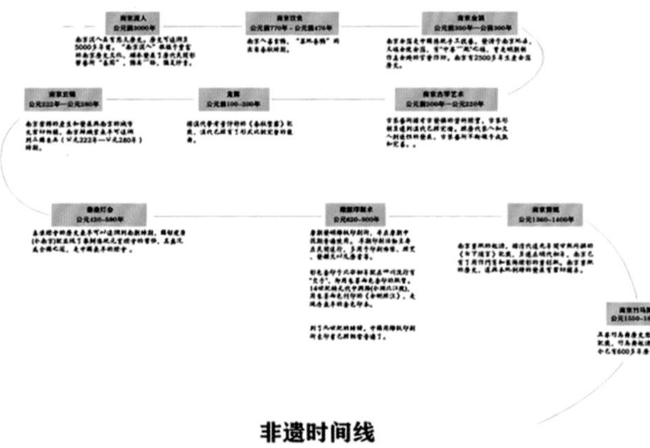

非遗时间线

南京泥人
南京秦淮灯彩
南京雨花茶
金陵刻经印刷技艺
南京古琴艺术
南京白局
南京盐水鸭
南京金箔
南京云锦织造
南京剪纸
南京龙舞

图

设计框架

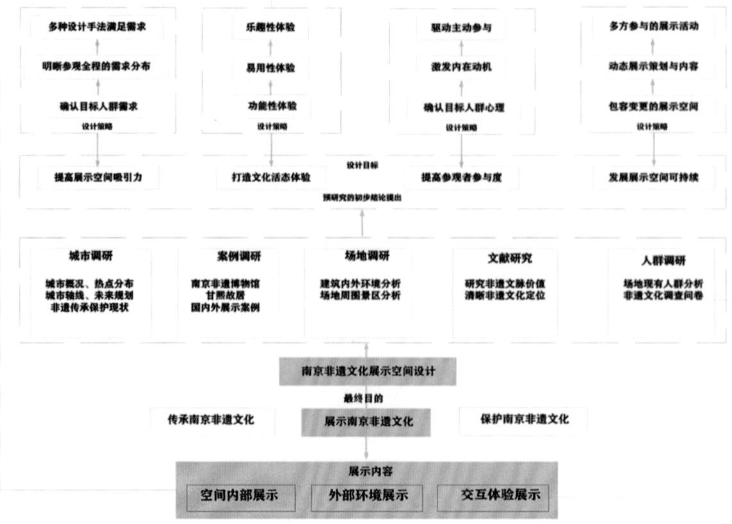
多种设计手法满足需求
明晰参观全程的需求分布
确认目标人群需求
设计策略
乐趣性体验
易用性体验
功能性体验
设计策略
驱动主动参与
激发内在动机
确认目标人群心理
设计策略
多方参与的展示活动
动态展示策划与内容
包容变更的展示空间
设计策略
设计目标
提高展示空间吸引力
打造文化活态体验
提高参观者参与度
发展展示空间可持续
预研究的初步结论提出
城市调研
城市概况、热点分布
城市轴线、未来规划
非遗传承保护现状
案例调研
南京非遗博物馆
甘熙故居
国内外展示案例
场地调研
建筑内外环境分析
场地周围景区分析
文献研究
研究非遗文脉价值
清晰非遗文化定位
人群调研
场地现有人群分析
非遗文化调查问卷
南京非遗文化展示空间设计
最终目的
传承南京非遗文化
展示南京非遗文化
保护南京非遗文化
展示内容
空间内部展示
外部环境展示
交互体验展示

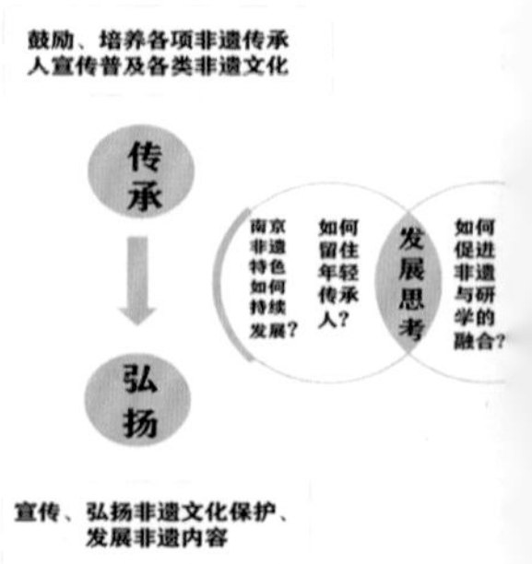
鼓励、培养各项非遗传承人宣传普及各类非遗文化
传承
弘扬
南京非遗特色如何持续发展？
如何留住年轻传承人？
发展思考
如何促进非遗与研学的融合？
宣传、弘扬非遗文化保护、发展非遗内容

爆炸分析

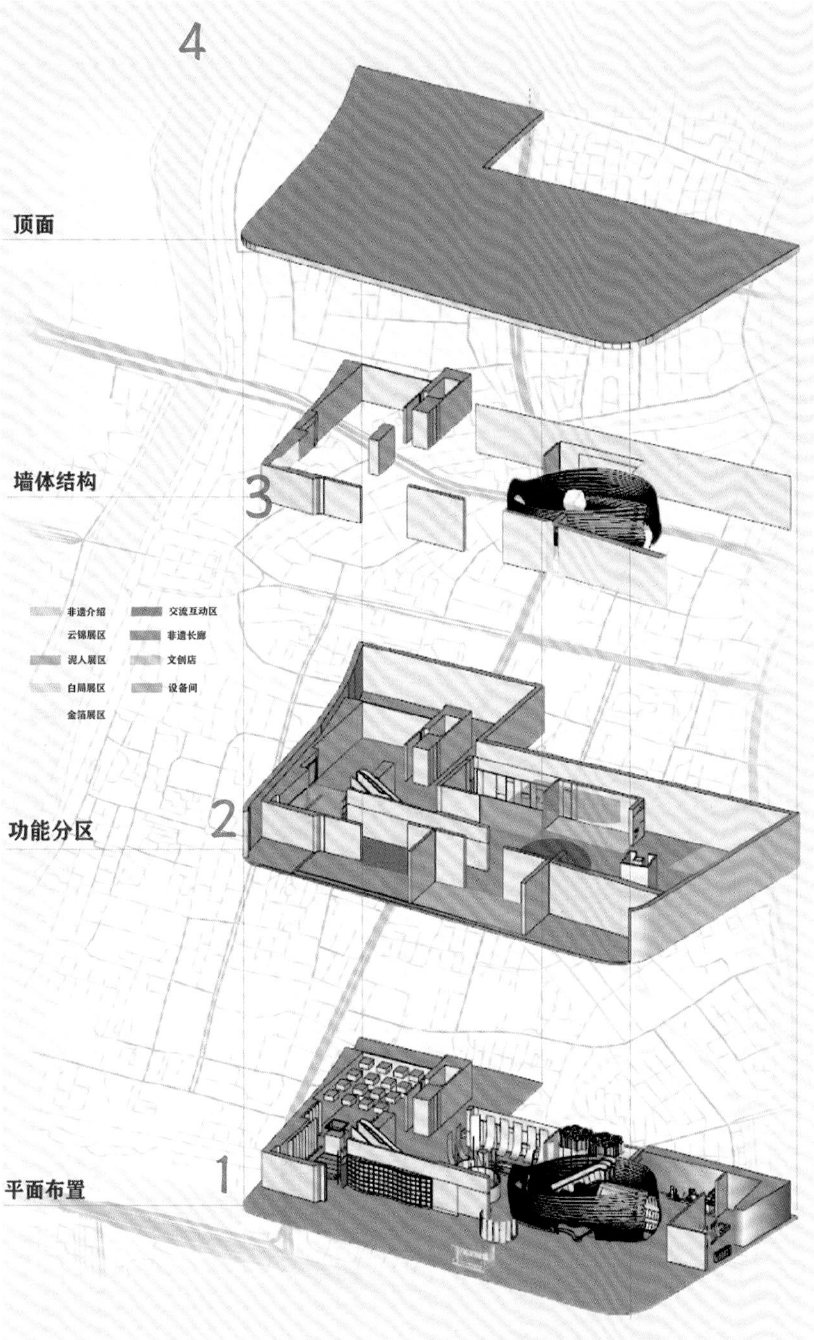
4
顶面
墙体结构
3
非遗介绍
云锦展区
泥人展区
白局展区
金箔展区
交流互动区
非遗长廊
文创店
设备间
功能分区
2
平面布置
1

与文化保护相结合
与文化遗产相交融
双赢
保护
非遗文化以及传承
人的权益

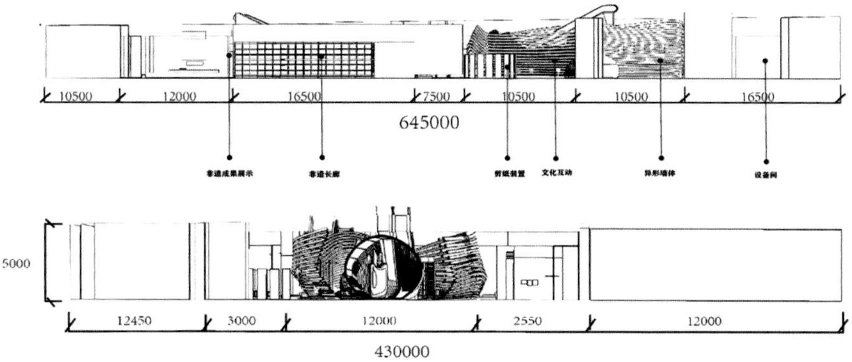
10500
12000
16500
7500
10500
10500
16500
645000
非遗成果展示
非遗长廊
剪纸装置
文化互动
异形墙体
设备间
5000
12450
3000
12000
2550
12000
430000

立面图

指导教师：朱 飞
作 者：朱诗怡 刘寒蕊 马彭伟 卢子轩

概念生成

空间体块生成　　　　局部生成

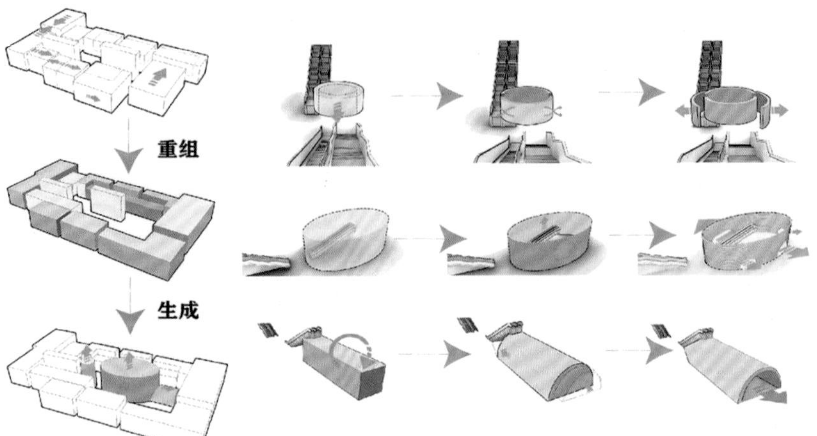

平面图

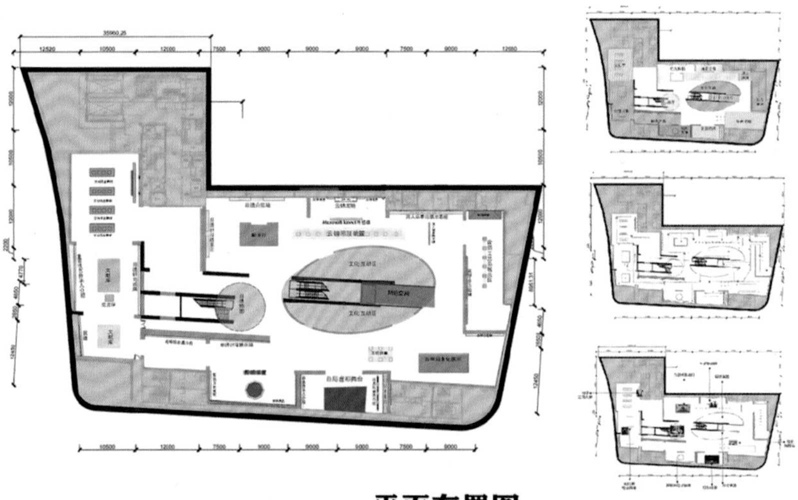

平面布置图

轴测图

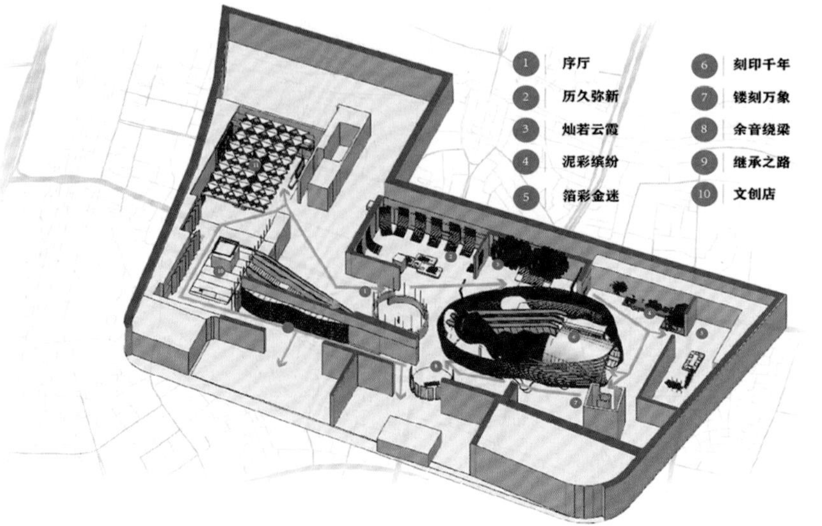

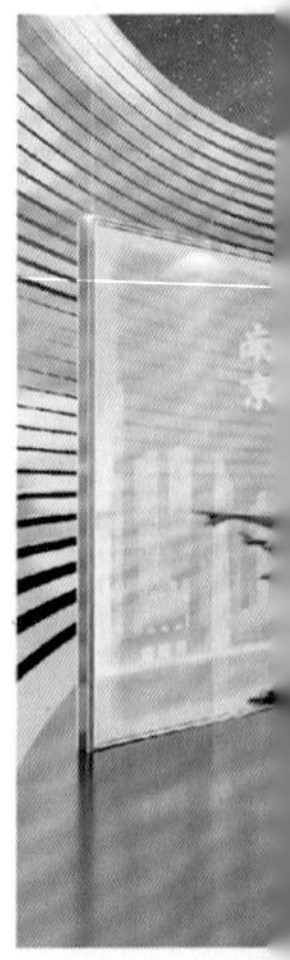

空间效果图

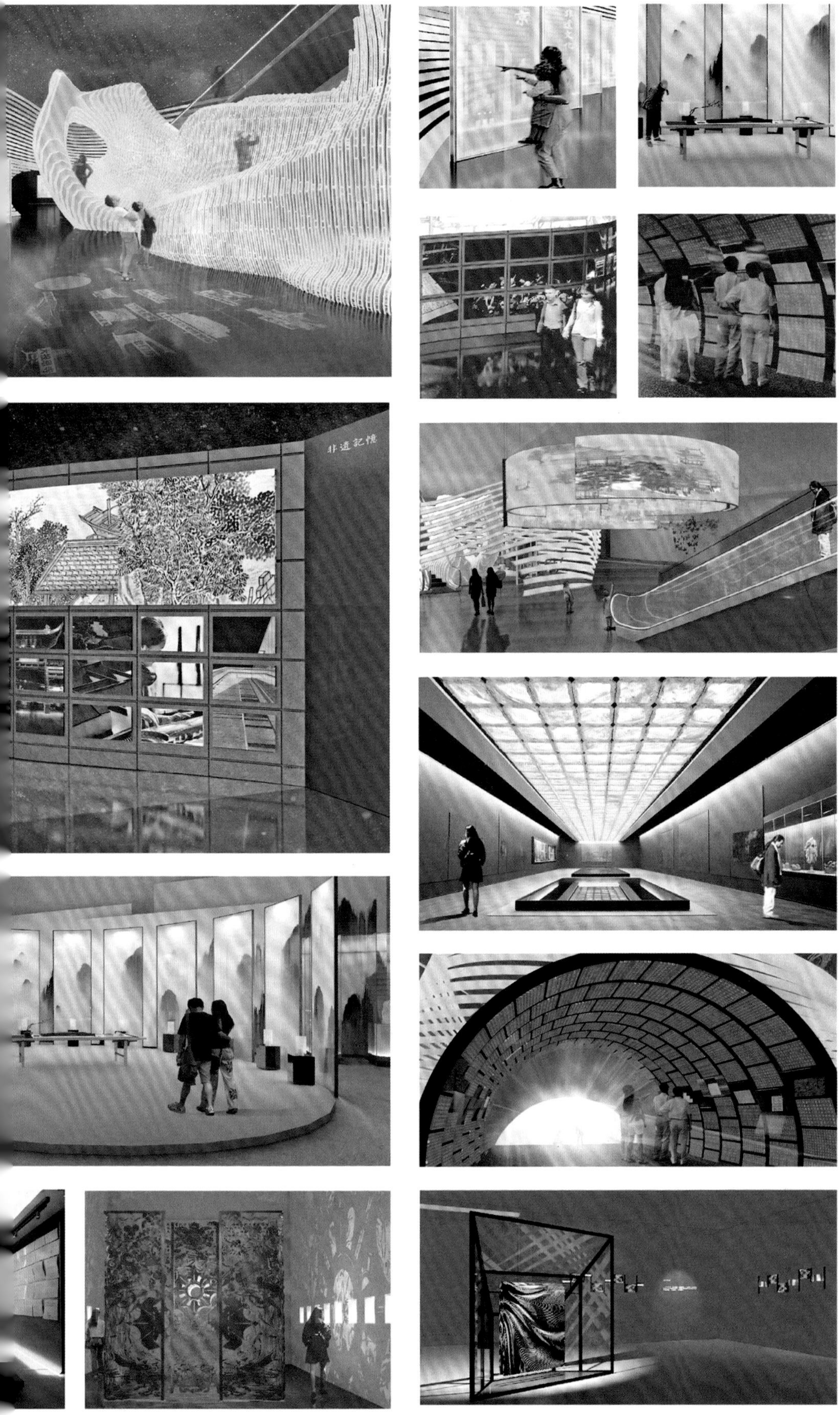

3

东北区

参加院校：大连理工大学、沈阳建筑大学、内蒙古工业大学、大连工业大学、东北师范大学、鲁迅美术学院、东北林业大学、吉林艺术学院

联合主办单位：黑龙江省室内设计学会、东北林业大学、大连工业大学、沈阳建筑大学

支持单位：中国建筑标准设计研究院有限公司、大连理工大学、内蒙古工业大学、北京装库创意科技有限公司、沈阳田园景观设计有限公司

东北区作品

衢滨遗韵·叙古焕今

哈百第四商店
主要经济技术指标
总规划
用地面积: 11.55hm²
总建筑面积: 149301m²
容积率: 1.29
建筑密度: 46.73%
绿地率: 20.93%
节点1开张
规划用地面积: 3.71hm²
建筑面积: 41552m²
容积率: 1.12
建筑密度: 43.26%
绿地率: 32.9%
节点2铁道分割线
规划用地面积: 3.22hm²
建筑面积: 40089m²
容积率: 1.25
建筑密度: 38.81%
绿地率: 19.8%
节点3新世界
规划用地面积: 3.80hm²
建筑面积: 57000m²
容积率: 1.43
建筑密度: 43.54%
绿地率: 17.2%
节点4英雄街
规划用地面积: 0.82hm²
建筑面积: 10660m²
容积率: 1.29
建筑密度: 61.3%
绿地率: 13.8%
中华巴洛克的问
内在因素
外在因素
设计构思主题策略研究的
建筑
如何在改造的基础上不破坏原有风貌?
建筑
如何还原建筑的历史文化底蕴?
室内
如何赋予室内空间功能?
室内
如何根据原有结构合理规划室内空间?
总平面图
1:2000

六和顺
中华巴洛克微观现状汇集
建筑缺乏翻新
室内结构混乱
街巷路线复杂
华巴洛克街区活化再生设计
建筑缺乏维护改造，年久失修
室内乱改乱造，火灾破坏
街巷缺乏管理，界限不明确
北二道街
北三道街
靖宇街
1:200

大连工业大学

指导教师：邵　丹　宋　一
作　　者：金子骅　赵明哲

室内·联合
毕业设计
6+

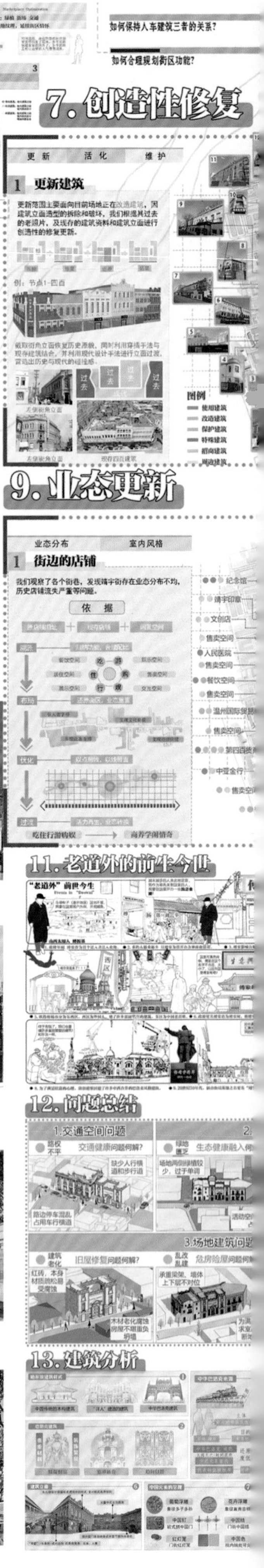

靖宇入口

中亚金行

雪国列车

纯化医院

新世界

滨江新市街

铁路广场

英雄街

8. 市井优化

2 活化建筑

外部场景带动建筑

例：节点2-铁路分割线

在中华巴洛克二期改造范围中，我们发现了该场地可供观客的小火车，因此我们想以火车为媒介去带动周边的建筑。

内部场景带动建筑

例：节点3-新世界

新世街作为当时最为繁荣的一趟街，因此我们想通过建筑立面的装饰，在不破坏建筑原貌的情况下，还原当时的盛况。

3 维护建筑

部分建筑加以维护主要以外部展示功能为主，内部不对外开放或开放部分空间招商。

维护项目

女儿墙	保留欧式建筑中的柱式/多呈对称式有序排列。
门　窗	"窄窗"/长条形/成对出现/四周有涡卷、花朵。
墙　体	多为淡灰色清水砖，配合部分的铁艺。
浮　雕	多为中式浮雕，如祥云，蝙蝠，梅兰竹菊等。
灯　光	黄色，白色的洗墙灯，投光灯等。

街道　植被　交通　集市

1 30年前的老地面

调研时，我们在三道街发现了裸露的面包石，细查资料发现竟是30年前的老地面。

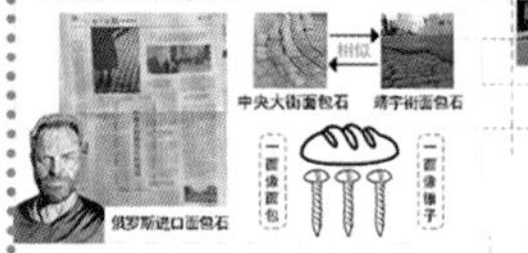

2 复杂的交通

通过梳理其近年来交通变化和重要交通节点，将靖宇街纵向设为步行街，而五、八、十道街设横向通车，这种模式同样借鉴了当地中央大街的交通路线布局。

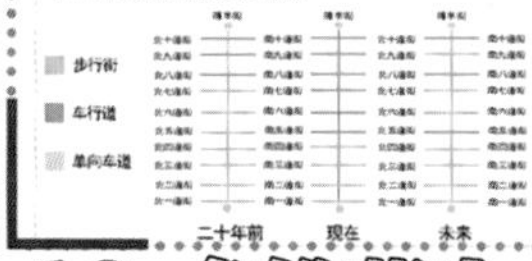

3 民情老榆树

在靖宇街的改造中我们保留了现有的20余棵老榆树，并在适当的地点再栽植一些大型树木，以及小型植物做配景。

别动那些老榆树，我们是有感情的！！！

当地居民代表

4 集市之交

在南一道街至南二道街之间，存在着一个有着30余年历史的市集；其也是东北地区最大的古玩市集。

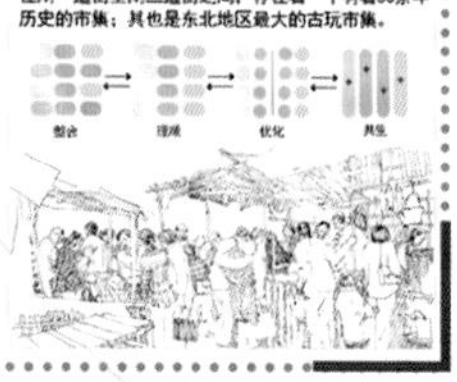

10. 多维蔓生

图例

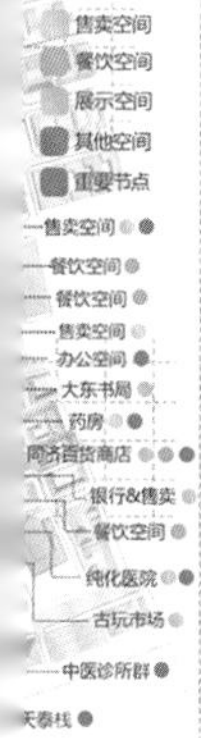

2 建筑内的中华巴洛克

哈尔滨是一座火车拉来的城市，这趟街区的历史，与铁路也有着密切的联系，借此机会我们想以四百为例营造一个独特的室内场景，将当地的铁路，巴洛克，宗教等元素融入到室内当中。

元素提取

铁路

在现场实地走访多个带有铁路镶嵌的室内外场景来寻找思路。

巴洛克

宗教

东正教会使用的色彩包括九种，即白色、黑色和彩虹光谱七色，白色是全部七色光的组合，黑色是完全无光。

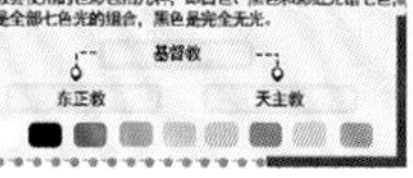

对内发展　对外宣传　展望未来

1 对内发展

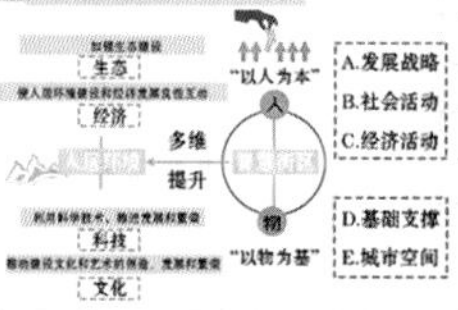

2 对外宣传

智慧城市

互联网媒介存在的情况下，对外发展不受时空束缚，可以随意地进行网络连接的环境进行宣传，同时也可以进行智慧城市的建设。

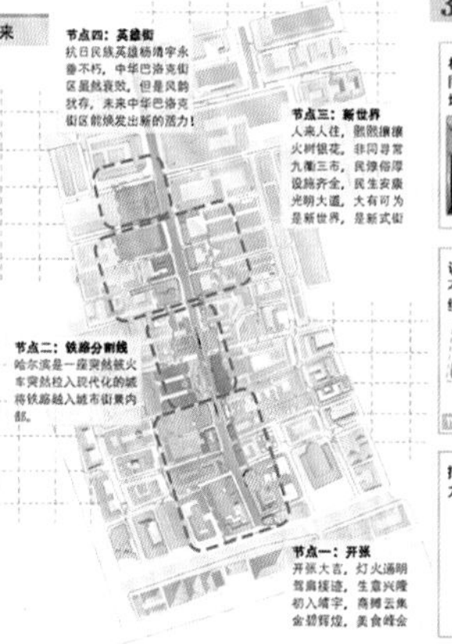

3 展望未来

旧所新生

根据场地不同建筑功能，赋予其全新的功能，通过不同功能之间相互联系、多种场所重构，塑造巴洛克场地，活化再生巴洛克街区。

旧貌新生

调研总结游客类型及其喜好，根据不用游客爱好设置不同体验环境，吸引游客参与其中，促进交流共享延续哈市精神。

旧艺新生

挖掘第三产业潜力，延续文化根基，生成片区内部动力，打造文化触媒点，激活经济社会价值。

14. 节点分析

◆ **开张** Open a Business

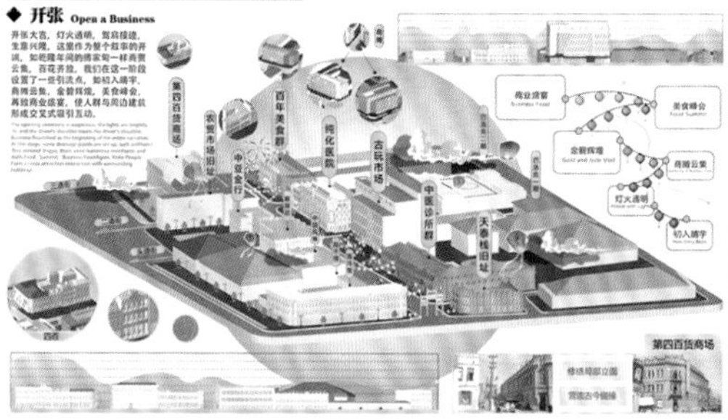

◆ **铁路分割线** Railway dividing line

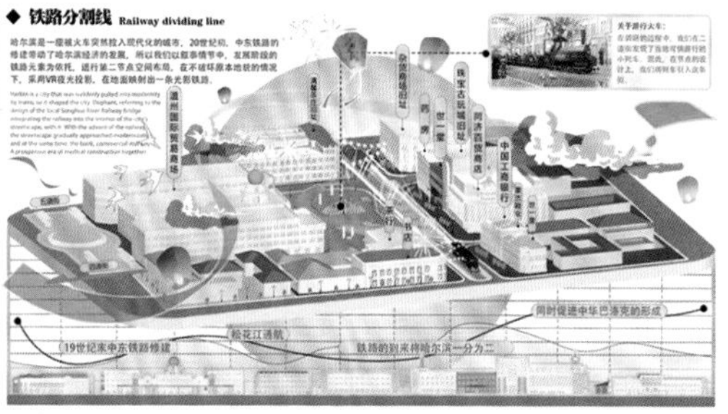

◆ **新世界** New World

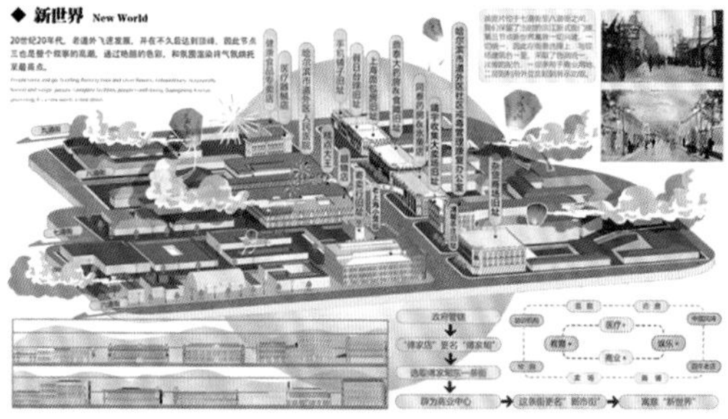

◆ **英雄街** Hero Street

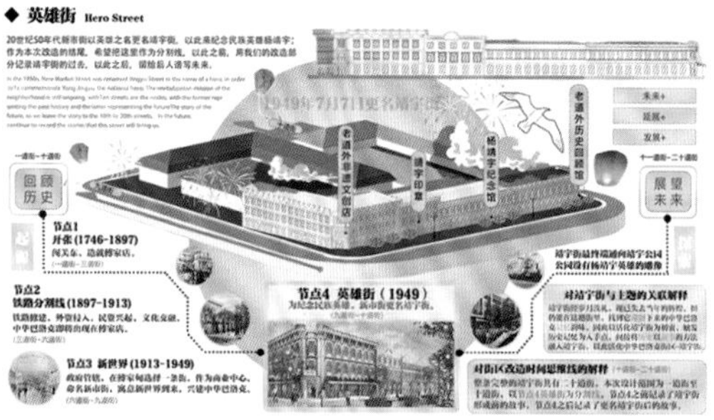

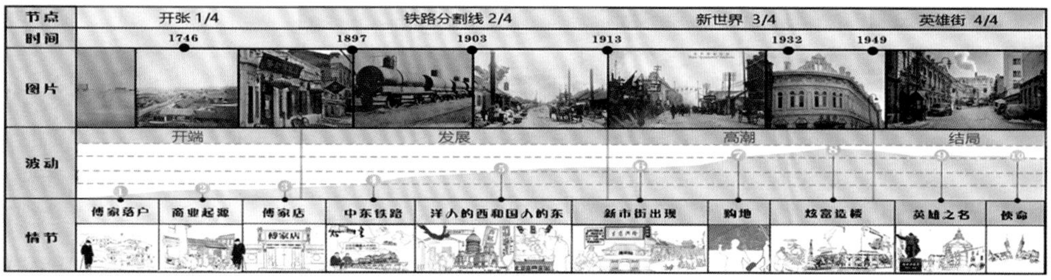

戏说旧忆·故梦新织——中华巴洛克叙事性非遗文化空间更新设计

3 故事呈现

哇，走街串巷，故事空间，沉浸体验……寓娱于文化，充满趣味性和体验感，我可太期待“梦回旧道外”了！

“场景乐园”

非遗馆

“场景”——沉浸式目的地场景：通过场景重塑、科技融入、主题串联、特色活动等为游客塑造沉浸式空间。

——沉浸式演绎：借助VR、AR、MR等先进技术，通过场景感营造、故事线构建、互动活动设计，将观众带入到故事情节中。

“乐园”——以文化为剧、目的地为场地、千岁为线索，跟随千岁的游玩脚步，获得更多参与感、激发探索的兴趣。

建筑总体设计

提取
变形
故事栏
休息座椅
遮蔽功能

异构——新旧共存

遵守修旧如旧的原则，最大程度地保留了原有的痕迹；但同时又希望地体现时代性与功能性，此我们根据建筑巴洛克材质、色彩丰富等特点，建筑中注入“玻璃盒子”、多媒体商业海报等。

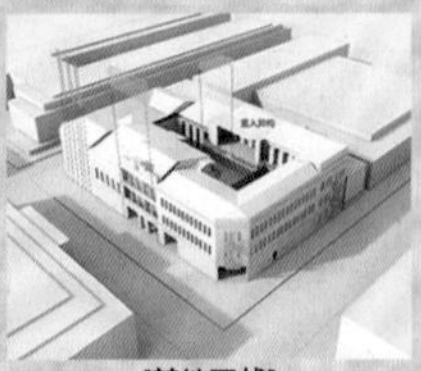
[基地现状]
建筑为回字形，周围是城市建筑群

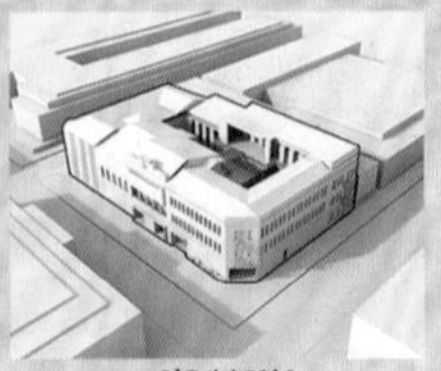
[部分拆除]
建筑拆除违建部分

[修旧如旧]
结构加固、立面更新

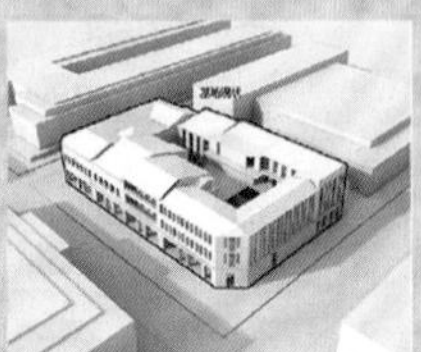
[异构置入]
具有强调、展示、功能作用

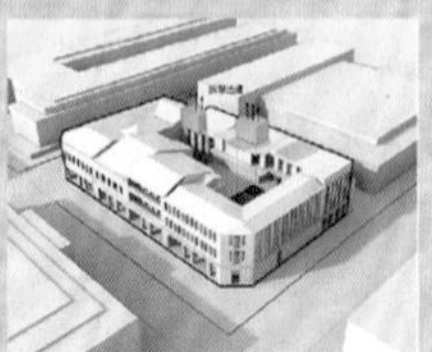
[形体整合]
建筑生成

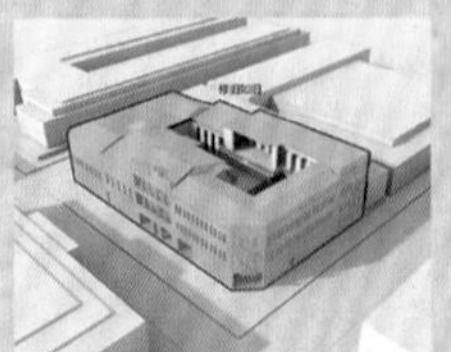
[流线组织]
参观、货运、工作分流

指导教师：宋一 邵丹
作者：王玉彤 张浩然 吴亦涛

建筑庭院设计

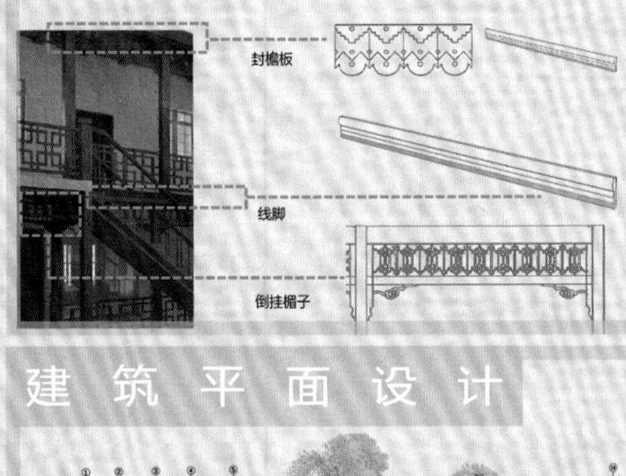
封檐板
线脚
倒挂楣子

● 平台连廊空间

建筑庭院是两座建筑围合庭院，是该建筑群的特点之一，本次修缮将庭院内部的后期加建、违建进行拆除，并将原有树木回栽，并通过庭院绿化、连廊加建、小品设计等手段打造建筑内部的口袋公园。

● 建筑庭院细部设计

庭院细部整体采用原貌保护原则。对保存较完好的细部装饰表面污渍进行清洁、粉刷等措施，还原原有状态。对于破损遗失的细部，按照原貌复原。

建筑平面设计

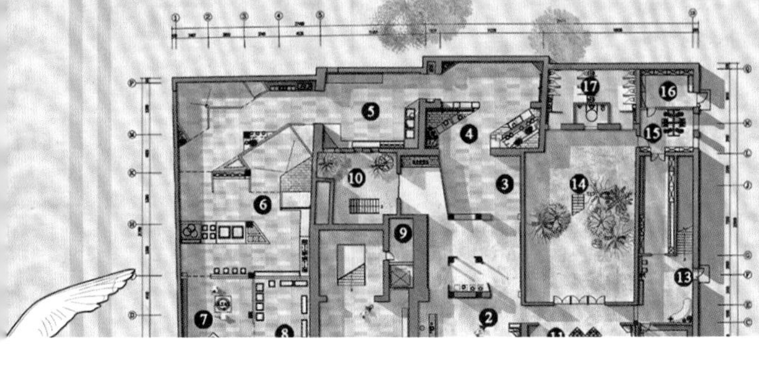
1 门斗
2 前厅
3 时空过廊
4 序厅
5 桦树皮画展区
6 角雕展区
7 西河大鼓展区
8 施丽华剪纸展区
9 展具库
10 尾厅及庭院
11 文创产品售卖区
12 对外橱窗
13 休息区
14 外庭院
15 管理用房
16 工具间
17 卫生间、无障碍卫生间

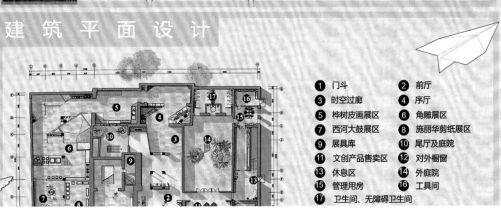

建筑外立面设计

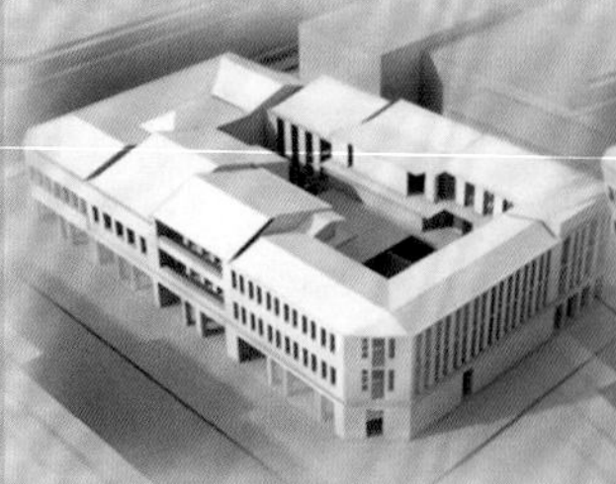

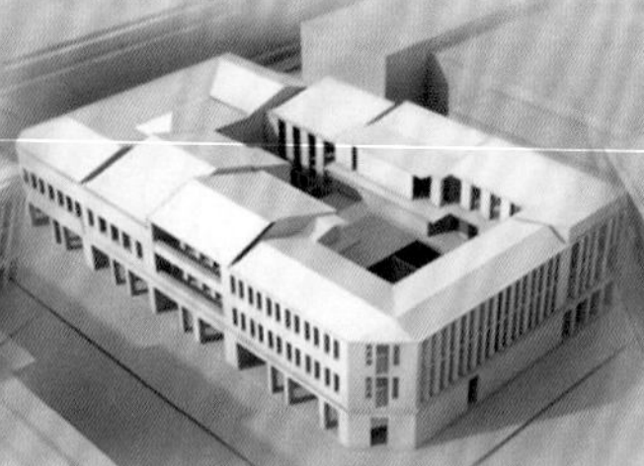

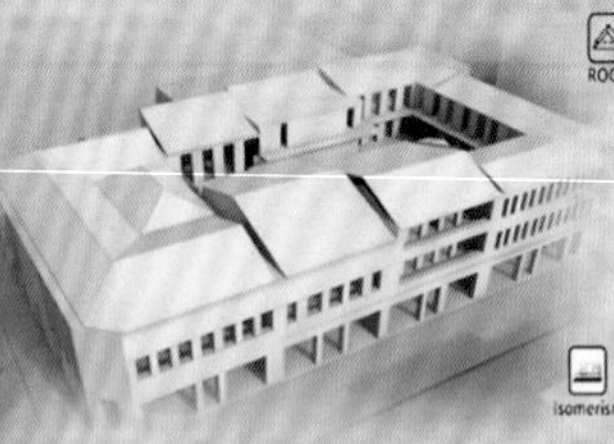

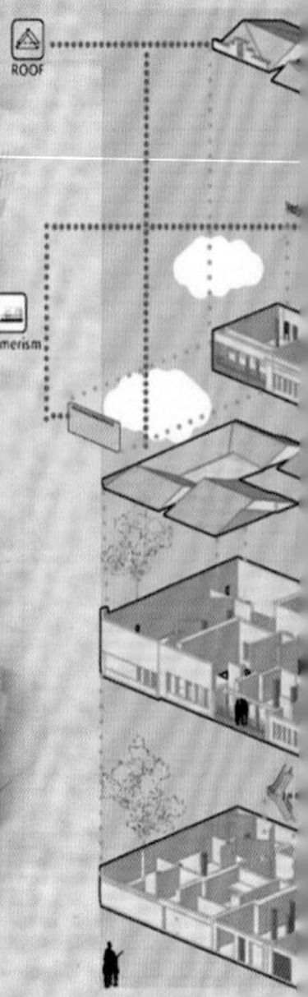

[封闭]由于建筑功能主要为展厅，适当封闭部分门窗

[置入]在原有结构上置入廊桥以合理规划动线

[运用]经典立面标识

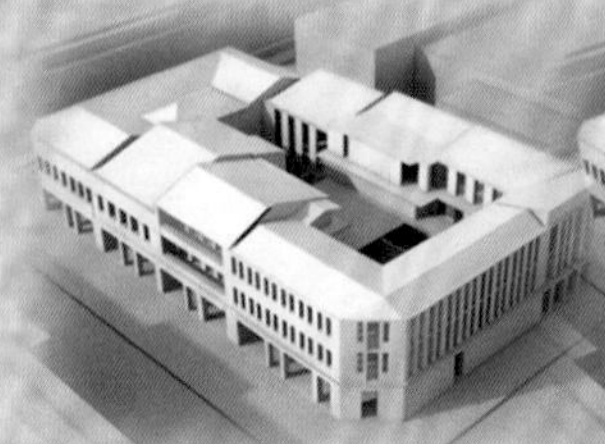

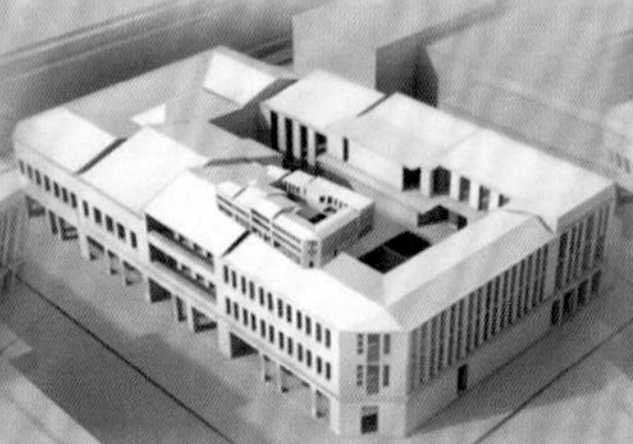

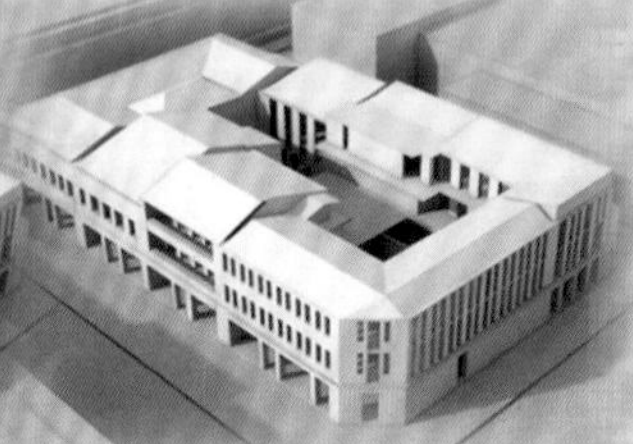

[半封闭]功能空间为剧场化妆间，需要一定的封闭，但同时可以引入自然光线

[置入]故事墙展示、引流

[运用]扩大洞口面积，在主街道交叉口形成展示橱窗，引流

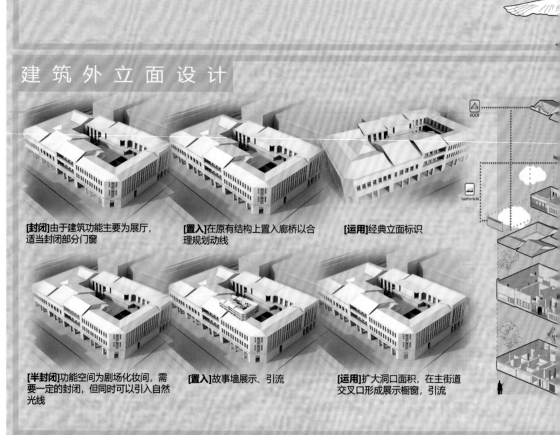

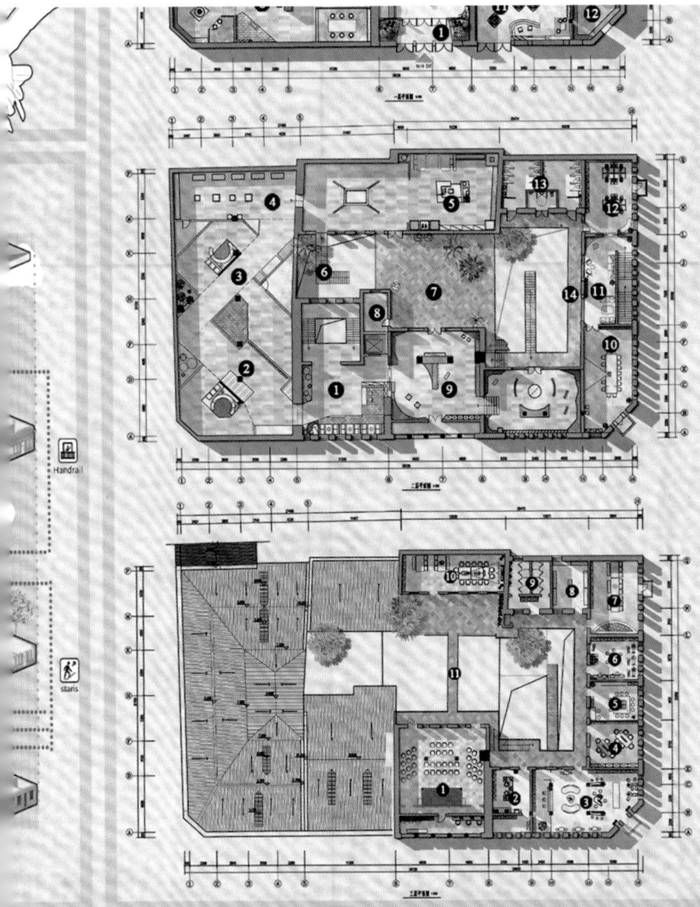

❶ 老仁义馆/六和顺　❷ 赵世魁戏法展区
❸ 评剧展区　❹ 龙江皮影展区
❺ 纪念品售卖区　❻ 尾厅
❼ 休息观景平台　❽ 展具库
❾ 临时展区　❿ 会议室
⓫ 休闲区　⓬ 办公区
⓭ 卫生间/无障碍　⓮ 连廊

❶ 剧场　❷ 财务室
❸ 休闲区　❹ 剪纸手工体验区
❺ 皮影手工体验区　❻ 桦树皮手工体验区
❼ 角雕手工体验区　❽ 档案室
❾ 卫生间　❿ 教育研学区
⓫ 连廊

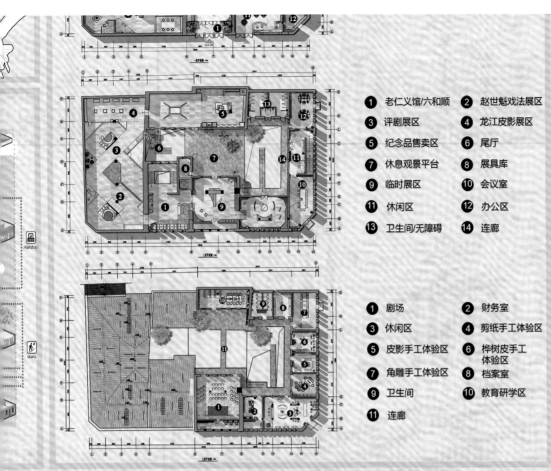

时空站台·溯古论今——中东铁路文化博物馆

一层平面图:

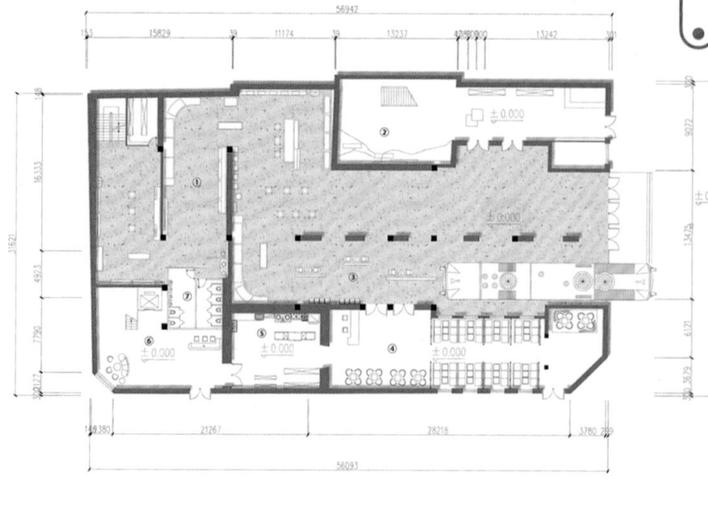

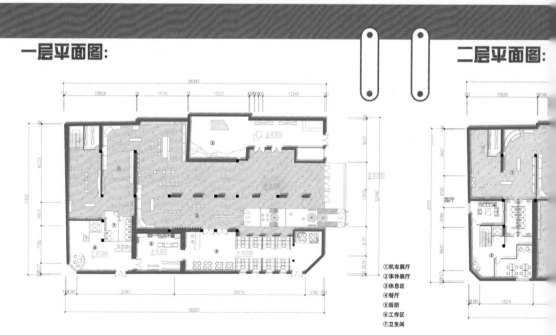

①机车展厅
②事件展厅
③休息区
④餐厅
⑤后厨
⑥工作区
⑦卫生间

二层平面图:

东北师范大学

指导教师：刘学文 阚盛达 郭秋月
作　　者：何抒洋 关越淇 罗 兰 张俊杰 张 金

效 果 图

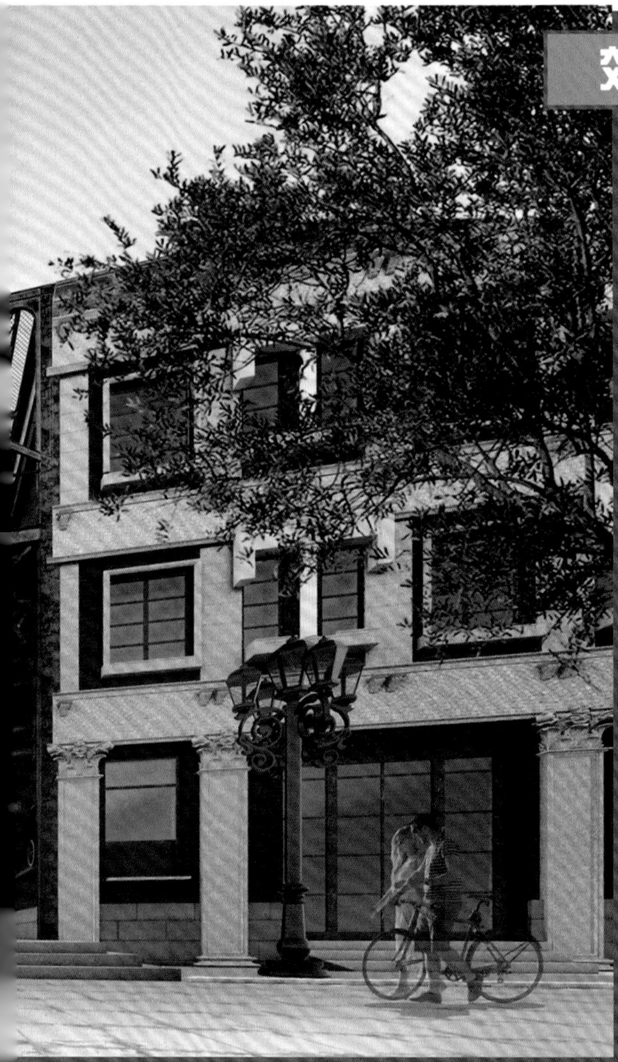

外观效果图：

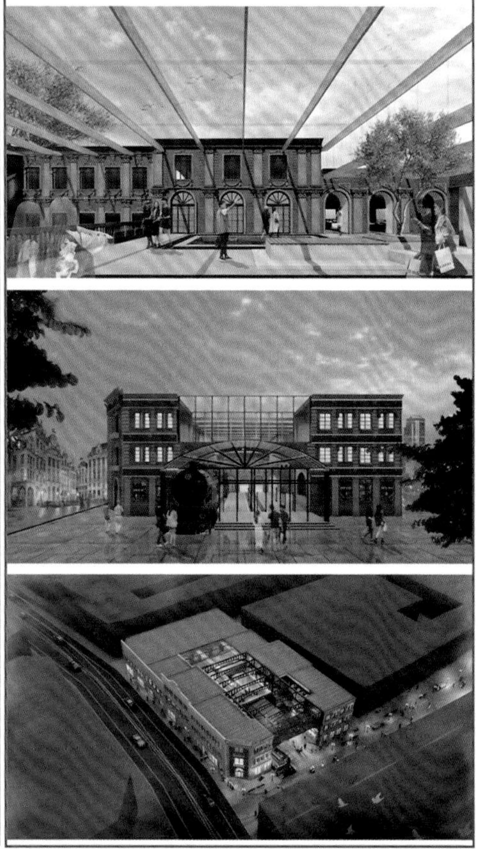

三层平面图：

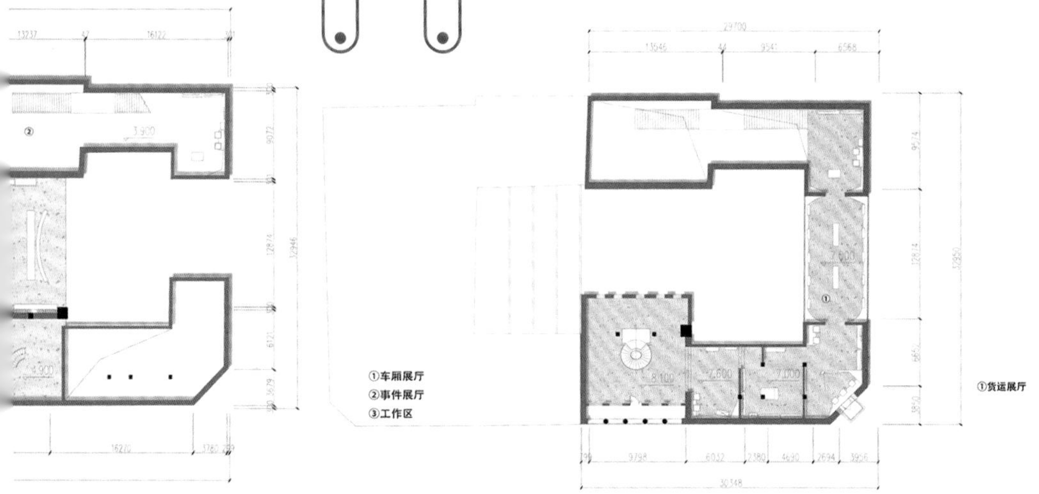

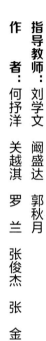

一层空间规划

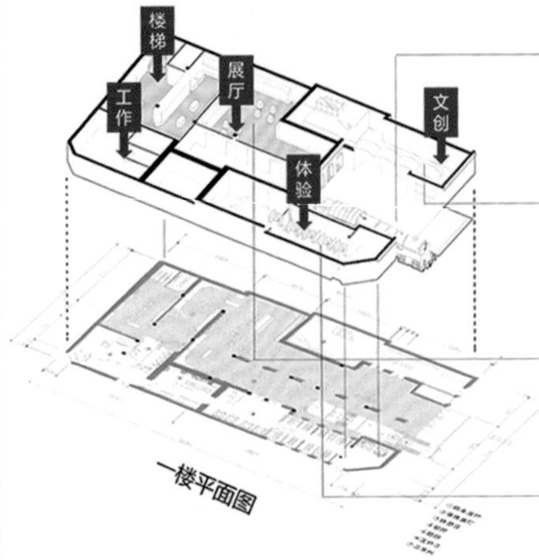

"时空列车"

进站 —— 大尺度 —— 感官冲击

"溯古站台"

乘车 —— 旧还原 —— 情感带入

"展厅1：蒸汽动力系统展厅"

行车 —— 念往昔 —— 视觉享受

"机车餐厅—沉浸旧时光"

停车 —— 身放松 —— 休闲娱乐

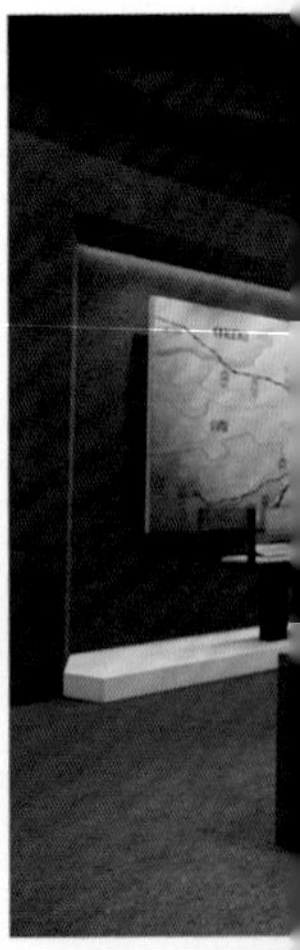

二层空间规划

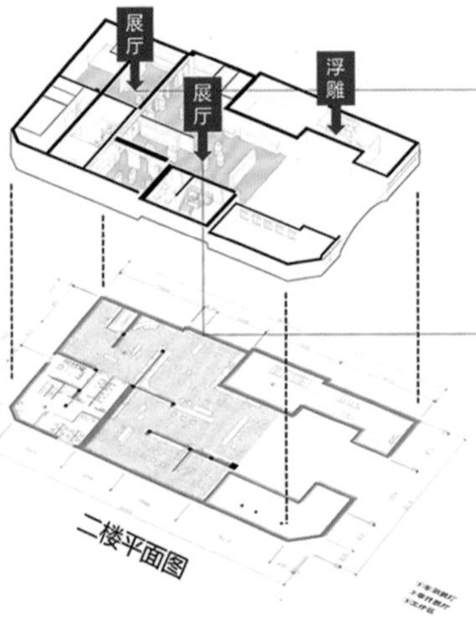

"展厅2：机车车厢回顾展厅"

行车 —— 念往昔 —— 视觉享受

"展厅陈列"

行车 —— 念往昔 —— 视觉享受

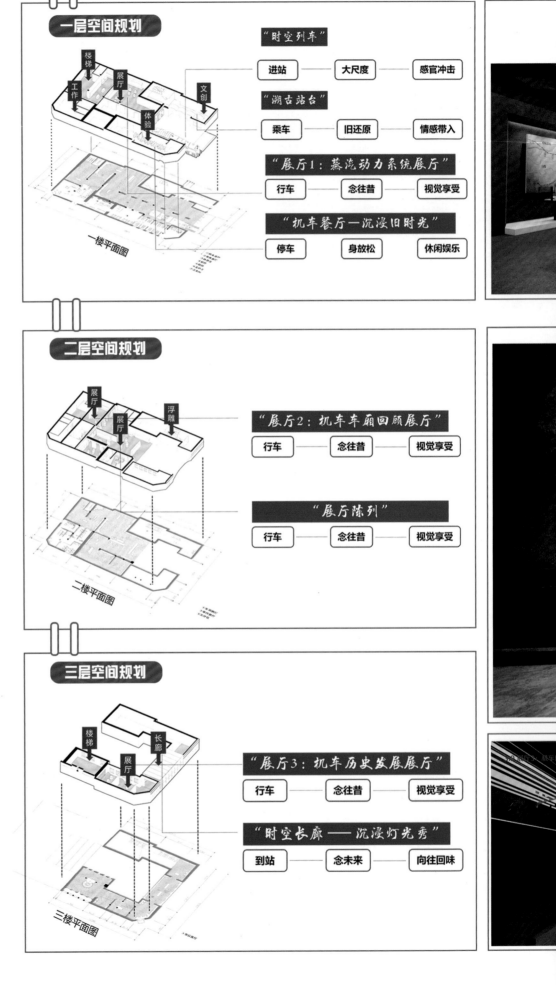

三层空间规划

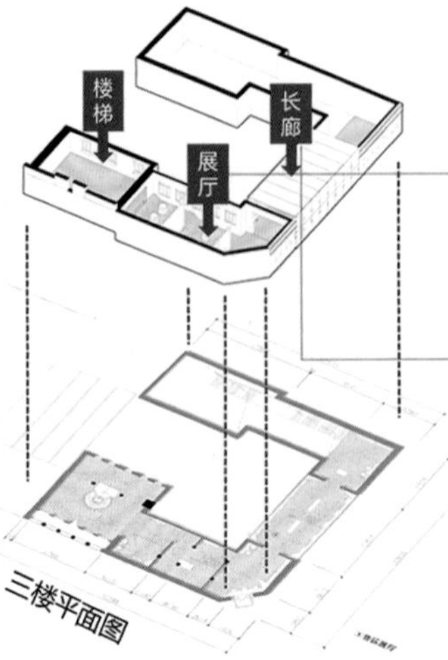

"展厅3：机车历史发展展厅"

行车 —— 念往昔 —— 视觉享受

"时空长廊——沉浸灯光秀"

到站 —— 念未来 —— 向往回味

一层效果图空间展示

二层效果图空间展示

文化『书』组——文化空间的嬗变与逆转

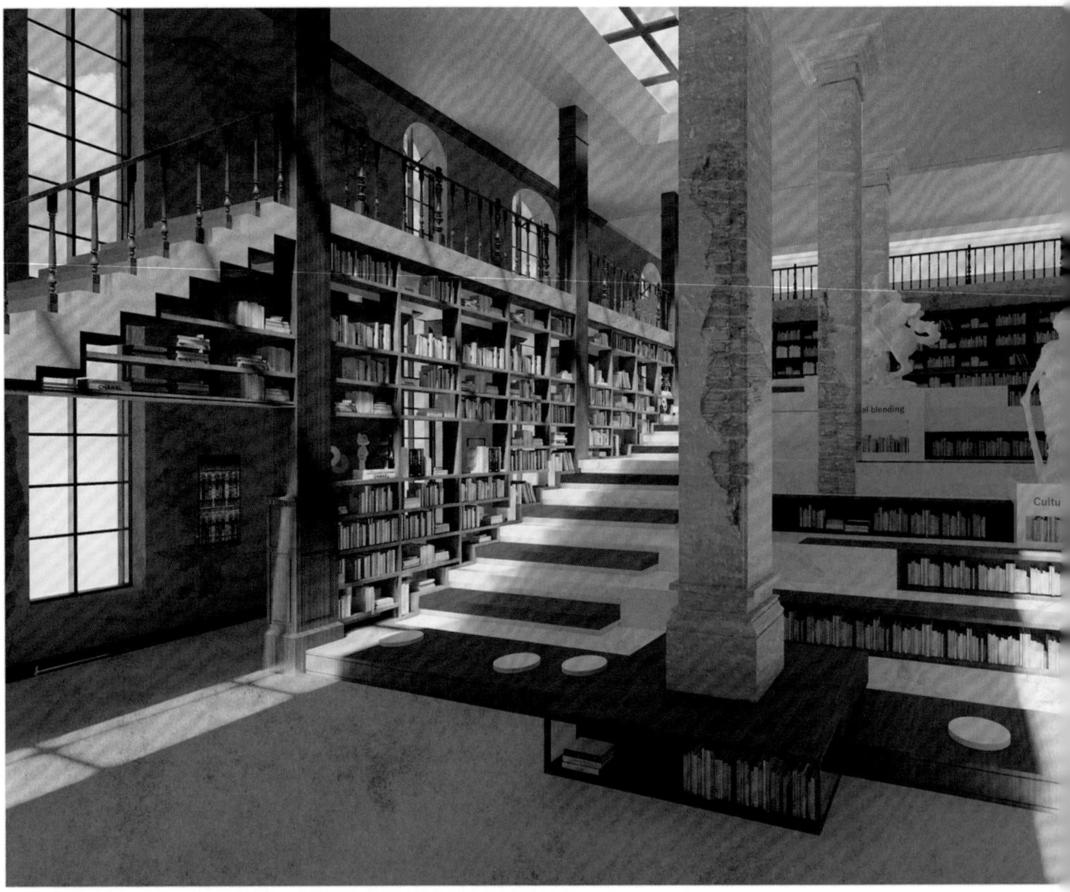

区位分析

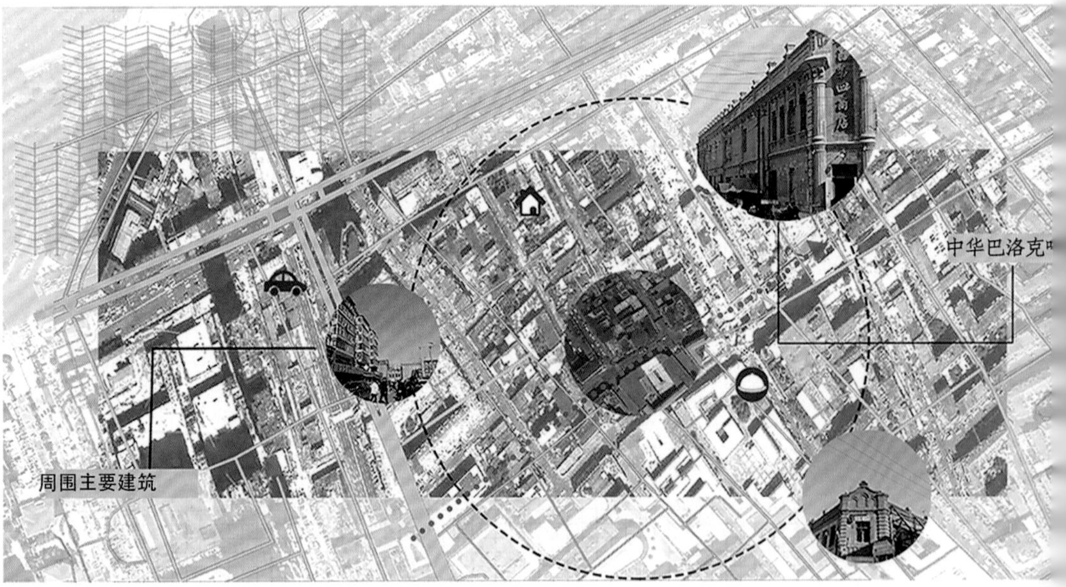
中华巴洛克
周围主要建筑

设计策略

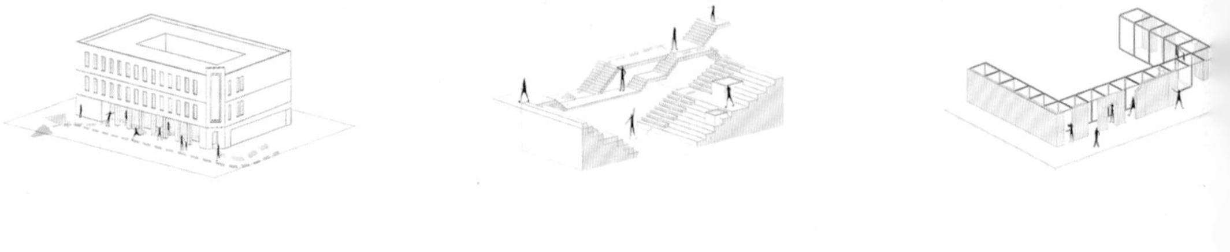

文化“书”纽

——文化空间的嬗变与逆转

指导教师：刘学文 阚盛达 郭秋月

作者：咸靓羽 刘腾 赵梓安 高琦

设计说明

本项目为老建筑改造，我们希望给原来的老建筑注入一定的文化力量，使之激活，使商业空间，转变为文化复合型空间。同时建立一个既不模仿，也不抵抗原建筑的历史，旨在以空间的嬗变与逆转强调建筑的折衷主义，去思考空间的更多种可能性，“故事+非遗文化+创新”，去打造一个文化复合型空间。

主题构思

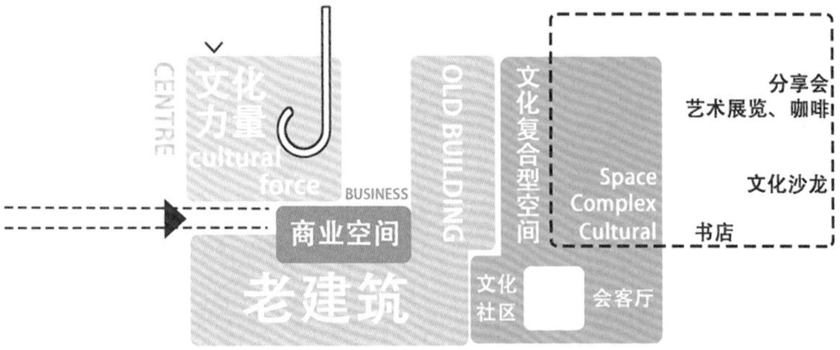

人群分析

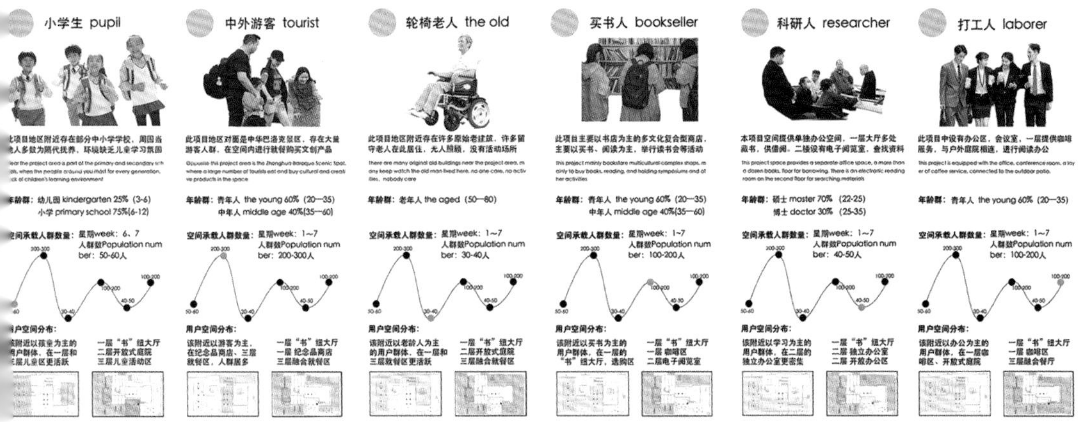

气候分析

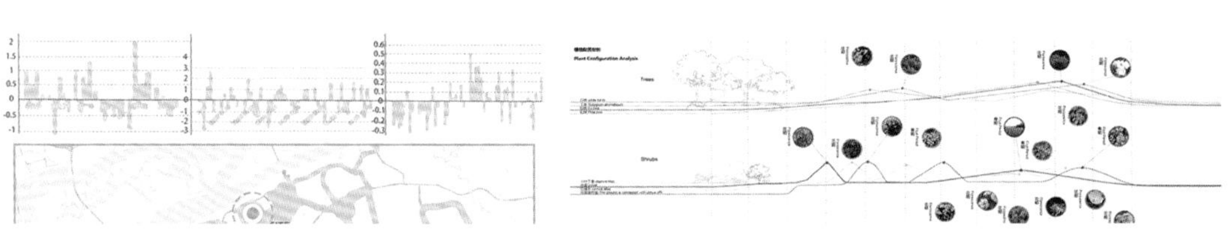

人与建筑：建筑墙体内退

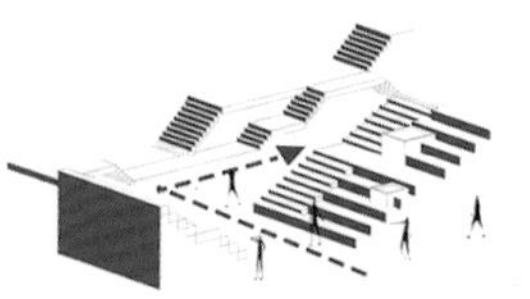

人与人：垂直挑空动线

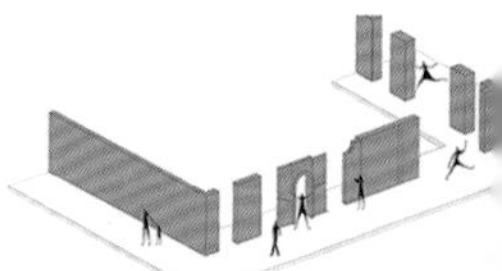

人与历史：保护原有

文化空间

立面图

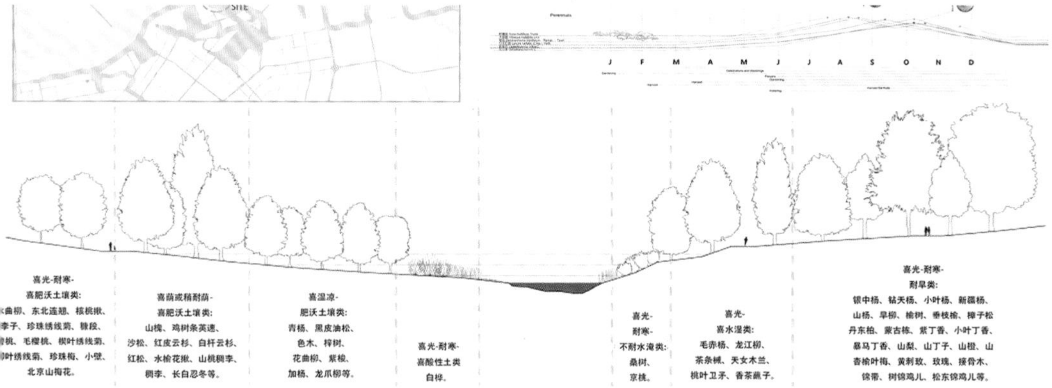
喜光-耐寒-
喜肥沃土壤类:
曲柳、东北连翘、核桃楸、
李子、珍珠绣线菊、糠段、
桃、毛樱桃、桦叶绣线菊、
叶绣线菊、珍珠梅、小檗、
北京山梅花。
喜荫或稍耐荫-
喜肥沃土壤类:
山槐、鸡树条荚蒾、
沙松、红皮云杉、白杆云杉、
红松、水榆花楸、山桃稠李、
稠李、长白忍冬等。
喜湿凉-
肥沃土壤类:
青杨、黑皮油松、
色木、梓树、
花曲柳、紫椴、
加杨、龙爪柳等。
喜光-耐寒-
喜酸性土类
白桦。
喜光-
耐寒-
不耐水淹类:
桑树、
京桃。
喜光-
喜水湿类:
毛赤杨、龙江柳、
茶条槭、天女木兰、
桃叶卫矛、香茶藨子。
喜光-耐寒-
耐旱类:
银中杨、钻天杨、小叶杨、新疆杨、
山杨、旱柳、榆树、垂枝榆、樟子松
丹东柏、蒙古栎、紫丁香、小叶丁香、
暴马丁香、山梨、山丁子、山楂、山
杏榆叶梅、黄刺玫、玫瑰、接骨木、
锦带、树锦鸡儿、松东锦鸡儿等。

轴测图

第四书店

6+室内·联合毕业设计

戏集里 虚实间——中华巴洛克历史街区触媒式文化市集设计

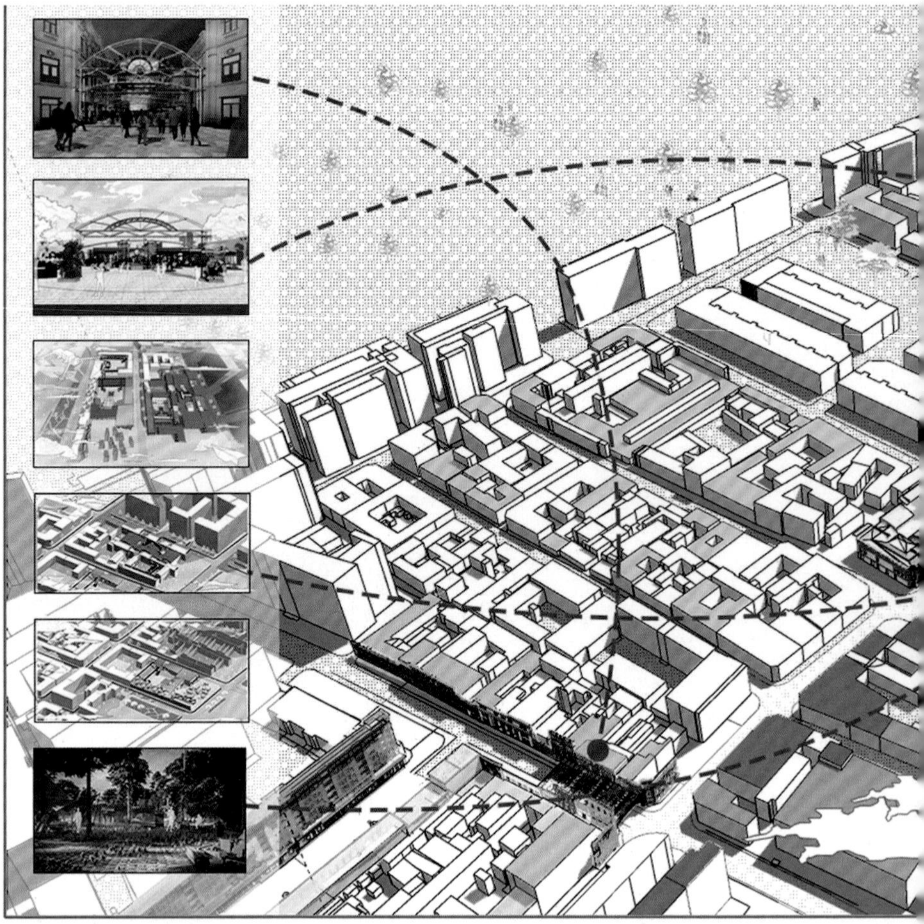

发展态势 | 发展视角

城市/哈尔滨/

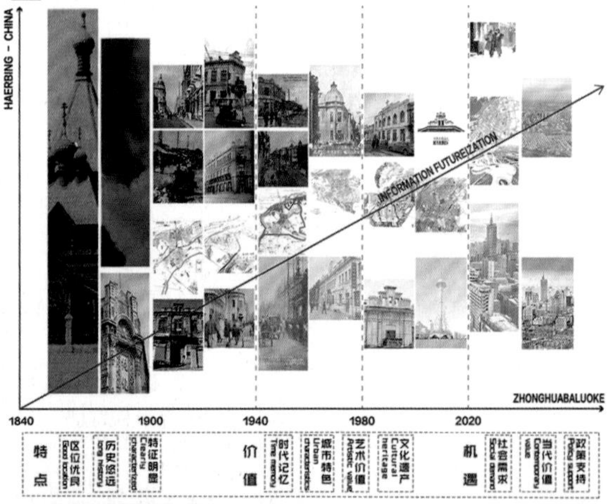

地区/道外区/

上位规划

"敬畏历史、敬畏文化、敬畏生态" "聚人气、兴业态、强功能"

"宜居则居、宜业则业、宜游则游、宜学则学"

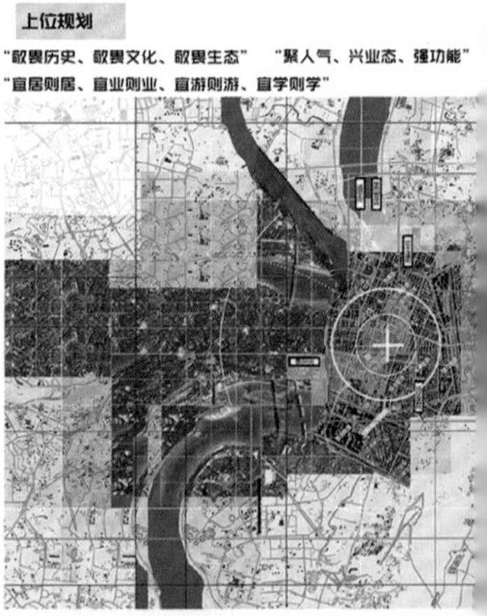

场地解读 | 人本视角

场地物质环境特征

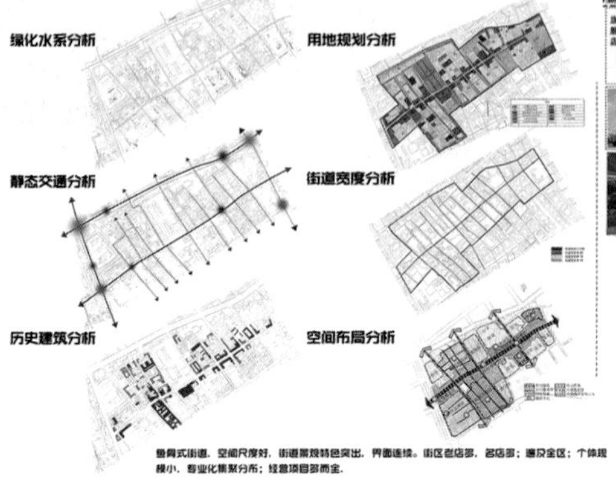

鱼骨式街道，空间尺度好，街道景观特色突出，界面连续。街区老店多，名店多；遍及全区；个体规模小，专业化集聚分布；经营项目多而全。

吉林艺术学院

指导教师：唐晔　张享东
作　者：赵羽陶　韩子琳

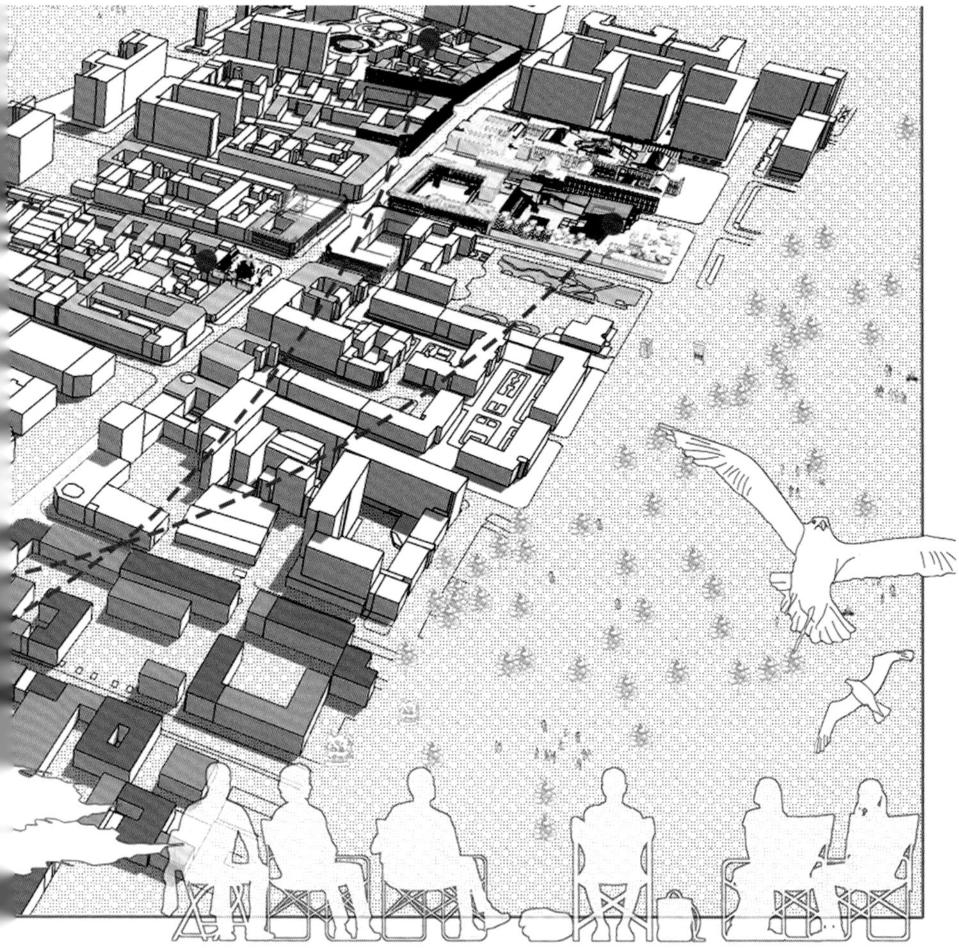

如何实现历史与未来共同发展？

基地/中华巴洛克历史街区

街区经过了多个历史时期的洗礼，不同地区有着不同的肌理和发展脉络，存在着现象，聚集老道外，历史建筑与现代建筑未形成互动，形成两极的发展，与松北的南岗区形成强烈对比。

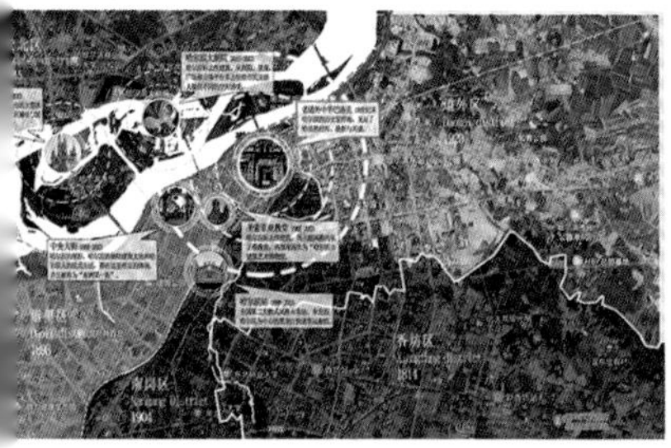

如何重现中华巴洛克人文风貌？

人群特征

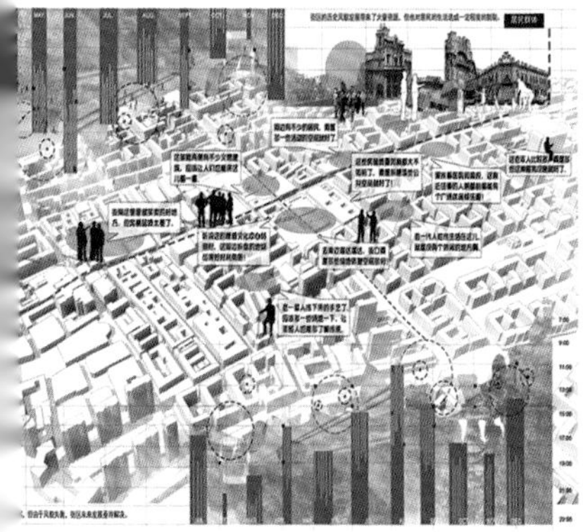

分为三类，当地居民、商户、游客三类，可以看出：不同类型的群体，在职业收入、居住条件等方面都存在着明显的差异，而城市的发展则把这种差异不断的放大。

问题梳理

文化视角

人居视角

人居视角

发展视角

策略提出

文化视角

以当地文化为触媒　维护修缮历史建筑

整顿街区沿街立面　自下而上的改造

文化梳理 | 文化视角

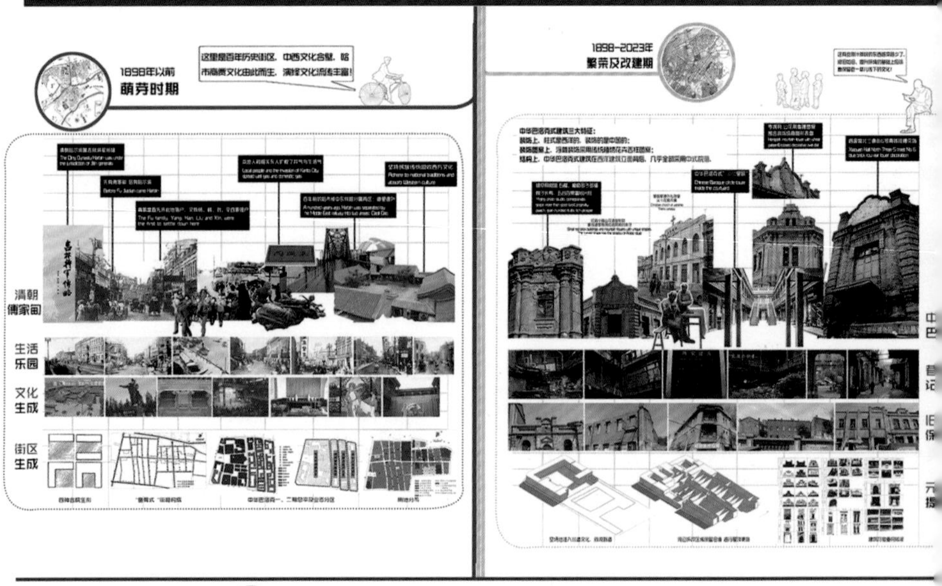

1898年以前
萌芽时期
这里是百年历史街区，中西文化合璧，哈市商贾文化由此而生，演绎文化历传丰富！
中华巴洛克式建筑三大特征：
装饰上，柱式是西洋的，装饰的是中国的；
装饰图案上，浮雕装饰采用传统建筑花卉吉祥图案；
结构上，中华巴洛克式建筑在西洋建筑立面背后，几乎全部采用中式院落。
1898~2023年
繁荣及改建期
清朝傅家甸
生活乐园
文化生成
街区生成

忆
五感市集
文创产品
慢行街道
导视系统
修缮立面

如何塑造中华巴洛克未来发展？

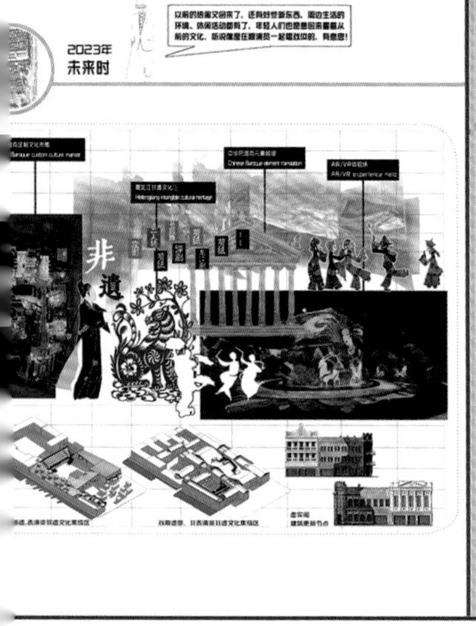

自我思考

“我们希望中华巴洛克在哈尔滨的城市更新中更具有未来性和前沿性，并在此基础上结合原来中华巴洛克街区的规划提出了中户巴洛克文化市集的可能性.”

物质割裂 / 社会割裂 / 历史断层 — 割裂 — 共生 — 戏集里 虚实间

"We hope that the Chinese Baroque will be more futuristic and cutting-edge in the urban renewal of Harbin, and on this basis, combine the original. The planning of the Zhonghua Baloch District raised the possibility of a Baroque cultural bazaar in Nakato."

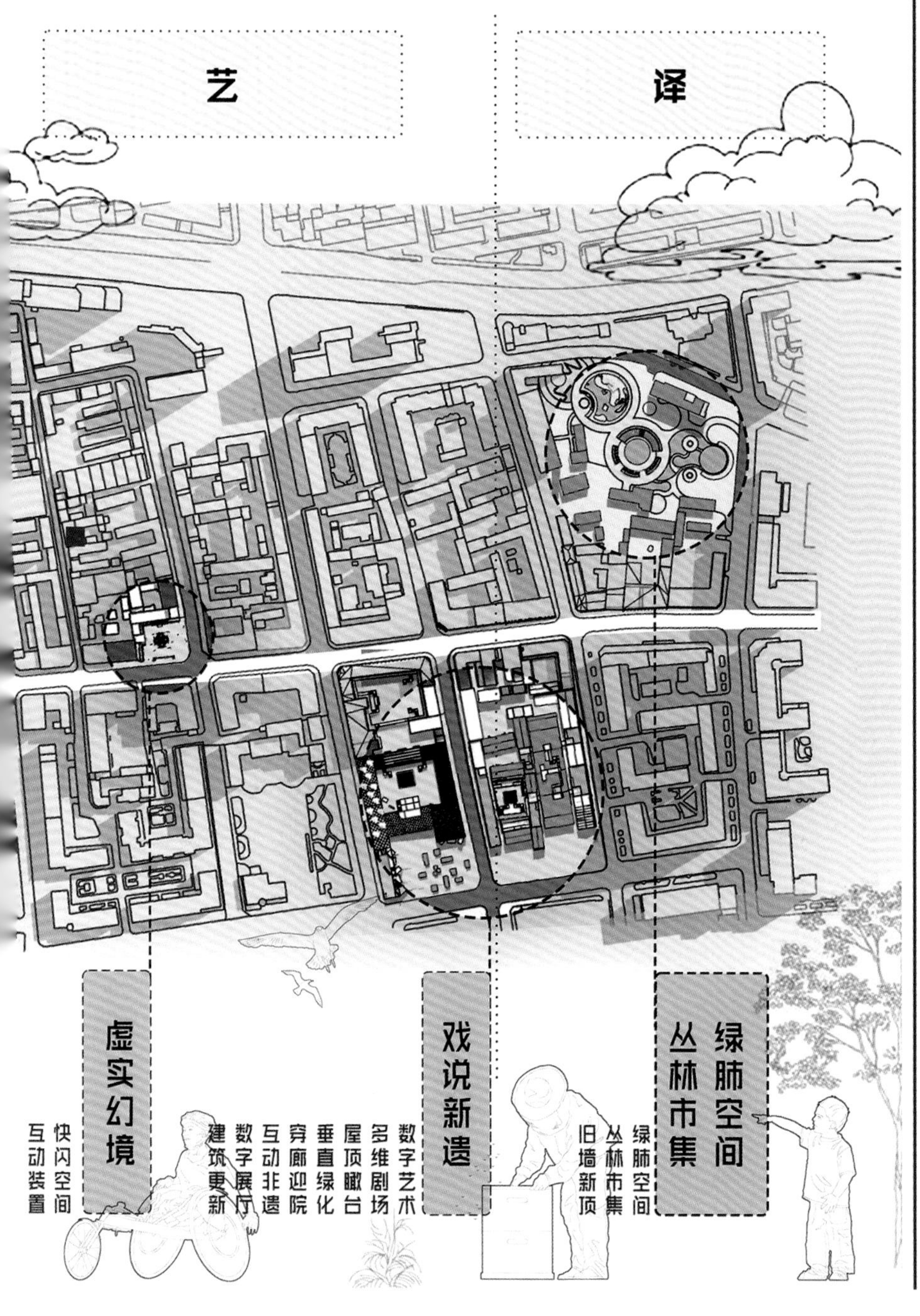

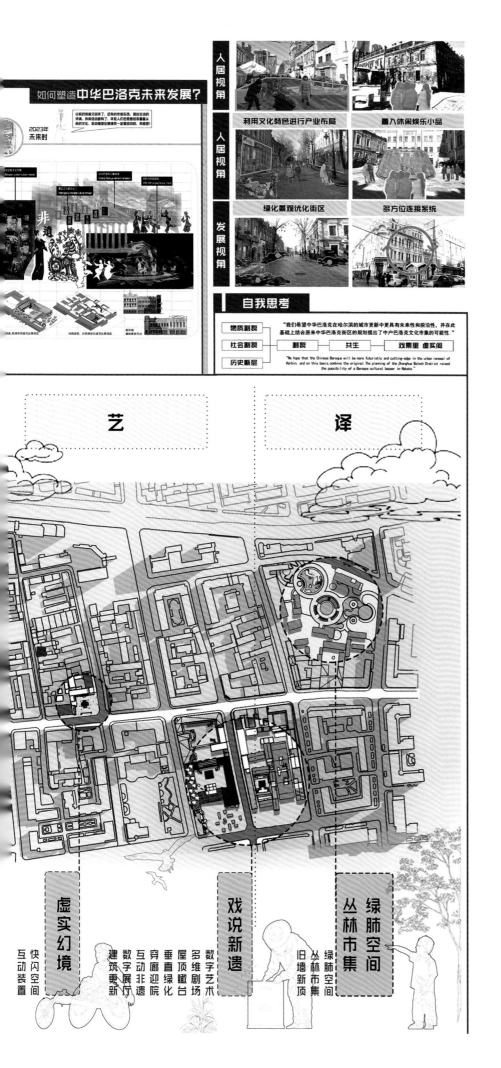

冰城时光——哈尔滨第四百货建筑修缮改造

策略综述

连廊节点详图

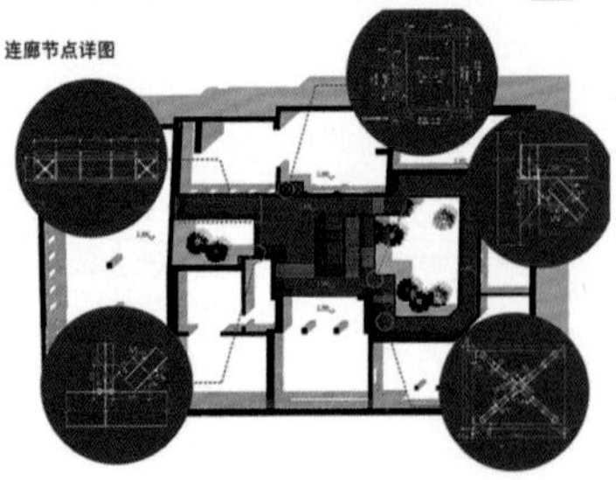

非遗活化

非遗活化

一层功能分区

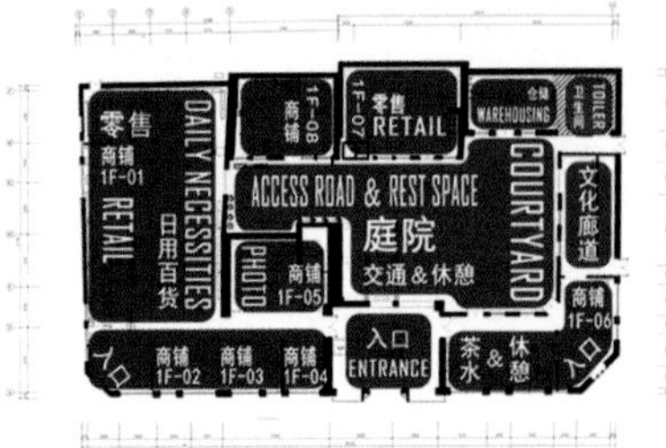

二层功能分区

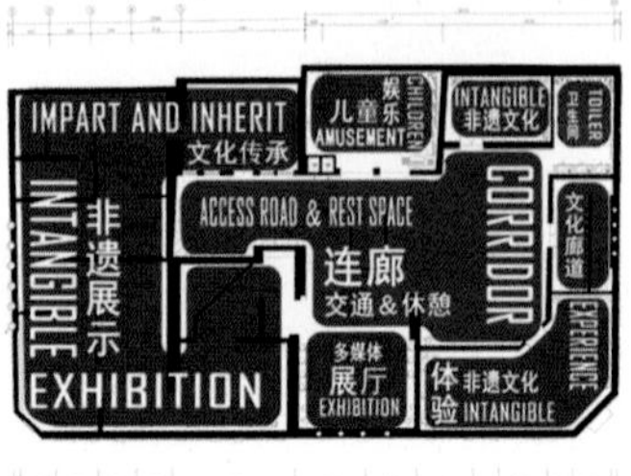

三层功能分区

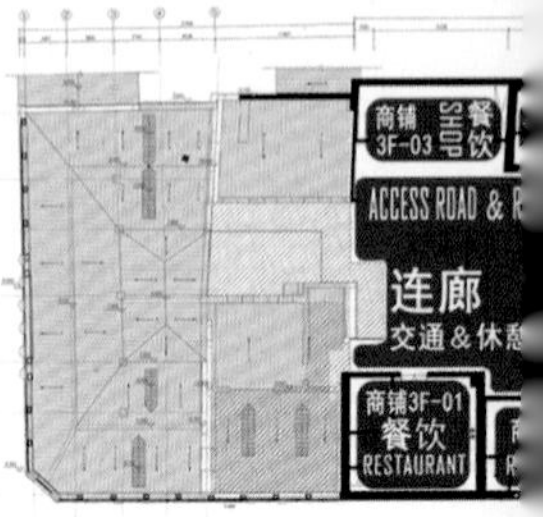

沈阳建筑大学

指导教师：迟家琦 吕丹娜 杜心舒

作 者：邬炜哲 苗云龙 王悦康 温百慧

营策略

品牌秀场
brand Show field
艺术策展
ART curate
创意市集
ART curate

SWOT 分析

S优势 Strength

1. 建筑形式为中西结合形式，前店后厂，商住混用，独具建筑魅力。
2. 周边非遗文化多种多样，有许多特色元素。
3. 哈尔滨老道外拥有全国最大的巴洛克建筑群，易打造独居特色的文化IP建筑。

W劣势 Weakness

1. 由四家商铺合营业而成，建筑内部无法联通。
2. 建筑内部空间，高低错落不一。
3. 场地由于经过多次的修缮，建筑外立面特色，早已消耗殆尽。
4. 项目区位，毗邻松花江，易打造特色。

O机遇 Opportunities

1. 连廊空间是巴洛克建筑的特色之一，打造独具老道外特色的连廊空间。
2. 周边非遗业态较多，打造属于老道外的非遗空间。
3. 周边居民较多，将便民的商业置入空间。

T挑战 Challenge

1. 空间内部流线不通。
2. 建筑相关历史较为复杂。
3. 内部楼梯错综复杂。
4. 基础设施不全。

1 建筑修缮

2 庭院空间

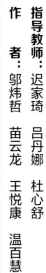

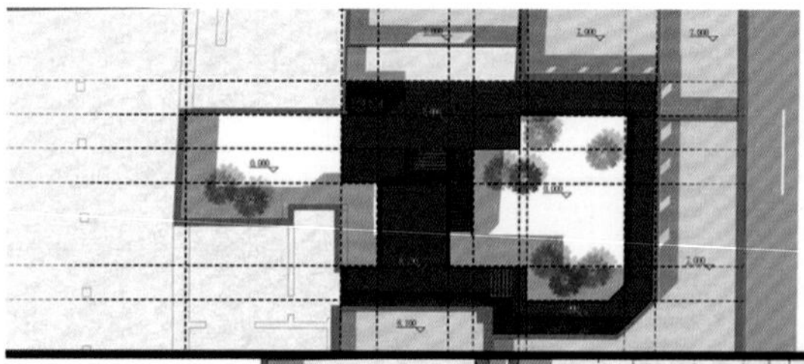

三层连廊

在中央集中的增加了一个解决高差的平台，目的是为了解决三楼流线断开的问题，以及不同空间中存在的高差问题。

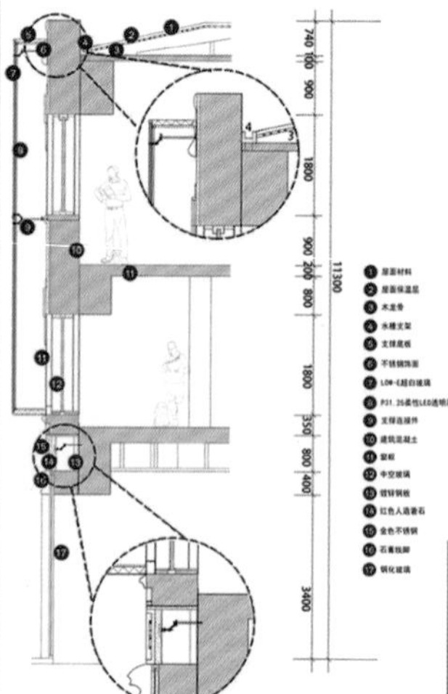

二层连廊

将庭院的楼梯整合，并且保留二楼原有的活动空间，再将南面较高的二层空间通过平台与北面较低的二层空间相互连接，保证交通流线的畅通。

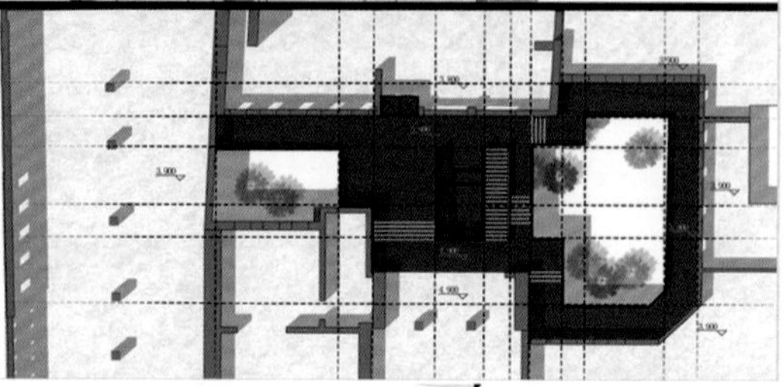

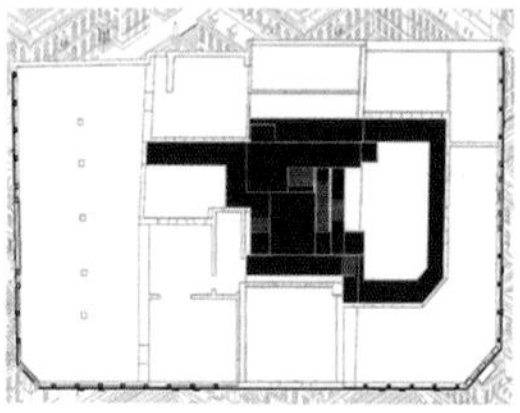

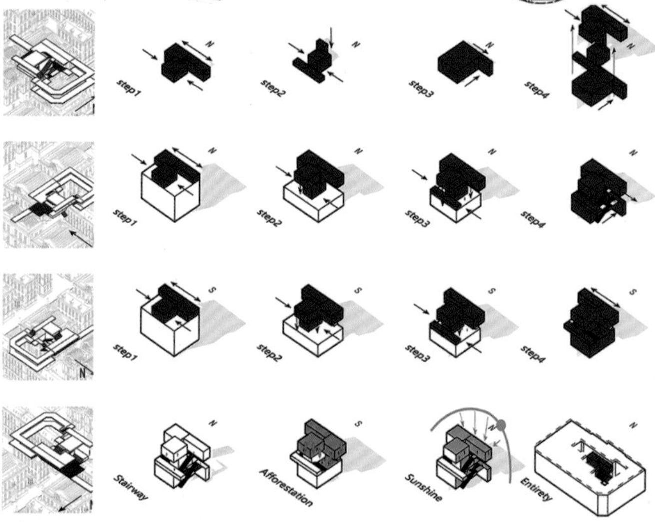
step1
step2
step3
step4
Stairway
Afforestation
Sunshine
Entirety

设计说明

在原有的二层平台之上增设了第三层平台，使第三层空间相互打通，并与原有的连廊相互连接，这有效解决了建筑内部空间的交通流线问题，使建筑内部的各个功能空间实现了便捷畅通的动线联系，消除了原有建筑内部动线的阻隔，实现了空间的有机衔接，大大方便了人员的流动。

同时，设计还对原有的不规范的垂直通道进行了整合，采用现代电梯等设备使其标准化，这样既保留了建筑原有的空间特色，又满足了现代建筑对垂直通道的要求，使残疾人和老年人可以更为方便快捷地在各个楼层之间活动转移。

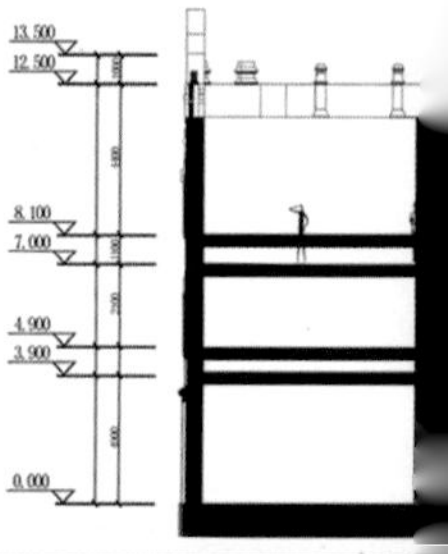

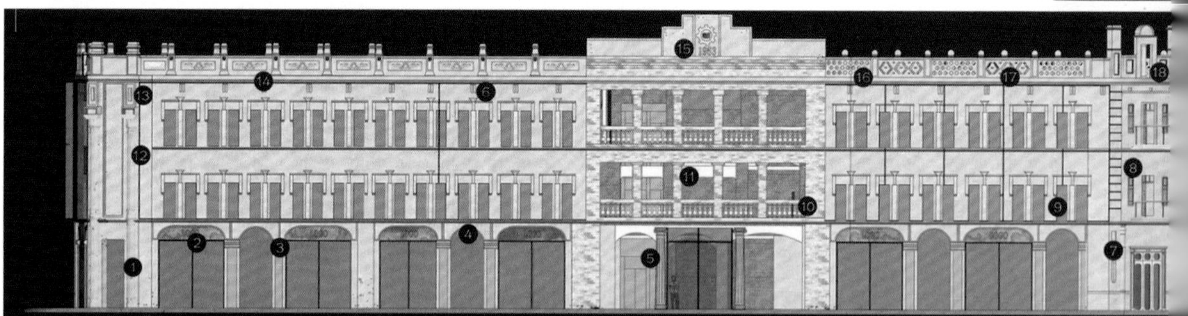

1 此部分进行复原，倚柱：分布和成对排列形式分布。强调入口的 3/4 ，尺寸较大，呈对称形态在建筑入口两侧排列，或单倚柱对称排列或双倚柱对称排列

2 此部分改造，拱形门洞，运用红色奢石制作拱形招牌

3 此部分因历史价值不大也进行改造，装饰抹金属包边，运用抹灰对细部进行装饰，做出样式

4 此部分因历史价值不大故进行改造，拱形门洞，在门洞上加以金属包边

5 此部分进行改造，并增设罗马五柱式里的爱奥尼柱式

6 托檐石也叫牛腿，在中华巴洛克建筑中，它作用已经微乎其微，主要起装饰作用，是建装饰中不可或缺的一部分。托檐石的位置与对应，在窗排列形

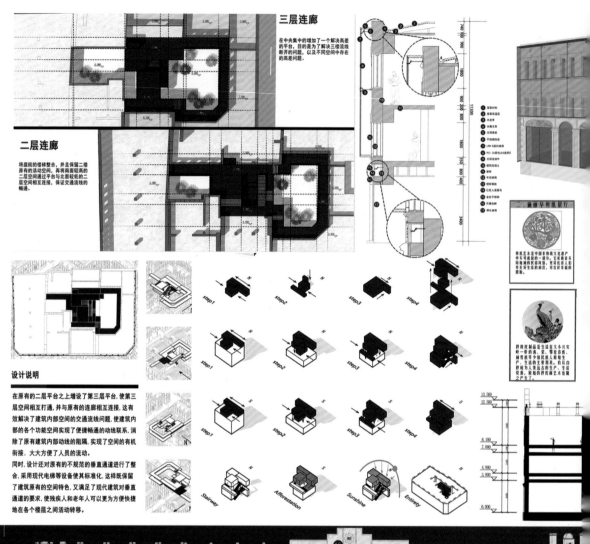

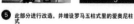

新技术复原不同时期

在进行历史建筑的功能扩充，与价值重塑时候，应当最大限度地保留建筑本身的历史原貌与记忆，然后在此基础上采用建筑历史上相同的设计手法进行适当的空间演绎与重组以实现建筑的活化利用与体验价值的提升。

打造便捷流线

在空间当中打造便捷舒适的交通流线，将整体的庭院空间的楼梯放置一处，让观赏者和游玩的人能够将进入空间当中，让人们的游览体验感更佳。扩建平台面积，增加休息区域。

3 非遗传承

主要策略

传承记忆	非遗活态传承	保护为主
融入生活		合理发展
传统技艺		合理利用
		传承发展

展示类型

非遗体验空间	动手制作非遗产品 欣赏传统技艺展示
非遗购买空间	非遗文创店 非遗相关业态
非遗研究类空间	非遗文化展馆空间

文化传承

在空间设计当中将当地的非遗文化植入空间当中，让人们在学习游玩的过程当中，感受中华巴洛克的魅力。

将业态非遗植入空间当中，让人们在感受到非遗的体验感，将也将道外区部分业态植入其中，包括张飞扒肉、老鼎丰等。让人们在空间中感受道外区的文化，感受非物质文化遗产的魅力。

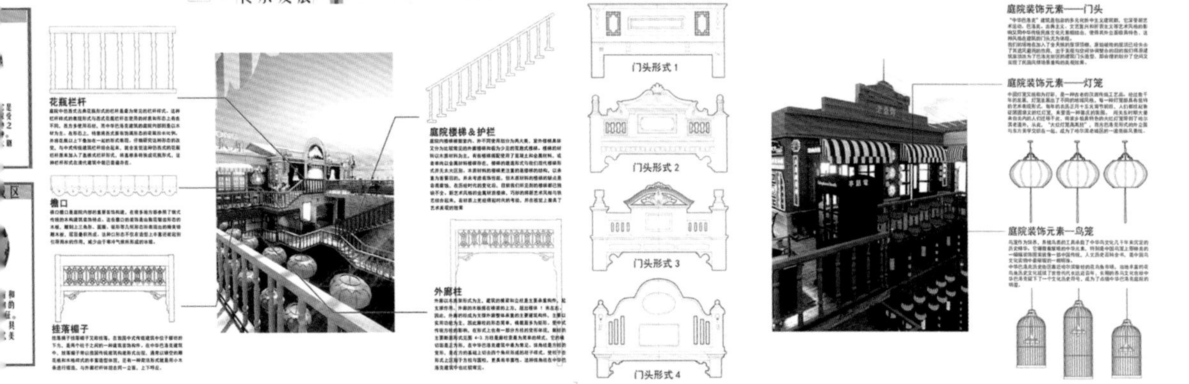

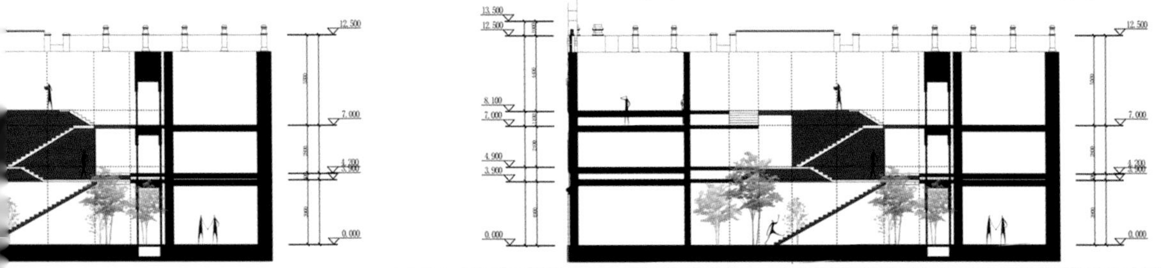

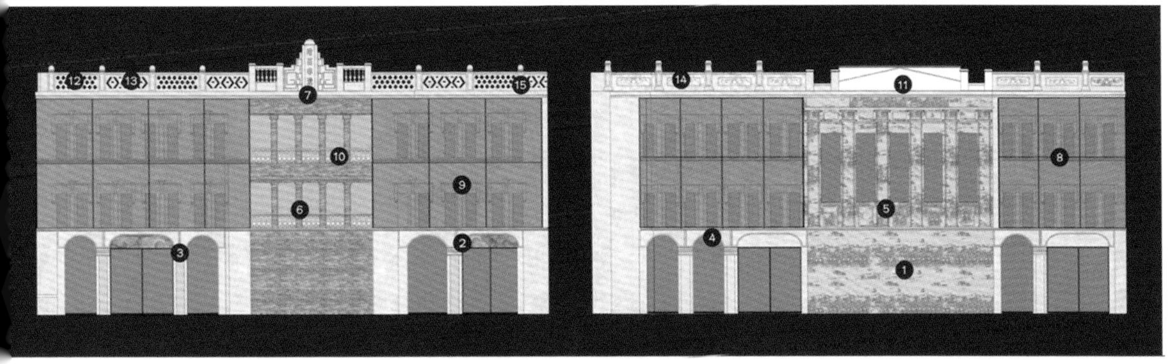

1 采用灰色砖构墙面，保留原建筑的砖构特色，因此面并非正面，所以并不留出大量入口

2 此部分改造，拱形门洞，运用红色奢石制作拱形招牌

3 此部分因历史价值不大也进行改造，装饰抹灰加以金属包边，运用抹灰对细部进行装饰，做出壁柱的样式

4 此部分因历史价值不大故进行改造，拱形门洞，在门洞上加以金属包边

5 对此部分进行开口设计，用大尺寸的壁柱对开窗进行装饰

6 扩大窗口，扩大采光，运用正立面的柱式和石制栏杆进行装饰

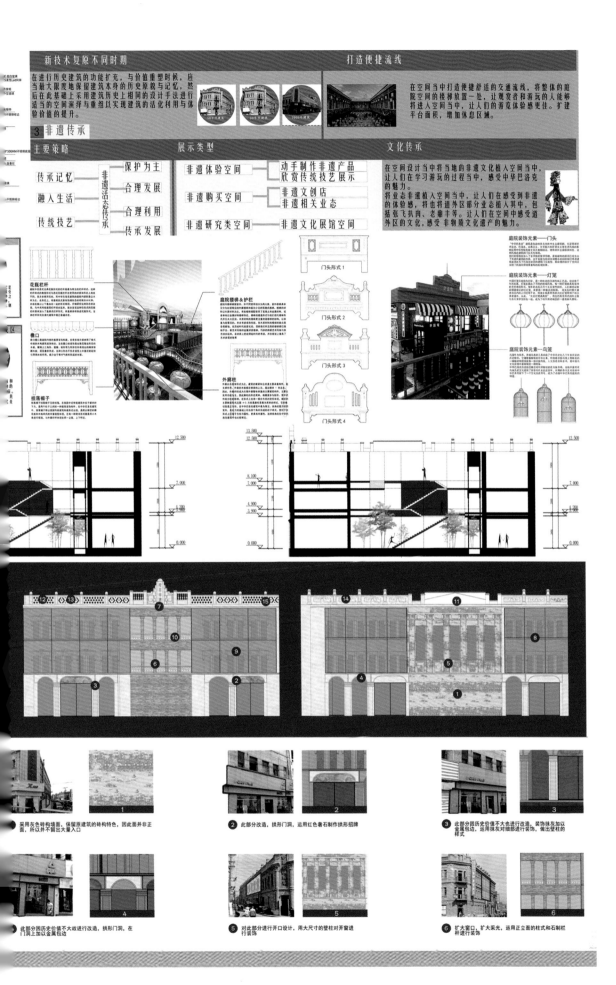

迹译循承

基地功能划分

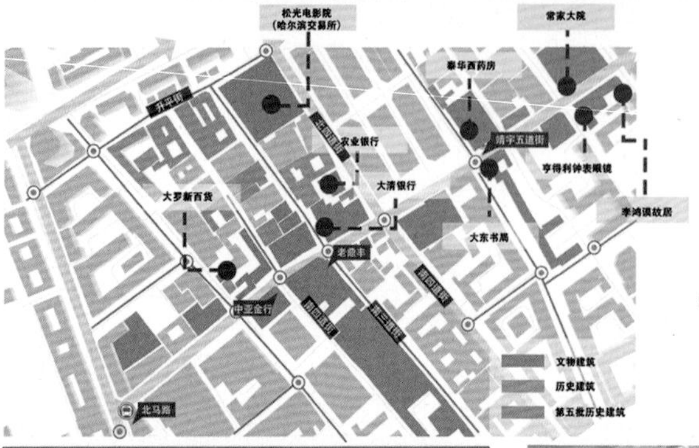

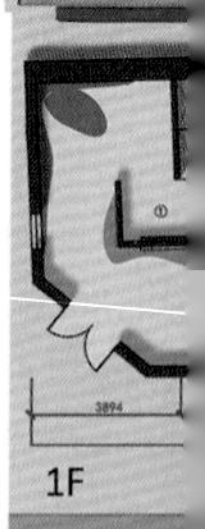

场地平

景观空间生成

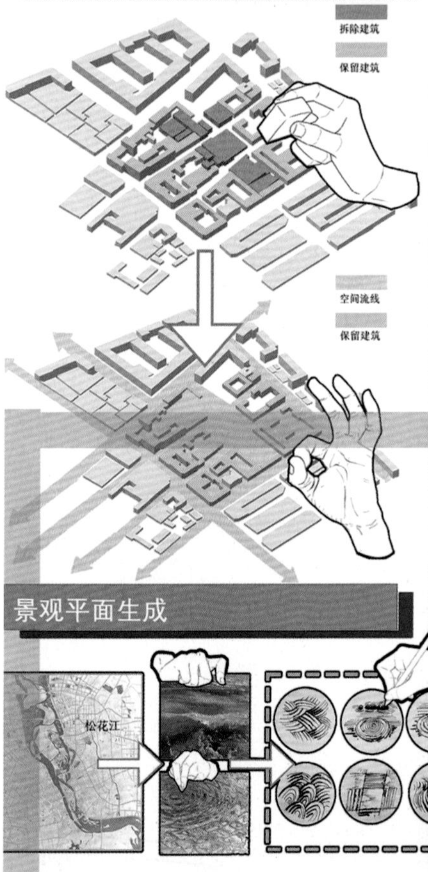

景观平面生成

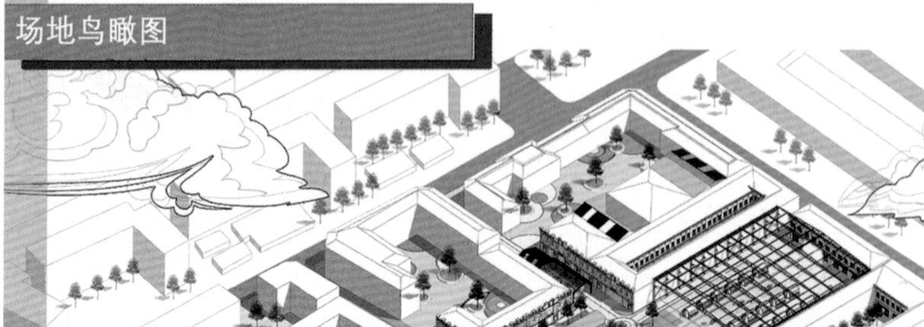

场地鸟瞰图

大连理工大学

指导教师： 马辉　都伟　高莹

作　　者： 李雨柔　甘岚　刘倩　鄂尔其　尹诗皓

空间平面图

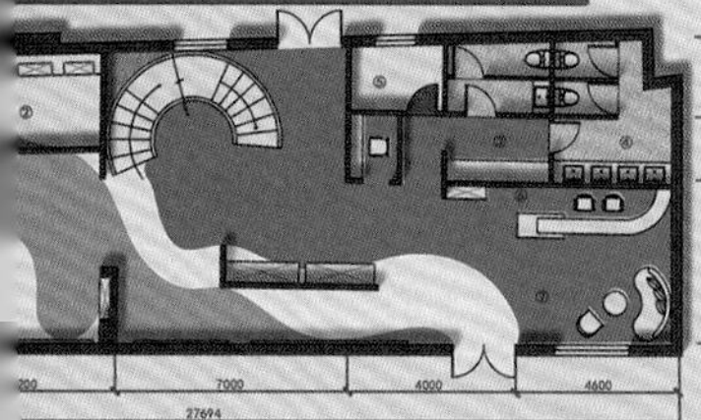
①展厅A
②探索之厅
③茶水间
④卫生间
⑤仓库
⑥接待区
⑦洽谈座椅
7000
4000
4600
27694

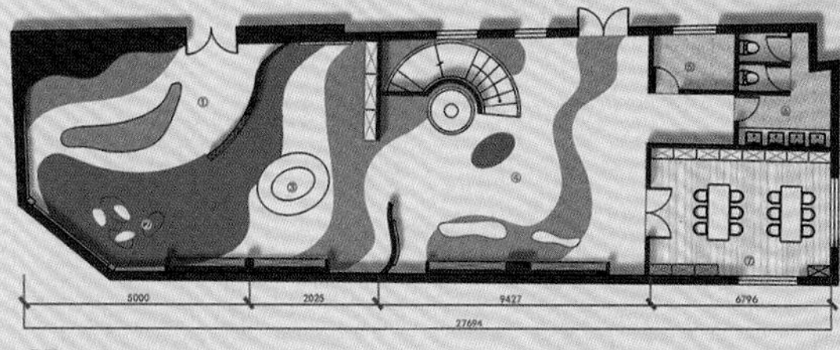
①展厅B
②坐席区
③时光台
④文化展厅
⑤仓库
⑥卫生间
⑦阅览室
5000
2035
9427
6796
27694

2F

N
10
20
(m)

文化空间局部效果图

文化空间爆炸图

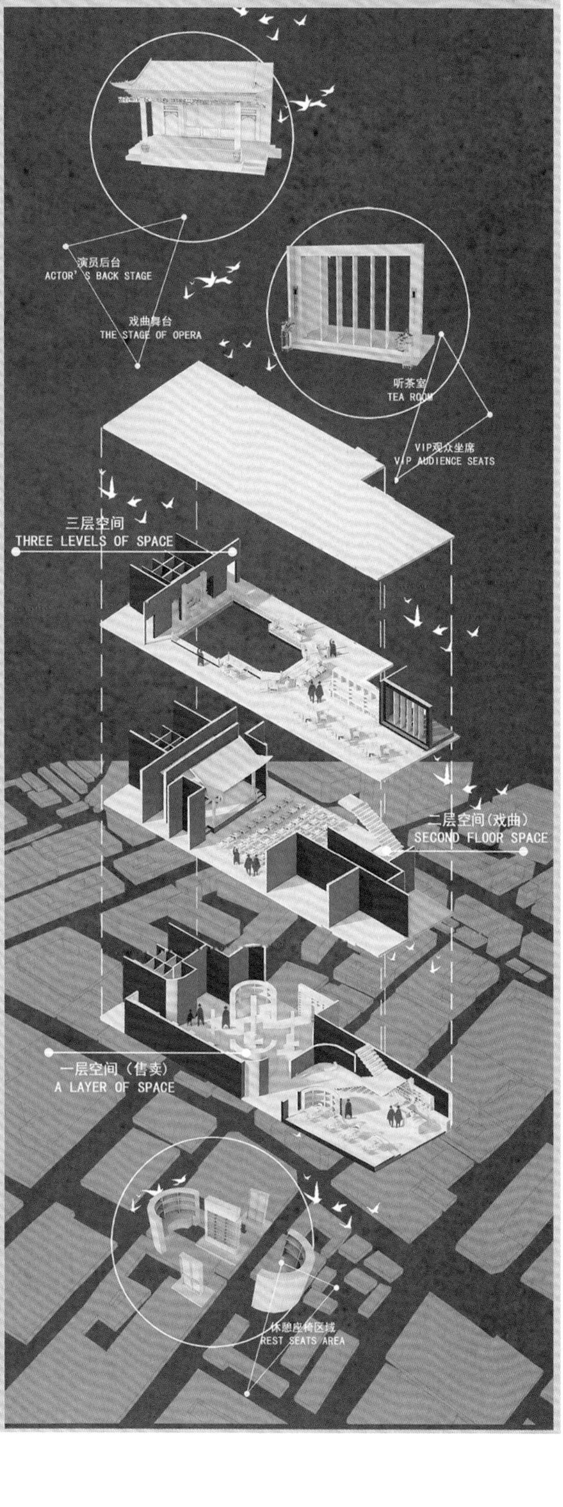
演员后台
ACTOR'S BACK STAGE
戏曲舞台
THE STAGE OF OPERA
听茶室
TEA ROOM
VIP观众坐席
VIP AUDIENCE SEATS
三层空间
THREE LEVELS OF SPACE
二层空间（戏曲）
SECOND FLOOR SPACE
一层空间（售卖）
A LAYER OF SPACE
休憩座椅区域
REST SEATS AREA

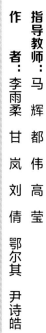

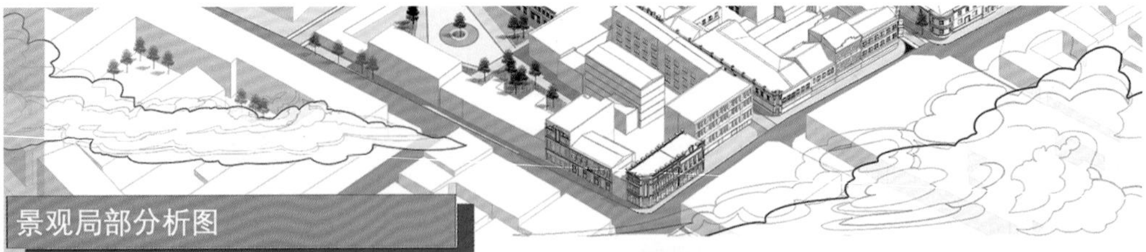

景观局部分析图

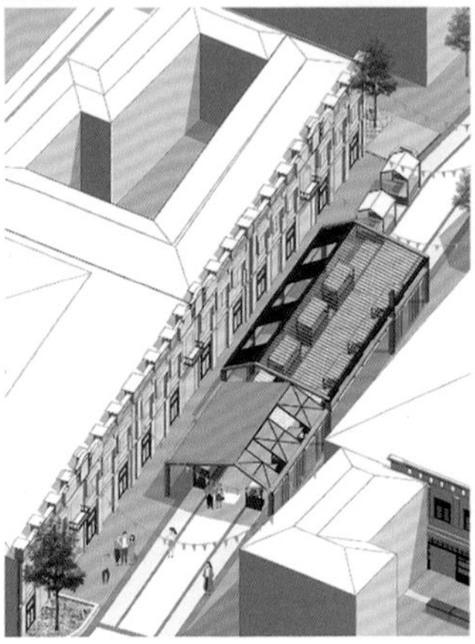

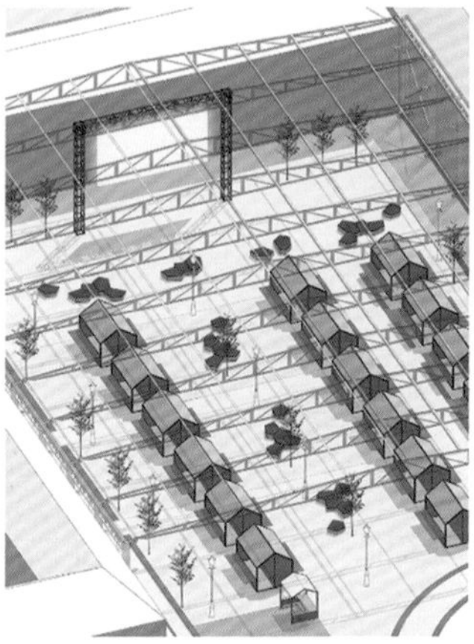

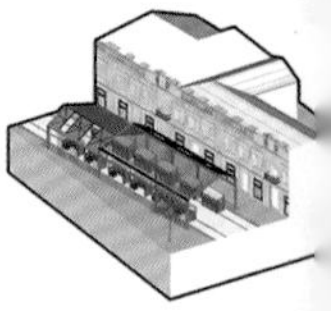

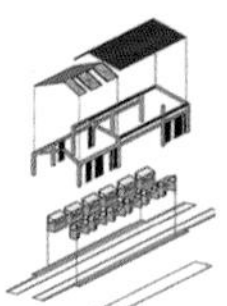

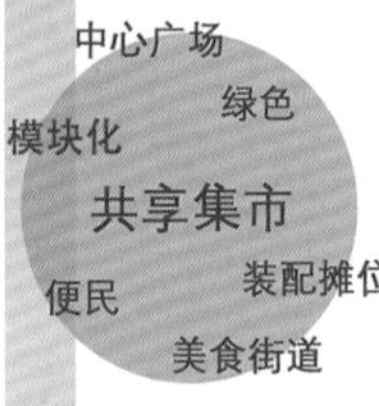

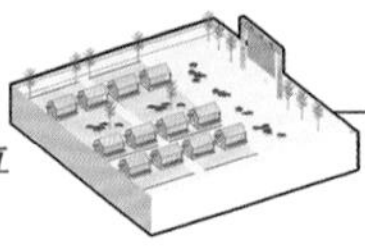

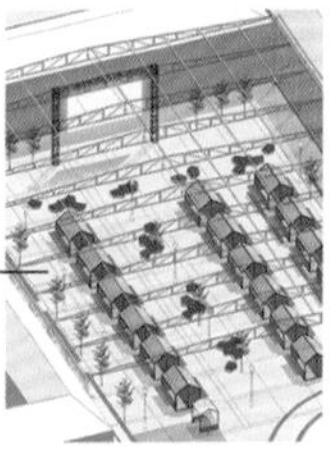

科技博物馆平面图

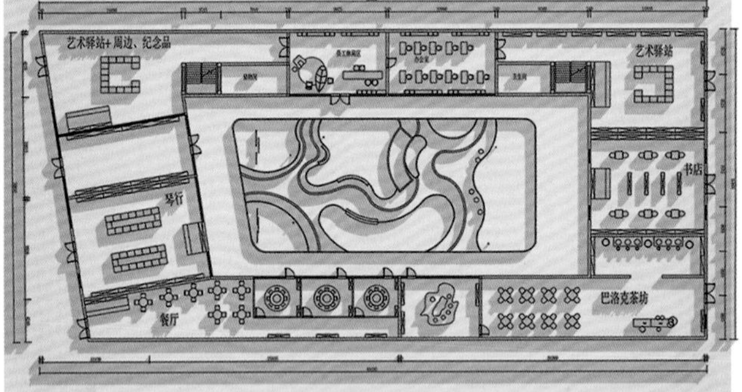

1F

科技博物馆局部效果图

痛点分析

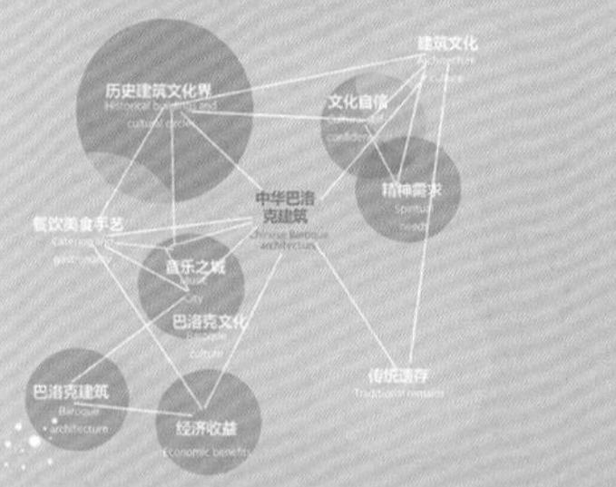

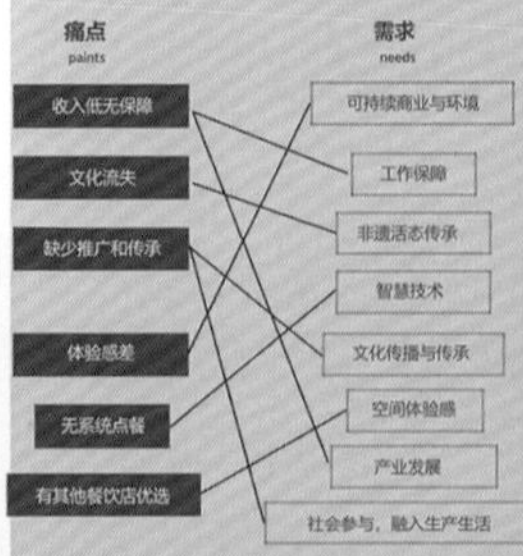

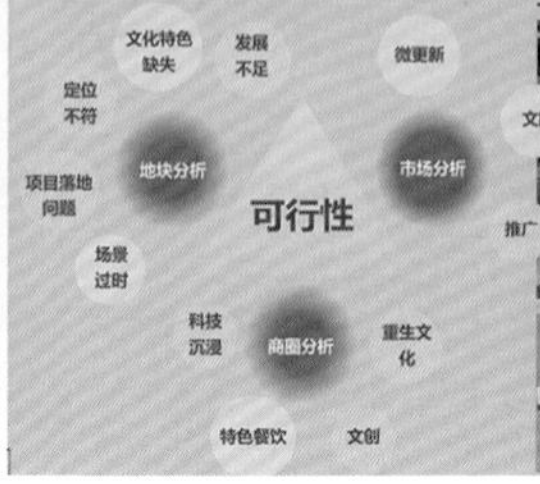

音乐餐厅平

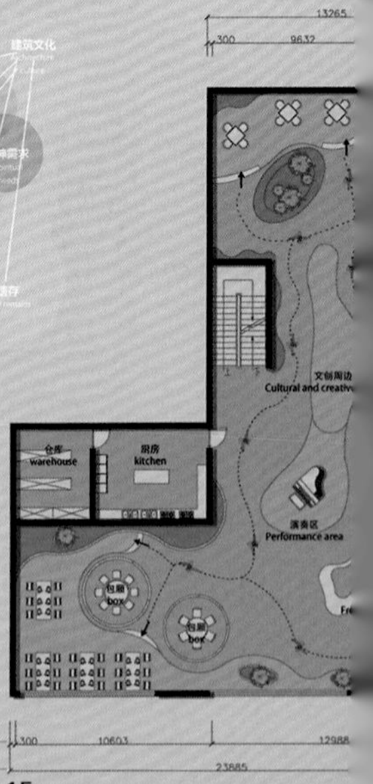

1F

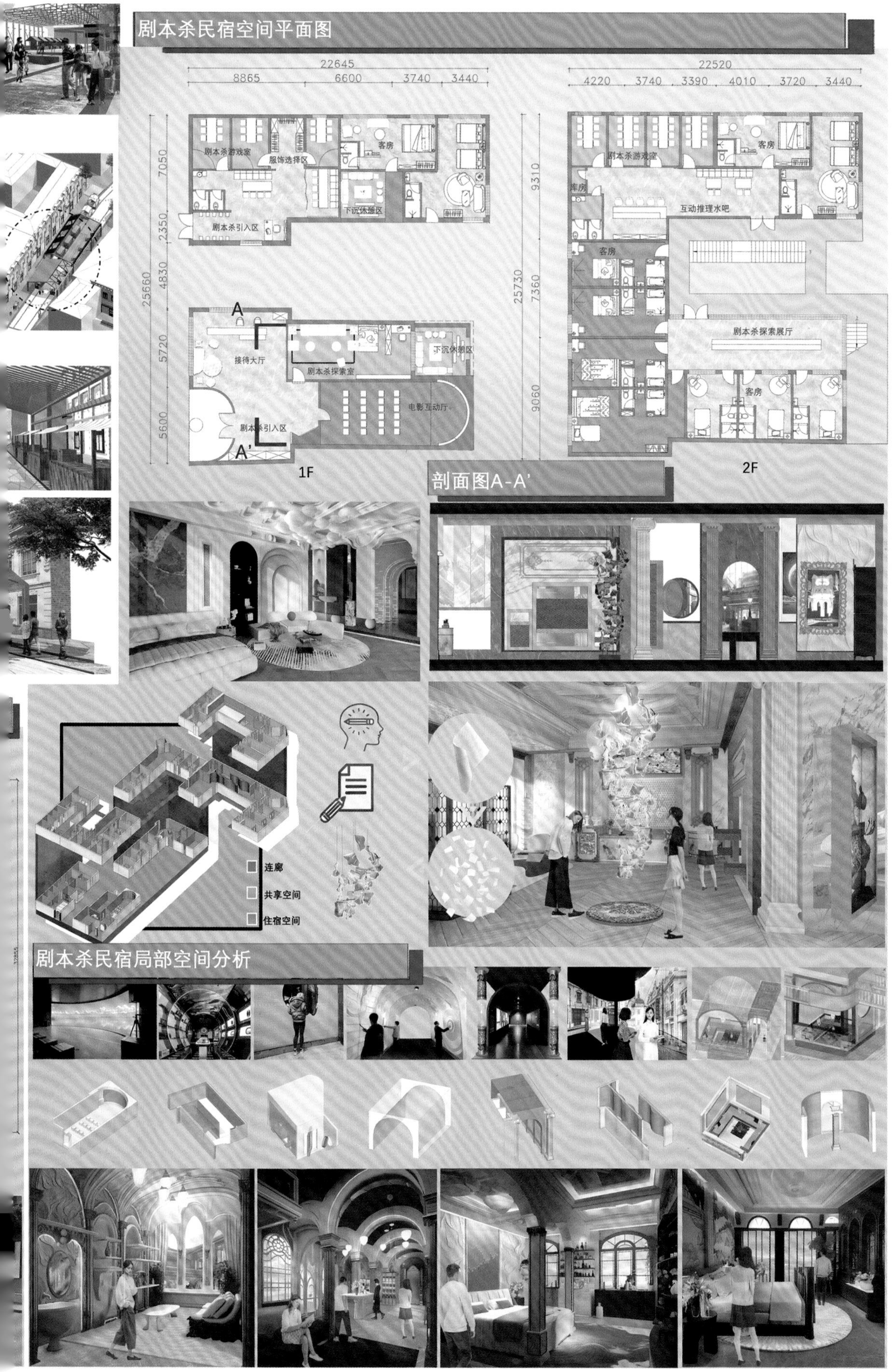

剧本杀民宿空间平面图
22645
8865
6600
3740
3440
7050
2350
4830
5720
5600
25660
剧本杀游戏室
服饰选择区
客房
下沉休憩区
剧本杀引入区
A
接待大厅
剧本杀探索室
下沉休憩区
电影互动厅
剧本杀引入区
A'
1F
22520
4220
3740
3390
4010
3720
3440
9310
7360
9060
25730
剧本杀游戏室
客房
库房
互动推理水吧
客房
剧本杀探索展厅
客房
2F
剖面图A-A'
连廊
共享空间
住宿空间
剧本杀民宿局部空间分析

4

华北区

参加院校：天津美术学院、河北工业大学、山东建筑大学、河南工业大学、山西大学、北方工业大学

联合主办：太原学院、北方工业大学、河南工业大学

命题单位：山西国盛电力有限公司

支持单位：山东物本六合家居有限公司

华北区作品

光伏小镇社区服务中心设计——方正之下

材质分析

在建筑的结构和内部空间当中穿插山西丰富的自然资源，充分利用各类材料的特性，使其相互碰撞，既保持各空间独特的视觉体验，又不会显得突兀。

建筑外空间基调为朴实粗犷的灰色，其中穿插着温润雅致的胡桃木色。

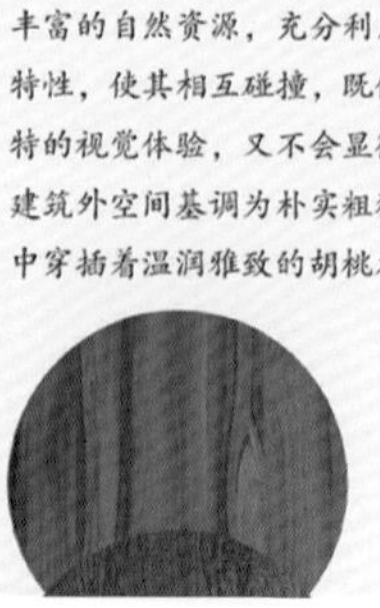

核桃木

分镜手法

通过电影
然的氛围

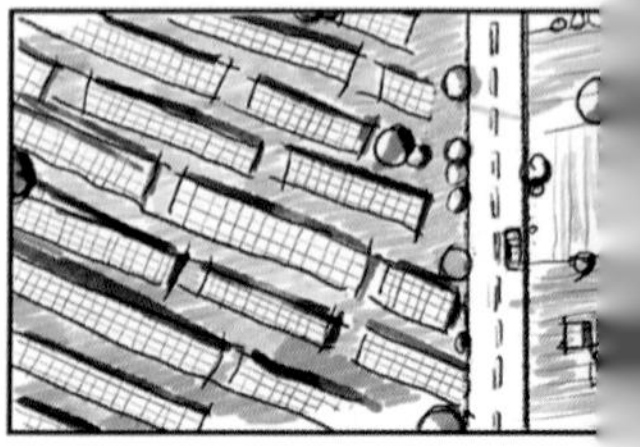

当地周围环境空中俯视

河南工业大学

指导教师：张翼明 郭全生
作　者：顾资晖 庹德喜 李科霖

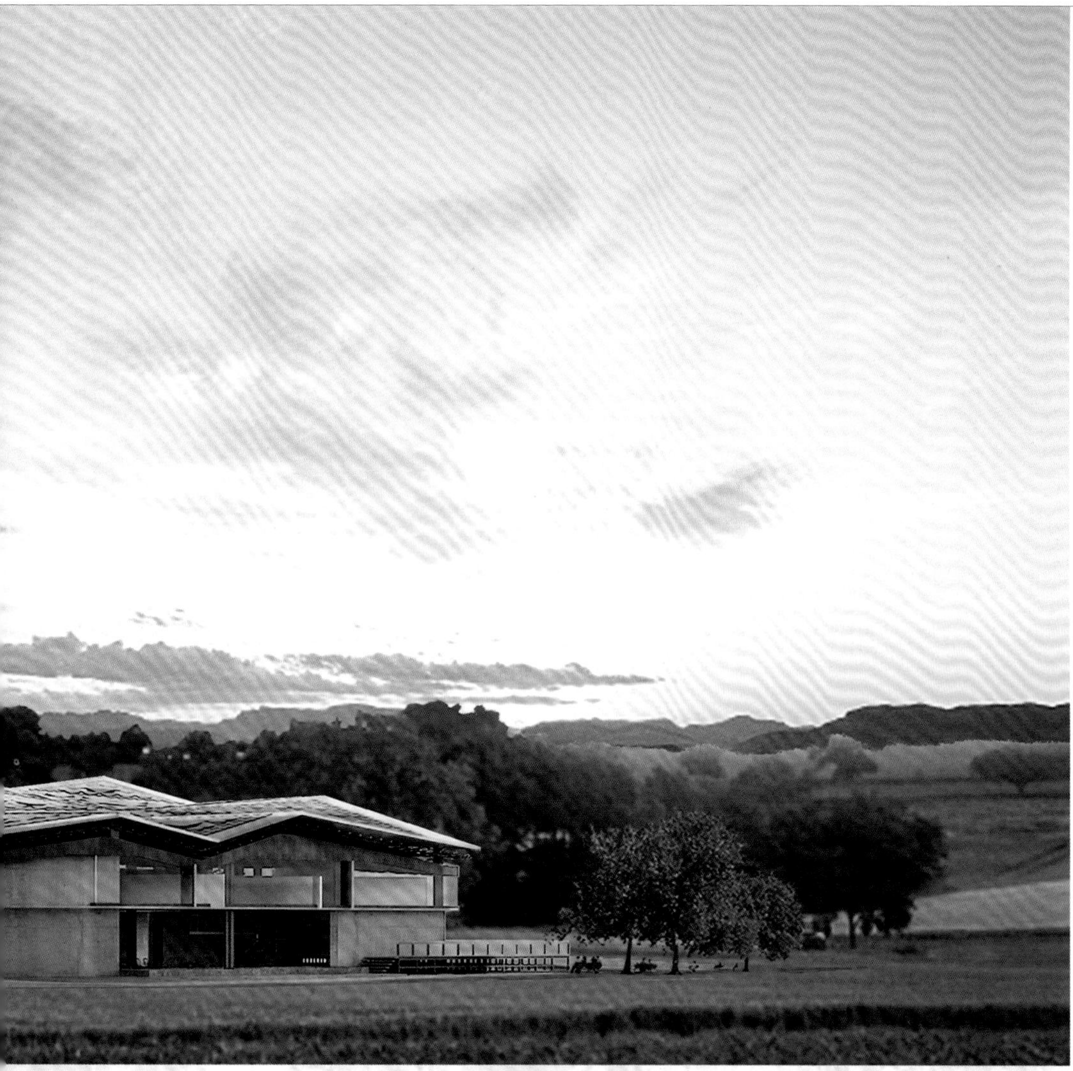

手法来推衍我们想象中的室内空间，通过这种故事思维和叙事性，给来到这个空间的人们一种自

镜头不断拉近，展示当地现状近景

视角降低，通过顶视图和平视图衔接

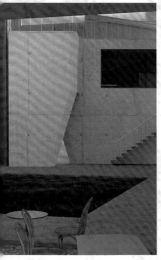

远处俯视视角完全降低，显现出建筑

镜头移动到中庭，环绕四周

镜头拉近，特写屋檐和远山

视角回到建州入口处，镜头向里移动

镜头移动到室内，后往室外移动

镜头移动到室外后转向，视角正对建筑，逐渐拉远

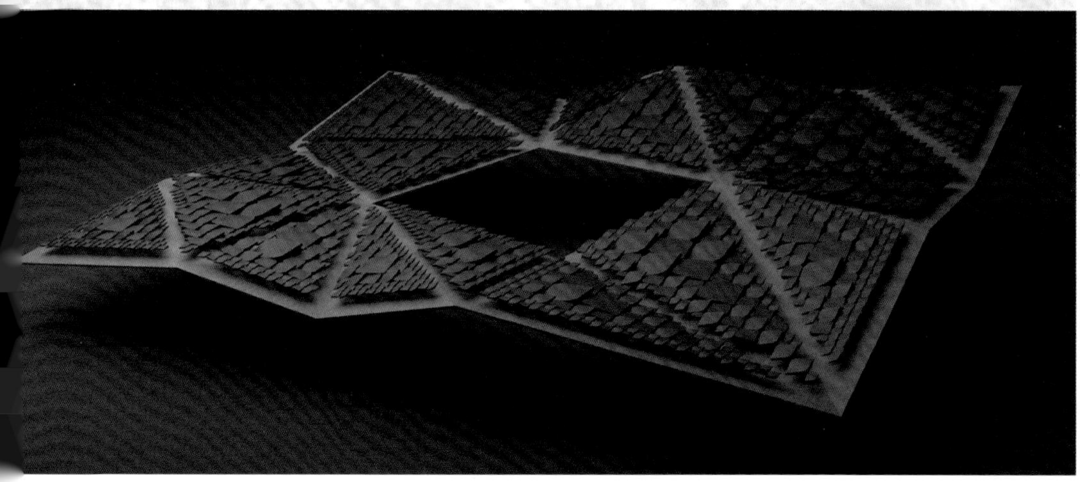

『光之谷』古县光伏智慧能源展示体验馆

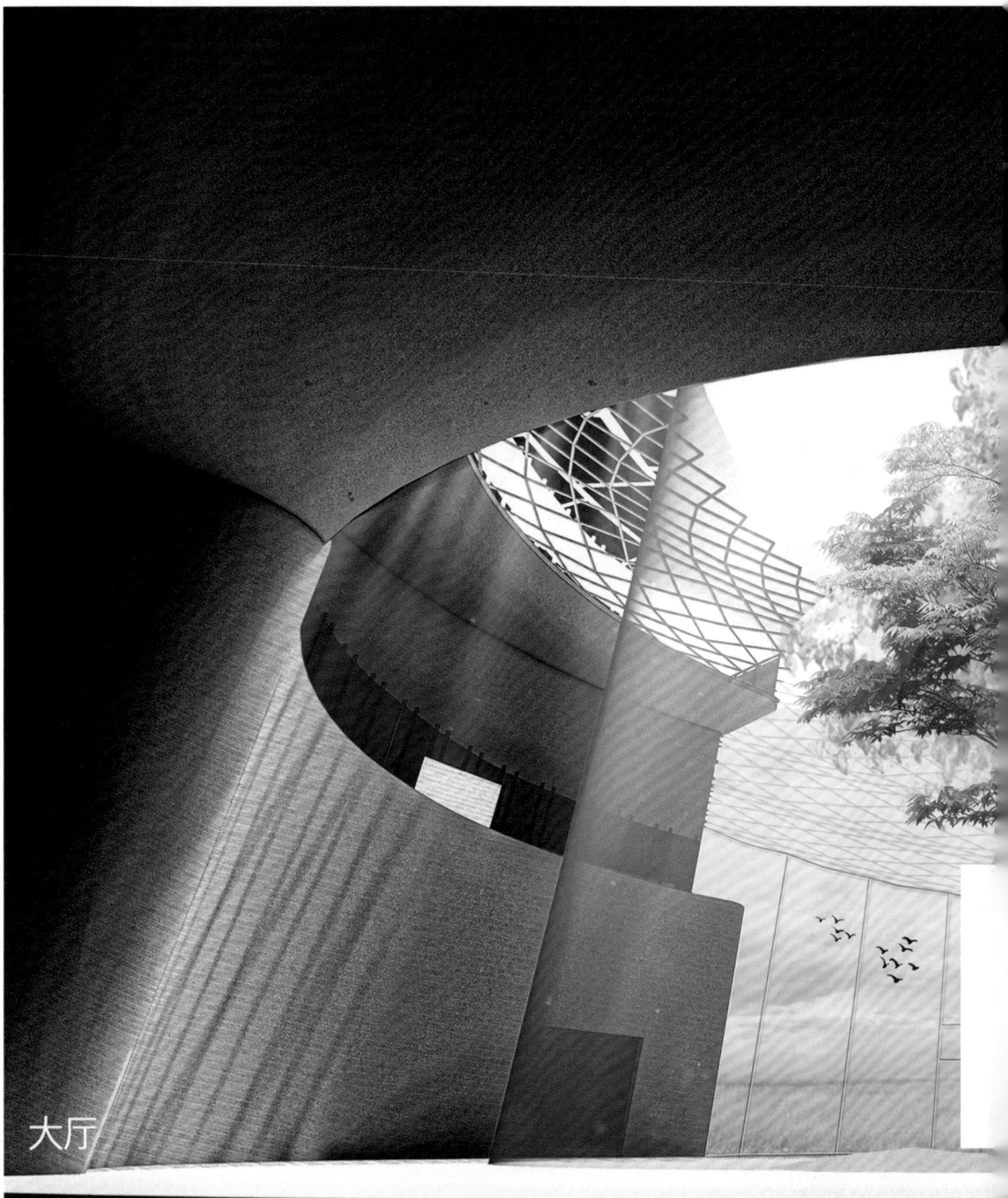

效果展示

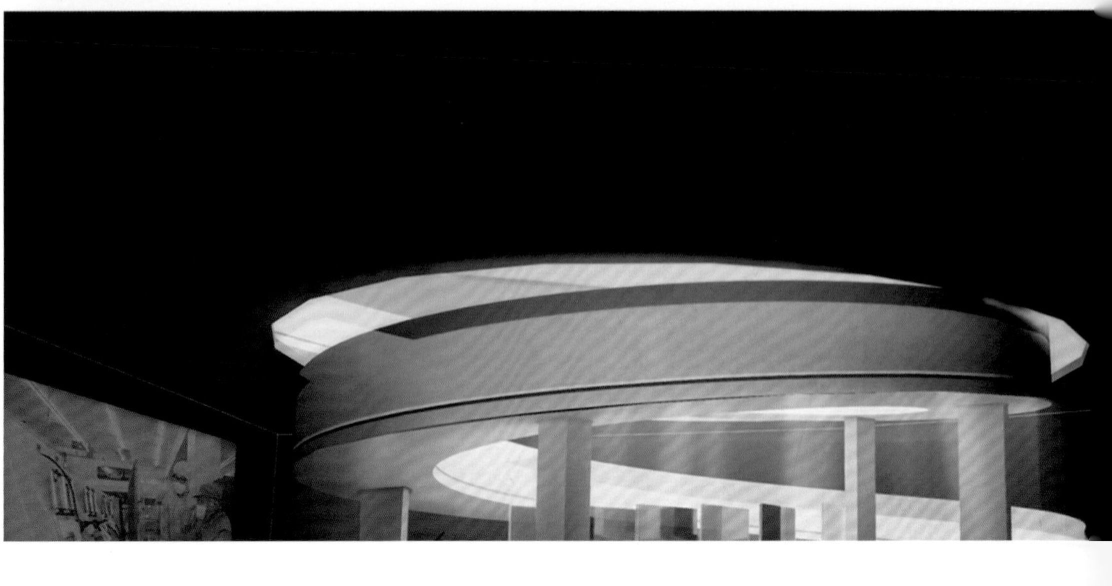

河南工业大学

指导教师：魏 强 郭全生
作 者：朱佳宁 张紫彤

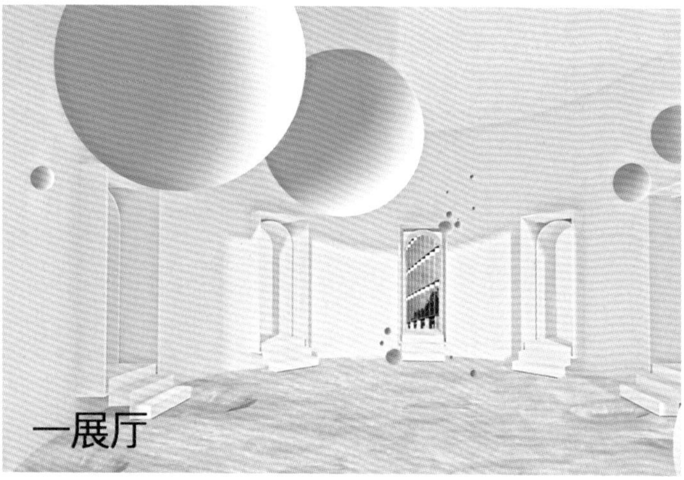

三展厅

设计中心

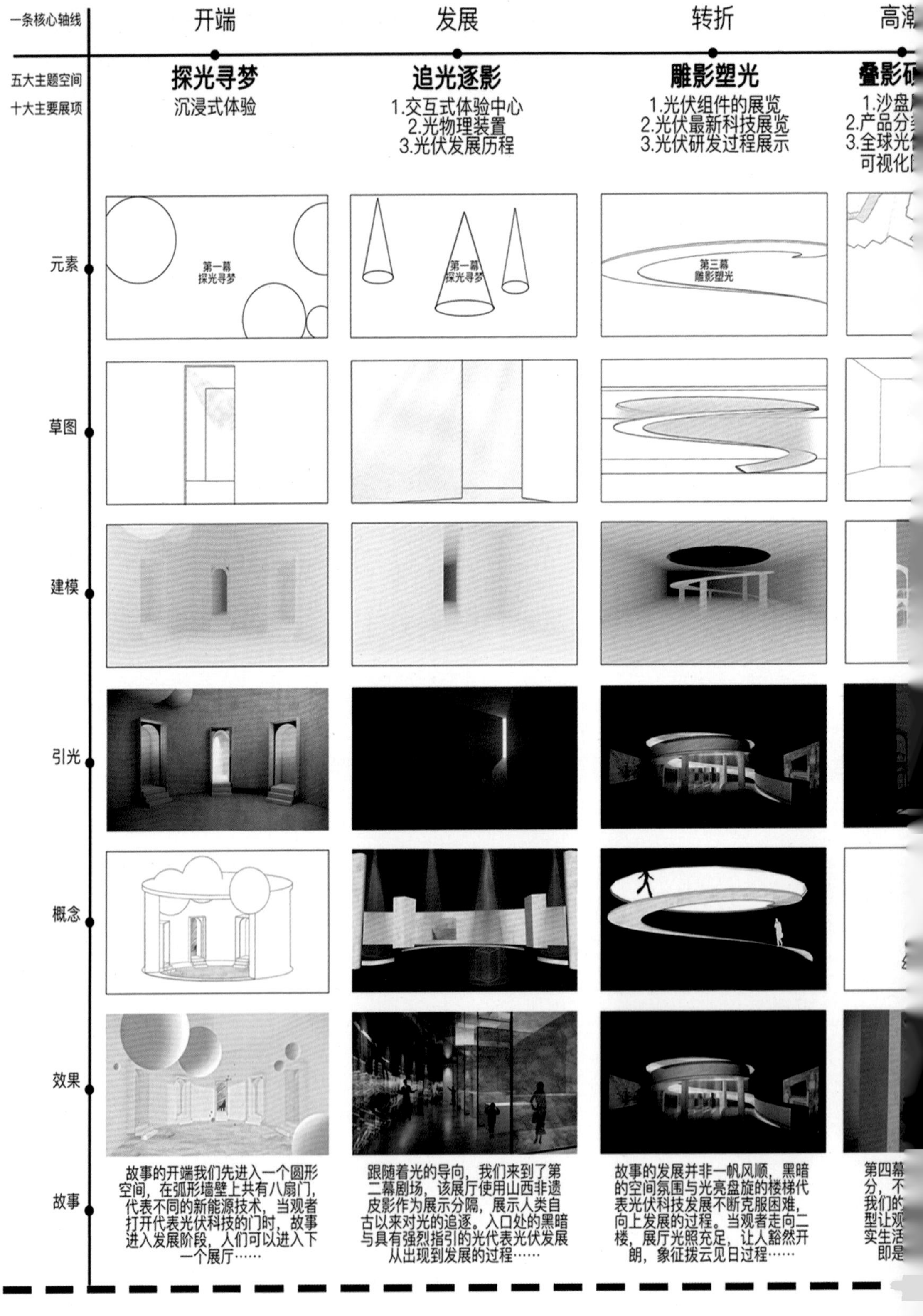

一条核心轴线	开端	发展	转折	高潮
五大主题空间 十大主要展项	**探光寻梦** 沉浸式体验	**追光逐影** 1.交互式体验中心 2.光物理装置 3.光伏发展历程	**雕影塑光** 1.光伏组件的展览 2.光伏最新科技展览 3.光伏研发过程展示	**叠影砳** 1.沙盘 2.产品分 3.全球光 可视化
元素	第一幕 探光寻梦	第一幕 探光寻梦	第三幕 雕影塑光	
草图				
建模				
引光				
概念				
效果				
故事	故事的开端我们先进入一个圆形空间，在弧形墙壁上共有八扇门，代表不同的新能源技术，当观者打开代表光伏科技的门时，故事进入发展阶段，人们可以进入下一个展厅……	跟随着光的导向，我们来到了第二幕剧场，该展厅使用山西非遗皮影作为展示分隔，展示人类自古以来对光的追逐。入口处的黑暗与具有强烈指引的光代表光伏发展从出现到发展的过程……	故事的发展并非一帆风顺，黑暗的空间氛围与光亮盘旋的楼梯代表光伏科技发展不断克服困难，向上发展的过程。当观者走向二楼，展厅光照充足，让人豁然开朗，象征拨云见日过程	第四幕 分 我们的观 型让观 实生活 即是

匠心传承——非遗文化空间设计

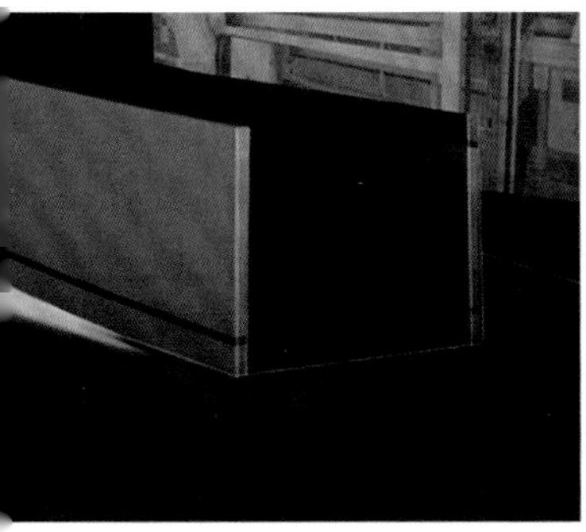

结尾

寻光觅境

1.光伏的回收利用
2.展望光伏美好前景

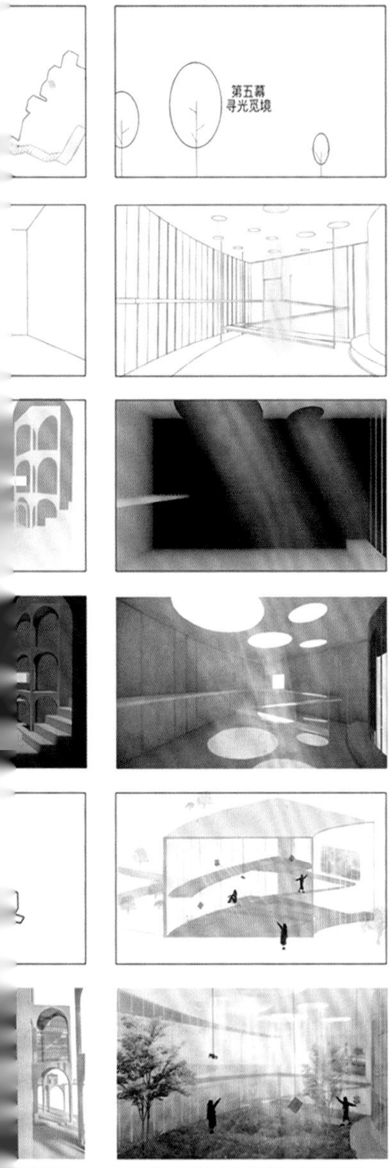

的高潮部
段已融入
略城市模
光伏在真
整个空间
……

随着光伏产业的发展，旧的光伏产品回收也尤为重要。因此，我们可以在这里看到光伏回收相关内容的投影与光伏回收组件的展示，此时故事已逐渐走向尾声……

五展厅

二展厅

三展厅

四展厅

墨造——明式家具的当代展陈空间设计

会所部分

● 存在问题

①室内空间较为空旷，柱梁等裸露在外
②空间内柱体和窗户较多，如何合理应用
③将文化引入室内空间设计之中
④完善室内功能分区与流线分布
⑤平衡好会所与办公空间的面积

● 解决方法

①用墙体将柱体进行隐藏
②舍弃掉一些不必要的窗户，使室内空
更加整体
③以雅集文化作为元素进行设计
④以雅集场景的分类进行空间划分

● 核心理念

文人墨客是古代的特殊群体，古代文人墨客们一有空闲，就会约三知已，到绿郊山野，松风竹月，烹泉煮茗，吟诗作对。这种以文会的聚会在古代称之为“雅集”。雅集中所呈现的文人墨客的生活与动，其中建筑空间与园林空间的布局，家具等陈设的氛围与意境，可以作为概念来进行空间设计。

● 效果图

山东建筑大学

指导教师：陈淑飞　吴志锋

作　者：孙宁辰　宗佳晖　朱胜腾

● 会所平面布置图

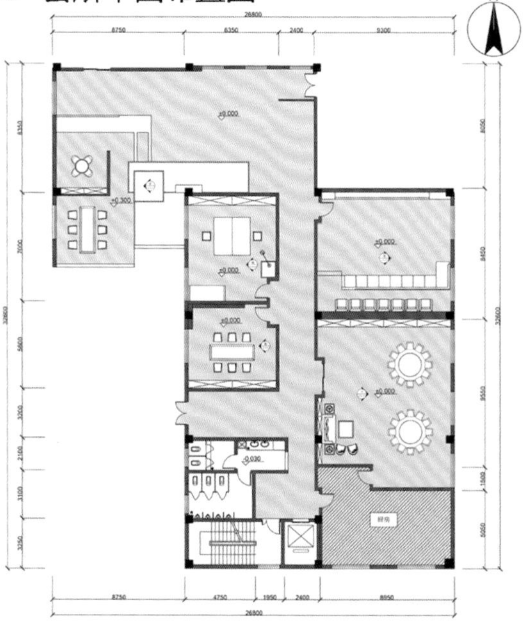

● 会所功能分区

● 会所流线分析

● 会所爆炸分析

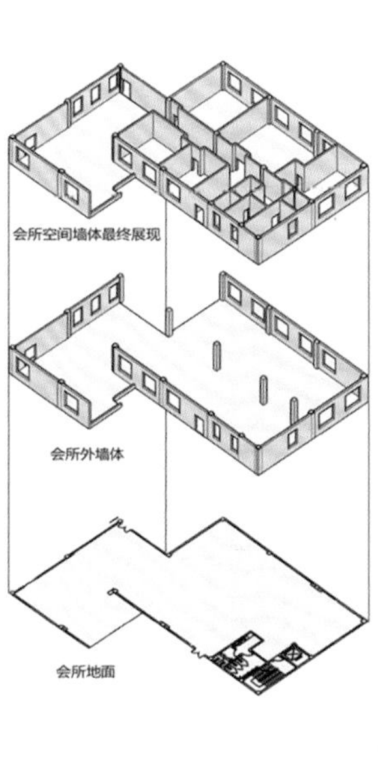

餐厅代表雅集中的宴饮部分，采用温馨明亮的色调，让人们用餐更加舒适。

茶室对应的是雅集中的品茗部分，通过对于氛围的营造，来给人一种“独坐幽篁里”的感觉

办公部分

● 办公空间平面布置

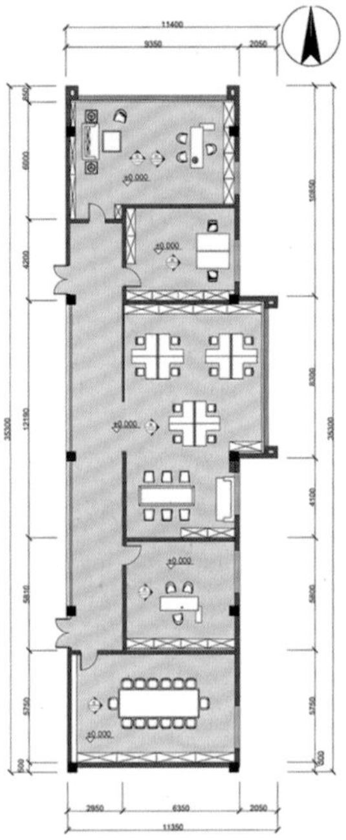

● 办公空间功能分区与空间流线

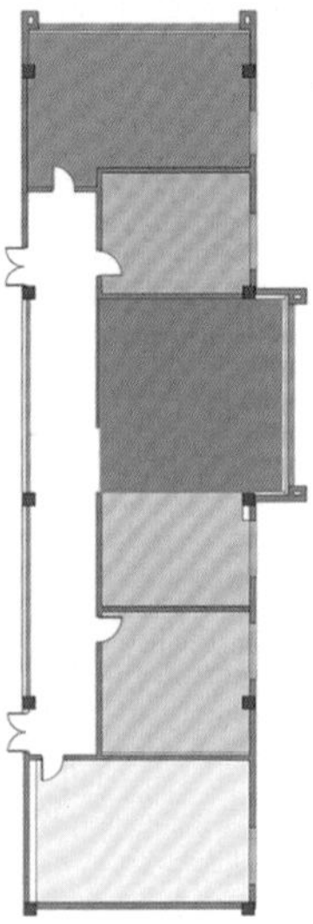

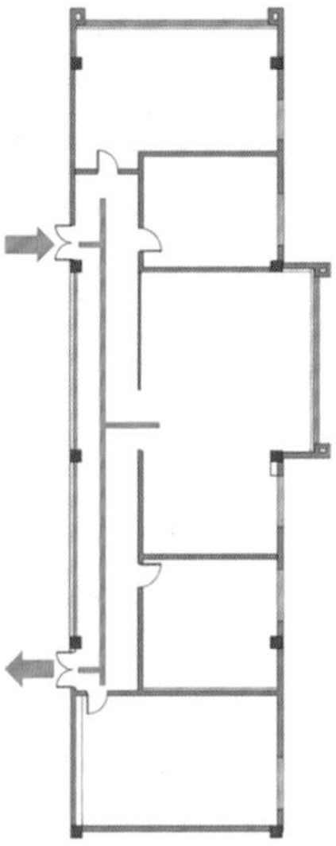

● 效果图

景观部分

● 问题的提出与解决

提出

空间与流线	① 如何规划室外庭院的交通流线和出入口位置？ ② 如何规划好室外的景观功能分区？ ③ 怎样实现室内外空间一体化设计？	
文化与功能	① 如何将会所主题与景观主题连产生联系？ ② 兰亭雅集场景如何在空间中营造？ ③ 用怎样的手法营造现代的会所？ ④ 怎样营造空间文化氛围？	

从文人雅士生活中的雅集入手

- 空间分割
- 场景营造
- 氛围烘托

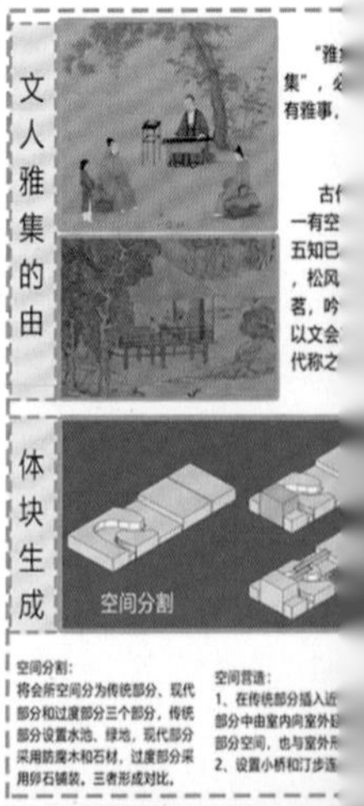

● 效果图

匠心传承——非遗文化空间设计

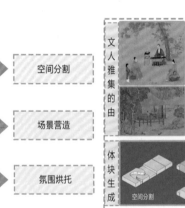

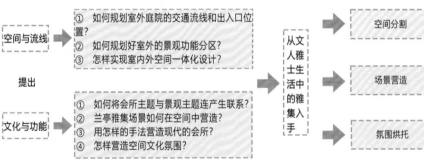

走廊在墙上与天花上运用线性元素装饰，增加空间的秩序性与美感。

在主入口处设立一屏风遮挡，增加空间的神秘感。

元素提取

联系 园林景观

文人雅集 是古代以文会友的聚会

亭雅集中提取元
进行园林的营造

用现代的材
和表现手法

从明代文人画家文徵明的兰亭修禊图提取元素，采用曲水流觞的表现形式，营造出文人雅集，与会所部分产生联系。采用现代的材料和传统文化意向，营造出体现代表私人品格的景观庭院。

空间流线

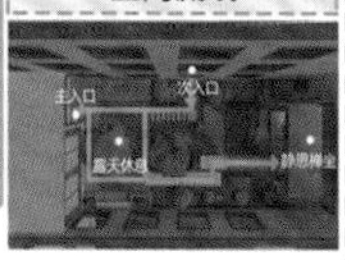

处增设景观小品，
的呼应，点缀室外空

采用黑色鹅卵石进
线一样分割并联系起
成了整个屋面的排水。

空间呈现：
最终生成展厅部分景观空间。

主入口位于会所向室外的延伸部分，空间流线采用直线型流线，产生单向流线，形成孤岛，给人以幽静、禅意的氛围营造。

会所景观平面图

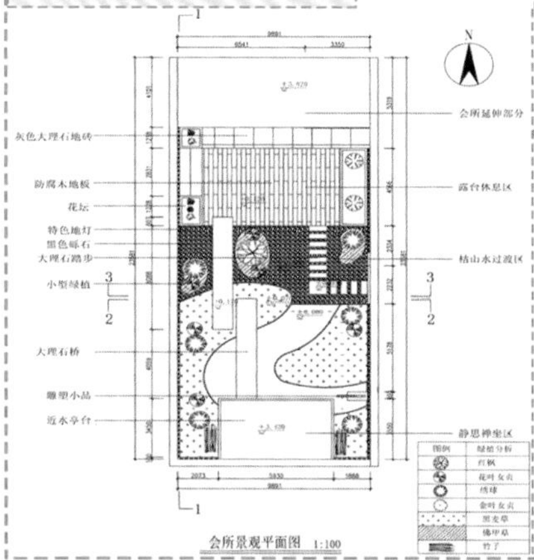

会所景观平面图 1:100

会所景观剖面图

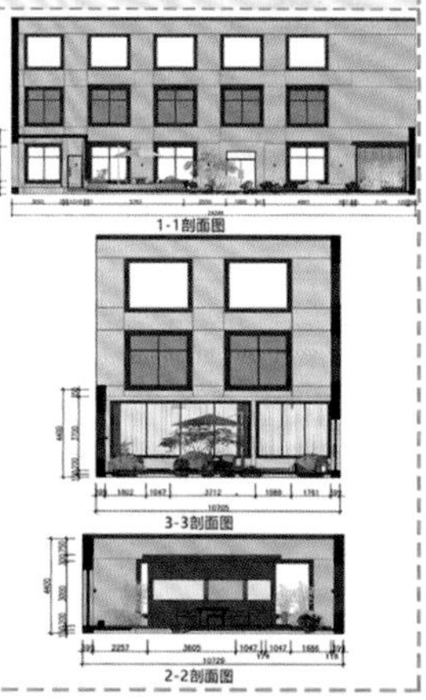

1-1剖面图

3-3剖面图

2-2剖面图

室内·联合毕业设计 6+

寻光行智

建筑演化

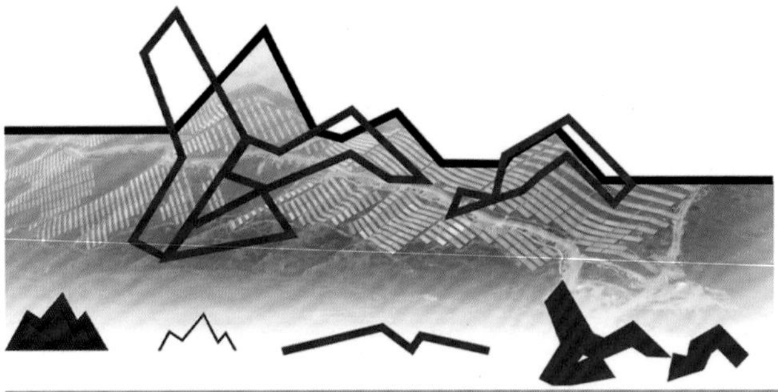

建筑结合当地的光伏山脉，提取出山脉的折线，结合到建筑的外形和平面上，形成建筑的设计。

建筑分析

光照分析

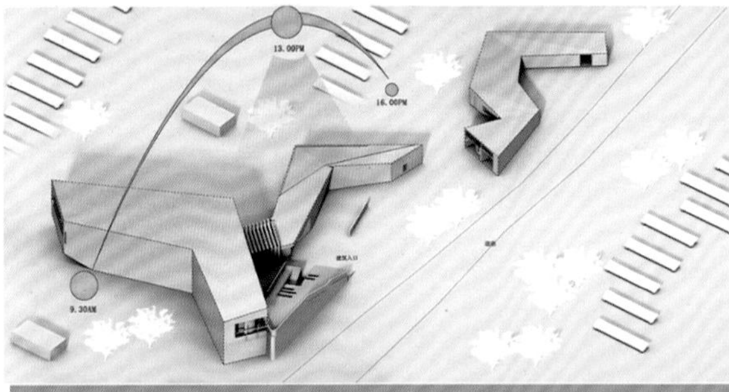

结构分析

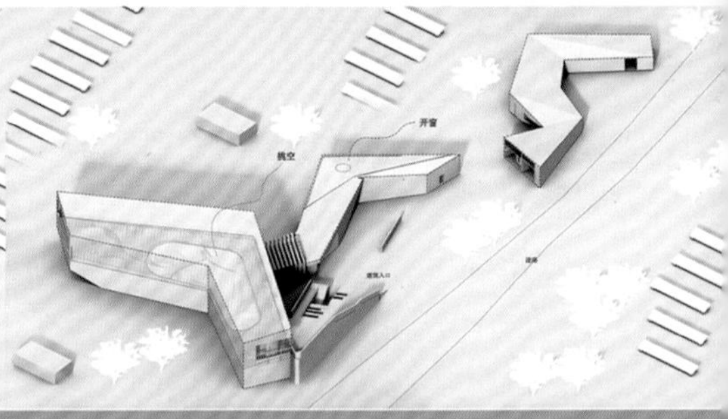

尺寸分析

路线分析

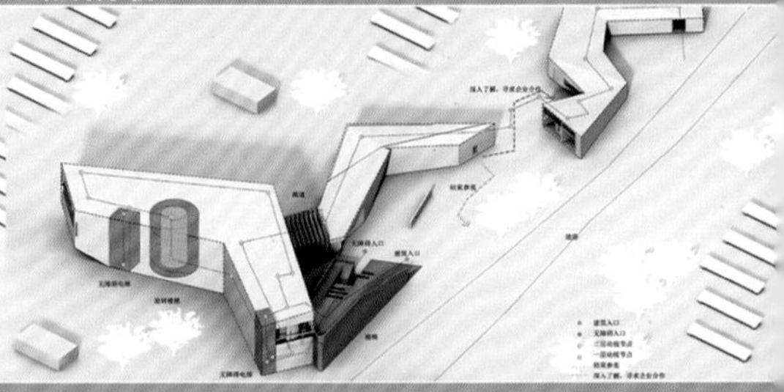

视线分析

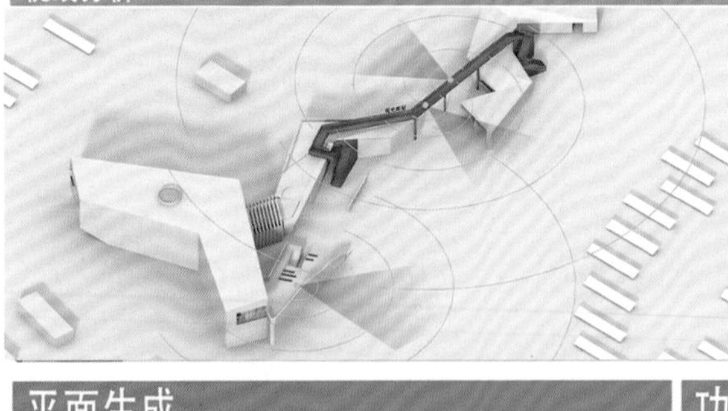

光伏板分布

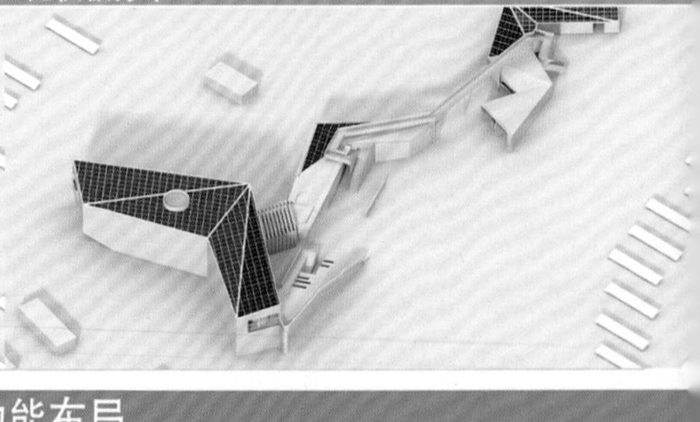

平面生成

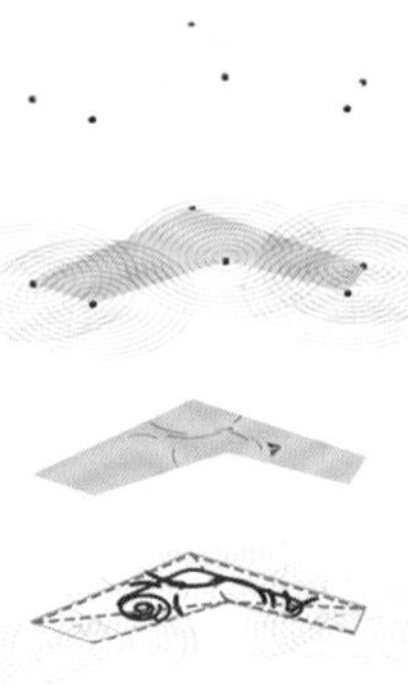

室内的布局以建筑的建筑平面的六个交点为圆心，进行等尺寸的扩大，使扩大的六个圆进行相交。依次来找出不同空间的面积、位置、形状使整个平面布局有逻辑可循。

功能布局

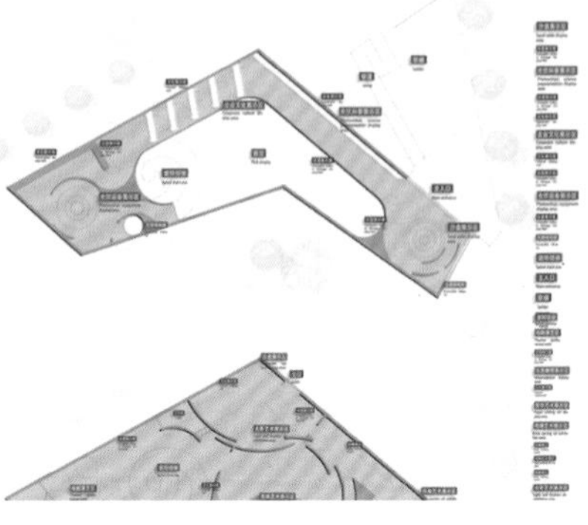

建筑体块

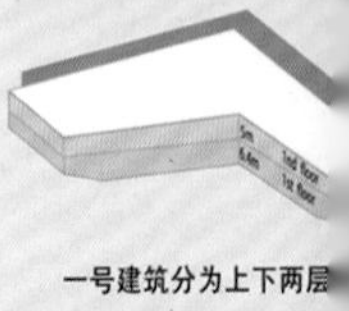

一号建筑分为上下两层

足光伏和非遗的展示，一

6.4m，二层高5m

河北工业大学

指导教师：郭笑梅 刘辛夷
作 者：尹 航 逯文源 樊严尚 林振豪

生成

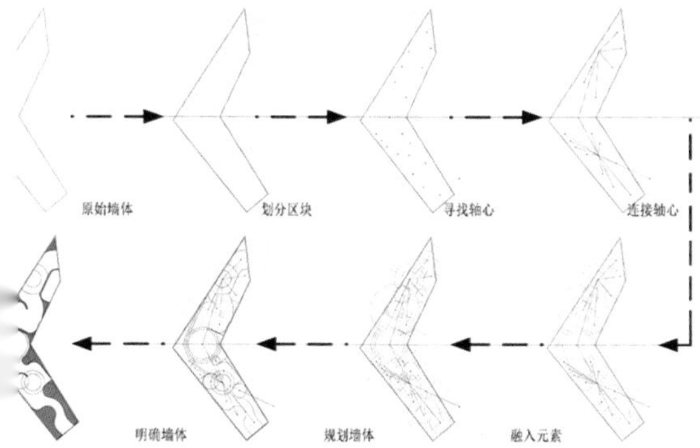
原始墙体
划分区块
寻找轴心
连接轴心
融入元素
规划墙体
明确墙体

平面分析

平面生成
平面布局
平面铺装

非遗探学
别具匠心

分析

排列
聚合
范围

风动装置

装置生成：长条形圆柱光条经过排列组合，长短起伏，材质为自发光磨砂亚克力，满足发光的同时对硬度有一定需求，末端有传感器，感知气流，左右摇摆晃动。

主装置轴测图

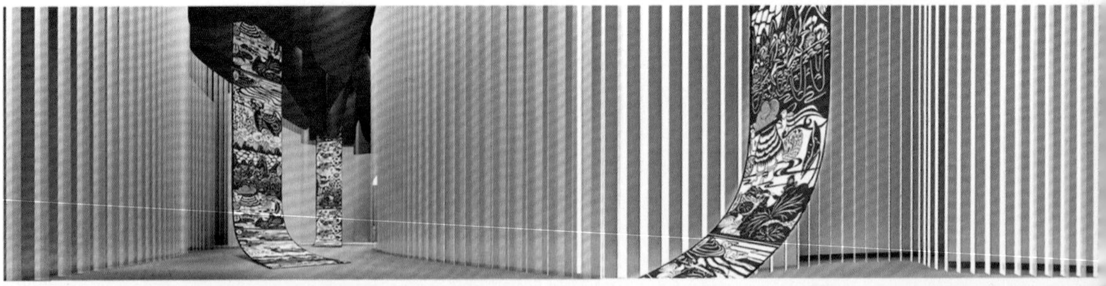

室内功能分析

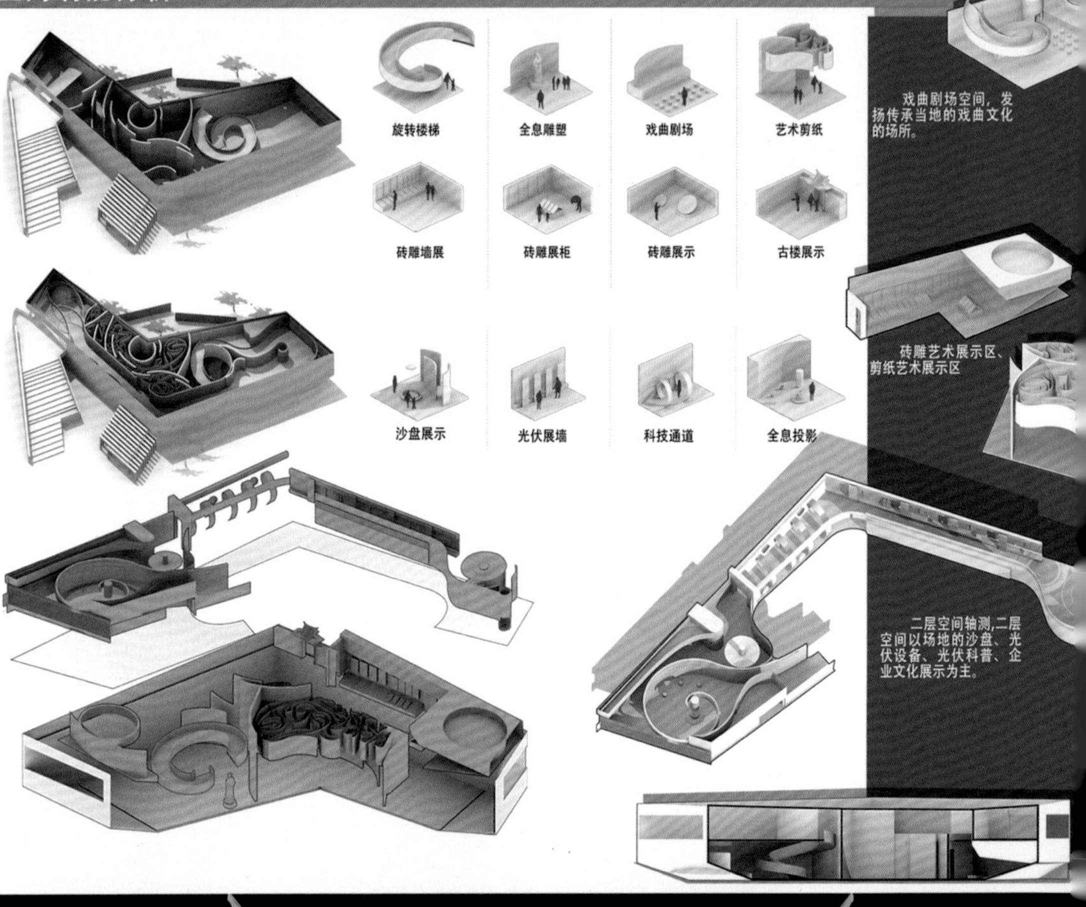
旋转楼梯
全息雕塑
戏曲剧场
艺术剪纸
砖雕墙展
砖雕展柜
砖雕展示
古楼展示
沙盘展示
光伏展墙
科技通道
全息投影
戏曲剧场空间，发扬传承当地的戏曲文化的场所。
砖雕艺术展示区、剪纸艺术展示区
二层空间轴测,二层空间以场地的沙盘、光伏设备、光伏科普、企业文化展示为主。

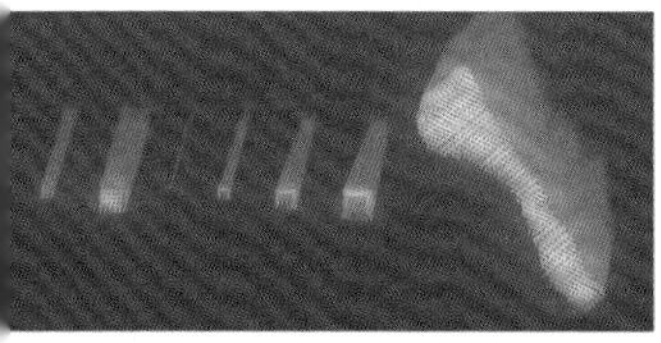

利用自然风、人造风穿过风动装置，从而使风动装置有节奏的律动起来，然后发出非遗传统音乐的声音，并且有光变化从装置底部晕染开来。

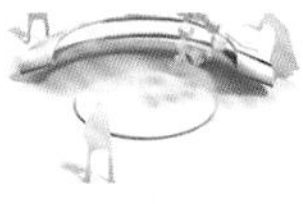

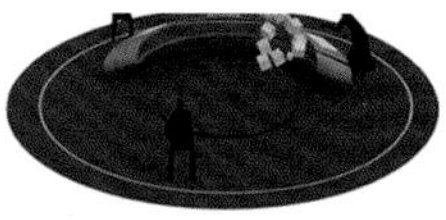

每一个方体代表着非遗文化，千百年来的传承下来的非遗文化数不胜数，犹如繁星点点，从星河中流淌下来，操作台可改变颜色及角度，一代人的文化传承始终掌握在自己手中，有属于自己的风采文化.

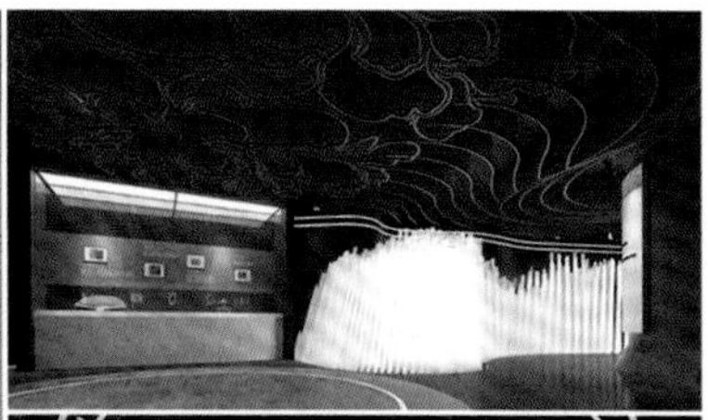

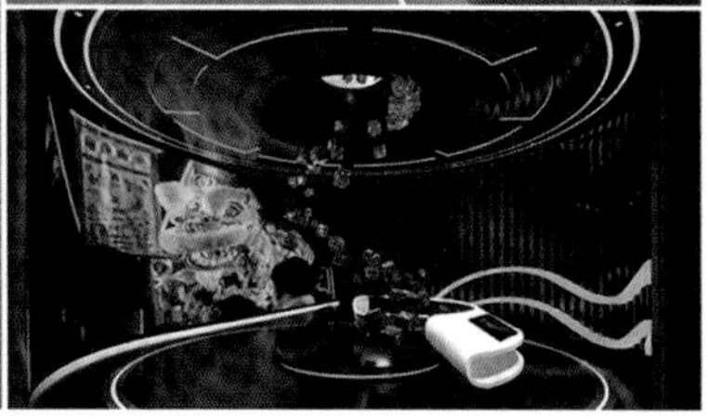

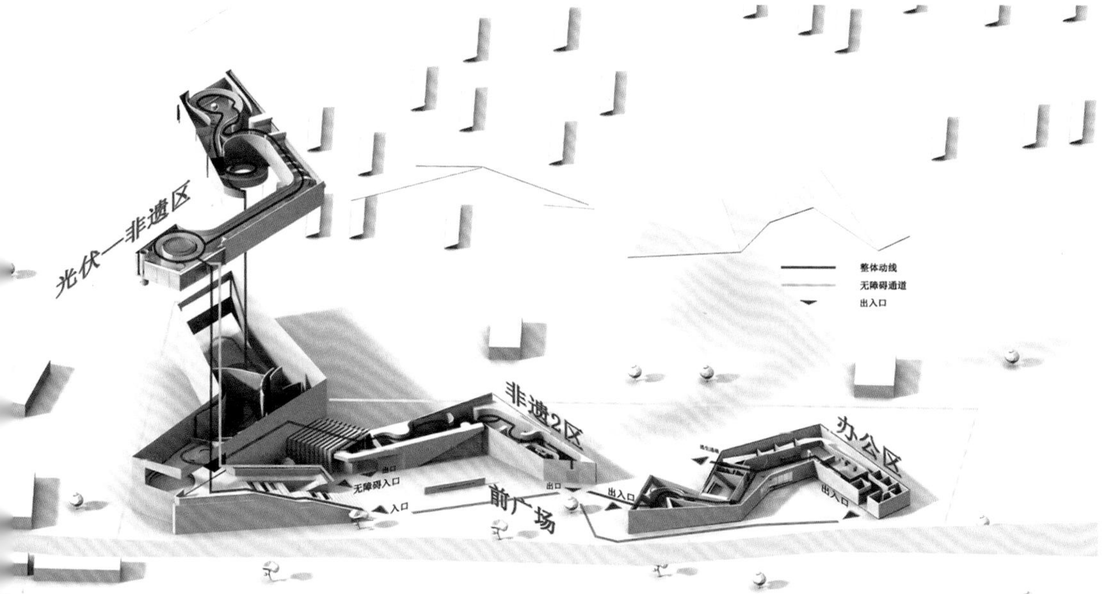

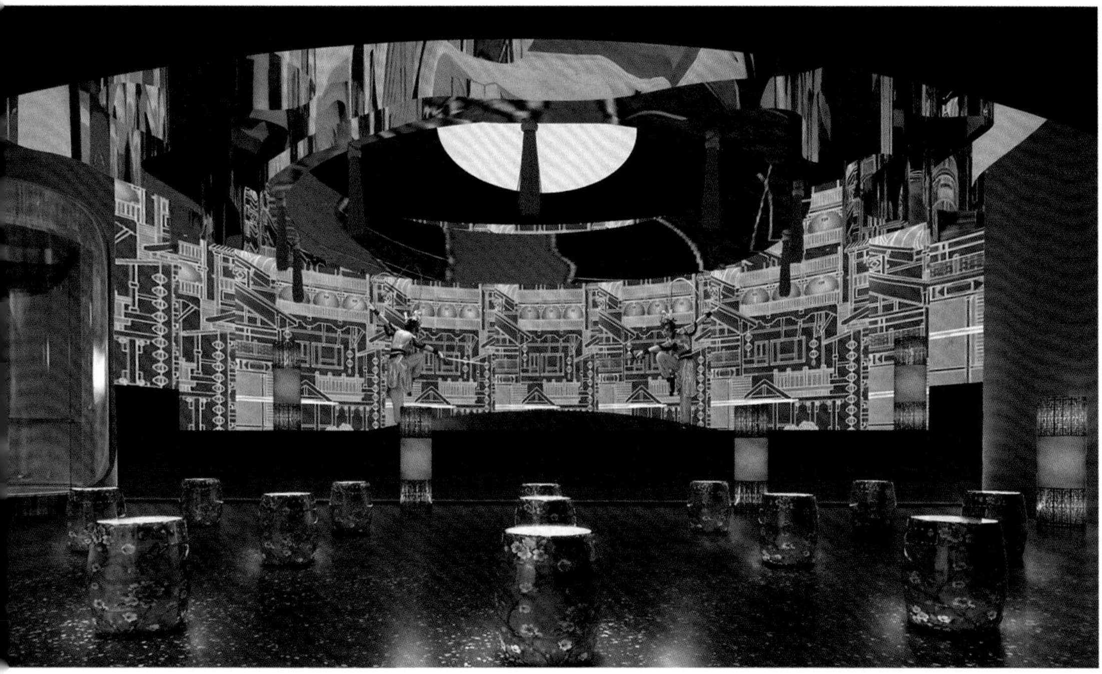

无界·融晋

无界·融晋
相关政策
产品展示区
太阳能
市场趋势
设计企业现状信息展示墙，按叙事性结构讲述企业自史至今光伏产业的发展状况，介绍企业内光伏技术的最新成果和研究方向和企业在环保方面的实践和措施，包括生产过程中的环保措施和产品使用后的利用方案等，运用多条流线型灯带穿插在中间位置的墙体之中，丰富墙面的层次变化。
实体产品
不同领域
企业现状展厅
展厅动静/入口/路线分析
休息区
观展区
观景区
光伏路线入口
非遗路线入口
光伏路线
非遗 路线
装置分析
企业文化展示墙
休息座椅
光伏产品展示柜
观景玻璃
生态园
产品展示柱
企业现状展厅效果图
爆炸图展示
空间内容介绍
在此展厅内分为了几大模块，分别为古县历史文化模块
块。古县历史文化模块主要讲述了当地的发展历程，文
胜模块讲述当地的自然风光和人文景观，在展厅中也
间艺术、饮食文化等；革命历史模块区域规模小，主要
艺模块占比重大，木结构建筑、城墙、庙宇都会成比例
动人们智慧的小物件结构单独拿出来摆放，当地的手工
节点展示
空间位置展示
空间剖面图
企业助力展厅动静分析及路线分析

河北工业大学

指导教师： 张金勇　刘辛夷　郭笑梅

作　　者： 姚铄怡　陈　硕　于若妍　侯彦君

空间设计理念
本课题我们尝试把新兴的光伏技术与本土的非遗文化相结合，运用光伏发电技术带动整个展馆的供电系统的运营，设计出展示光伏技术与非遗文化的沉浸式体验馆。馆内将设有两条路线，游客可以自主选择从光伏或者非遗角度出发，浏览整个展馆。旨在做到不仅要传播光伏技术方面的知识，还要保护非物质文化遗产，使非遗真正地成为活态遗产，在继承中发扬，在传承中创新，利用空间多样性进行功能分区.
04
当地非遗文化展厅
空间形态
此次空间形态，主要在展厅面积、展台结构、展品布局、灯光与音效、宣传资料、交互空间上设有不同。例如，非遗展厅空间需要展示的模型展品较多，展厅内部所涉及的展台较多，展台结构采用双面或者单面展示，选择用平面、曲面或者立体等多种形式展示。在展台附近设置交互空间，让游客融合到展馆的氛围之中，同时也会激发游客的好奇心。
效果图展示
民俗文化模块、革命历史模块、古建筑模块、手工艺模
制成一幅长卷，以及卷轴的方式在展厅中展示；风景名
的方式展示；民俗文化模块主要展示古县传统节日、民
的足迹抗日战争时期的历史文献；古建筑模块与手工工
中，同时会把榫卯结构等具有艺术气息且能展示古代劳
刺绣等作品也会有重点地一一摆放到展柜中。
助力展厅装置分析

室内·联合毕业设计 6+

无界·融晋

企业助力展厅

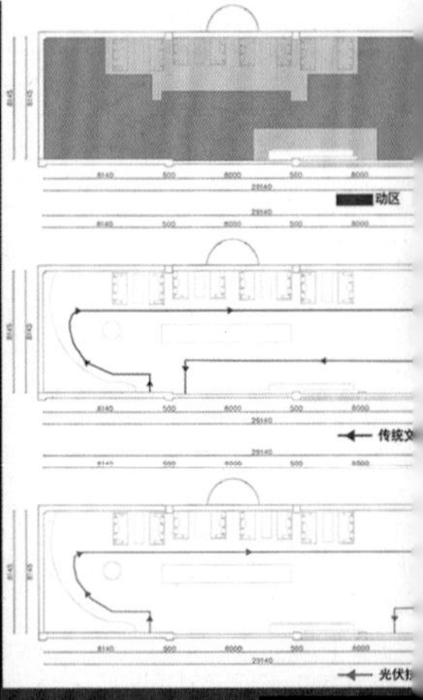

企业助力展厅效果图

企业助力展厅剖面图

企业助力展厅空间形态分析

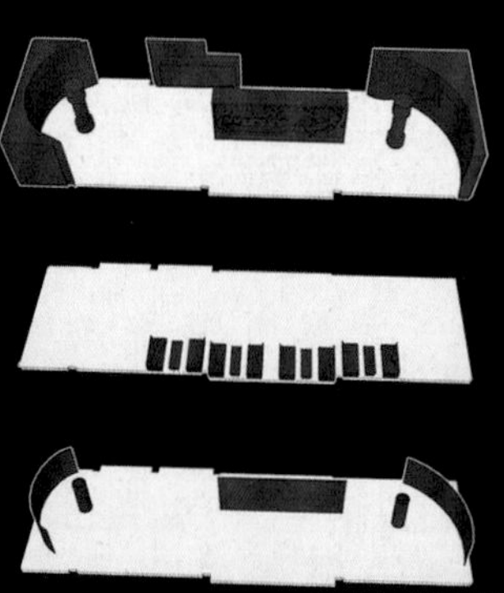

固定式——展示架+展示屏
空间装饰、隔档及功能区域划分。

固定式——休息座椅
过渡功能，保障空间的通透性。

移动式——交互体验屏
打破传统展陈空间，内容更新提高空间的灵活性。

企业助力展厅功能分区

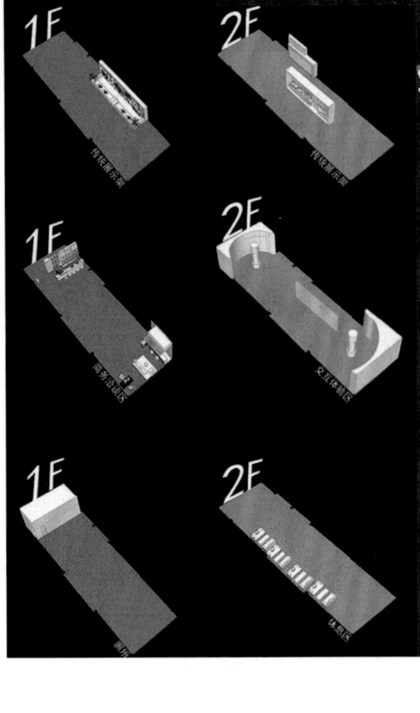
1F
2F
1F
2F
1F
2F

企业助力展厅爆炸图

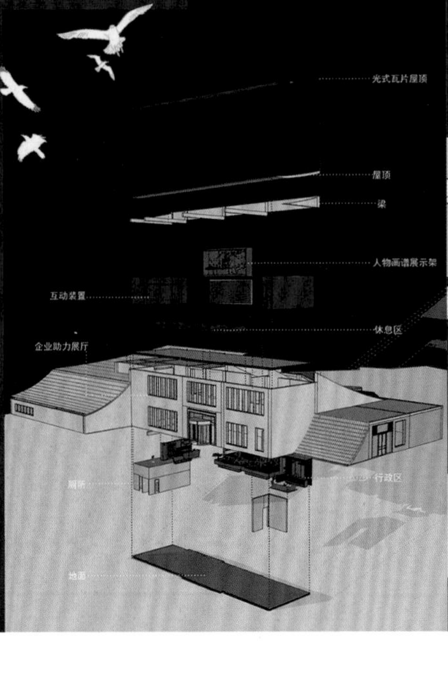
光式瓦片屋顶
屋顶
梁
人物画谱展示架
互动装置
休息区
企业助力展厅
行政区
地面

新型文化展厅剖面图

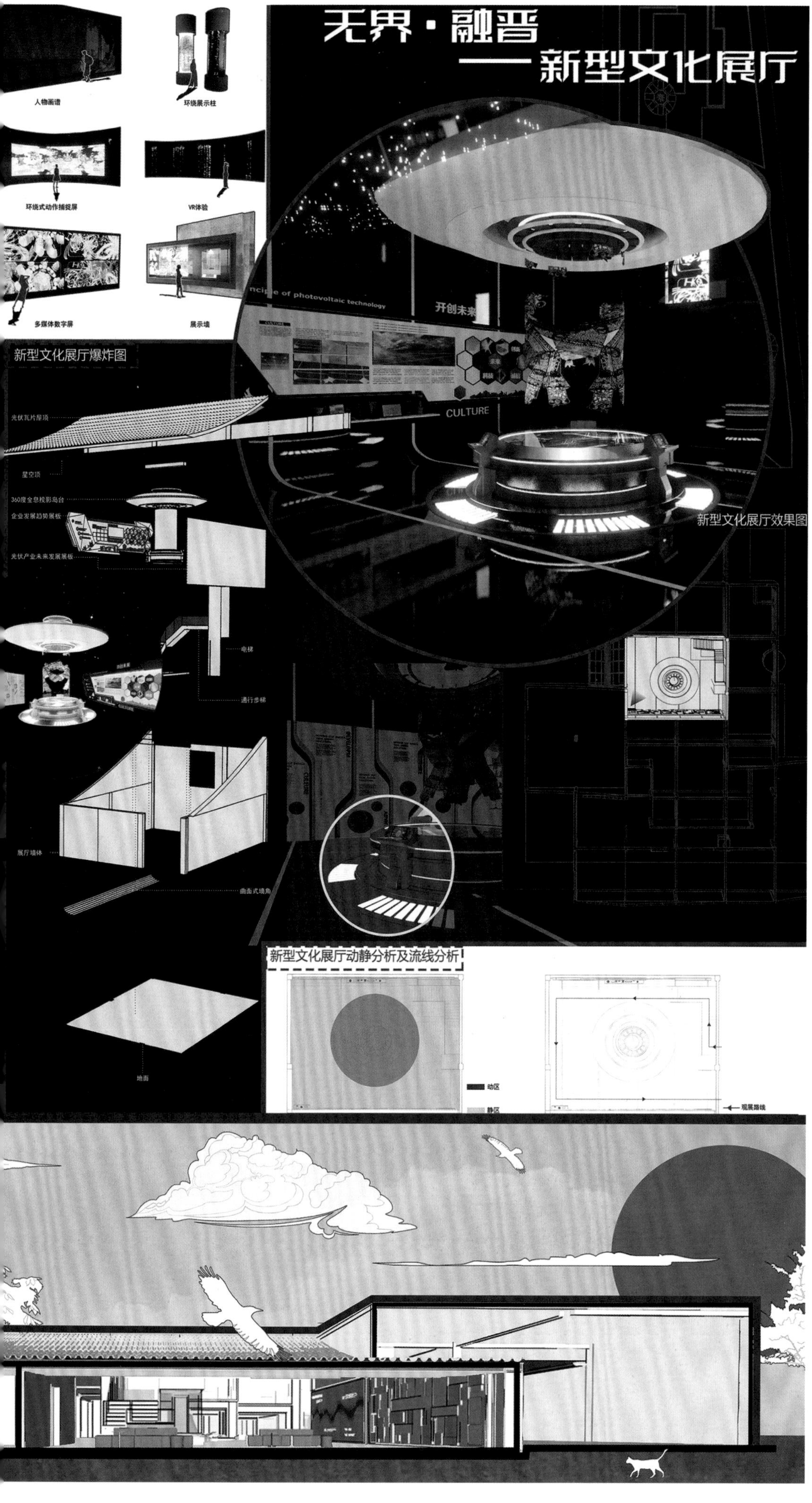
无界·融晋
——新型文化展厅
人物画谱
环绕展示柱
环绕式动作捕捉屏
VR体验
多媒体数字屏
展示墙
新型文化展厅爆炸图
光伏瓦片屋顶
星空顶
360度全息投影岛台
企业发展趋势展板
光伏产业未来发展板
电梯
通行步梯
展厅墙体
曲面式墙角
地面
新型文化展厅效果图
CULTURE
开创未来
新型文化展厅动静分析及流线分析
动区
静区
观展路线

光隐·回响——基于叙事理念的光伏展馆设计

平面图

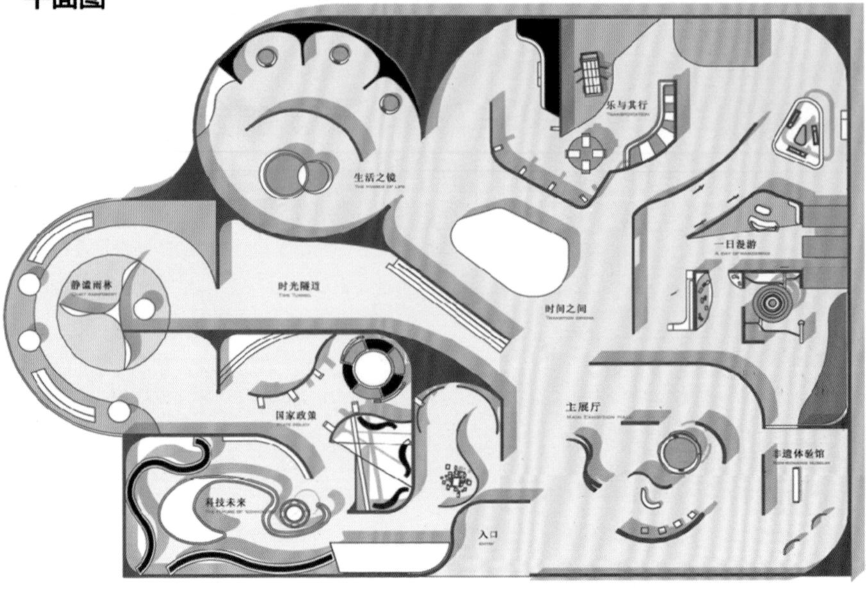

主厅展区

1. 主展厅
2. 非遗体验馆

“看得见”展

3. 时间之间
4. 生命之镜
5. 乐与其行
6. 一日漫游

“看不见”展

7. 时光隧道
8. 静谧雨林
9. 国家政策
10. 科技未来

场景模拟

区位分析

北方工业大学

指导教师：韩　冰　任永刚
作　　者：吴奕沛　吴雨晨　李明慧

“生活之镜”影像互动台

由过渡厅进入左手第一个展厅，主体通过场景模型与展示荧幕的互动来展现这家人生活的变化。

中央大的展台由两块屏幕环绕，给人以身临其境的感受，展台上为小明一家的生活场景模型，在不同的区域有灯光投射装置。当人们通过边缘的控制屏选择相应的生活场景时，先会有蓝色较暗的灯光在这片区域投下，荧屏展示他们在没有光伏支持前在这一区域遭遇的困

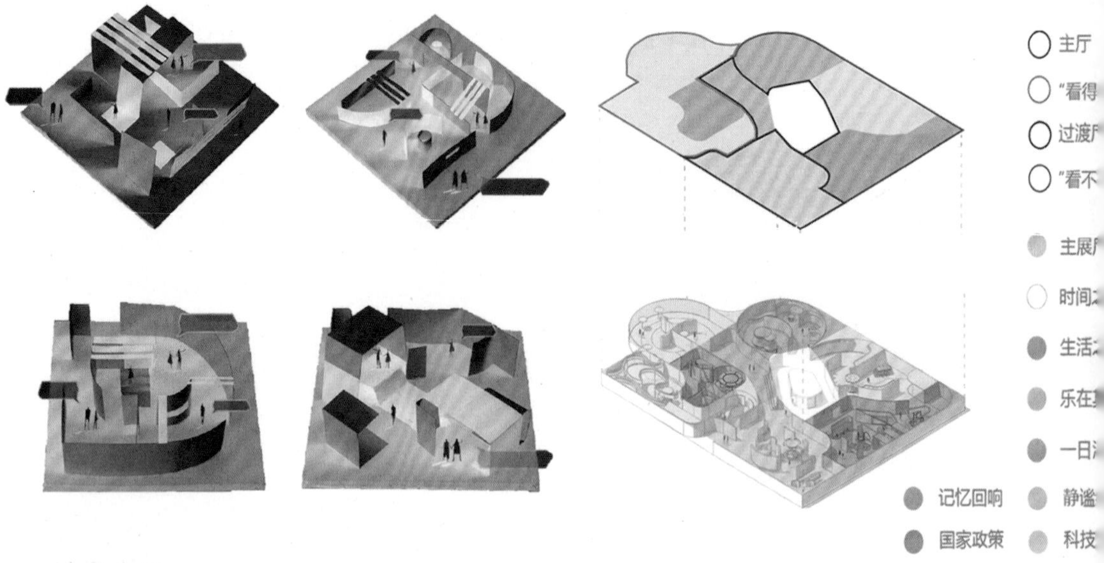

技术分析

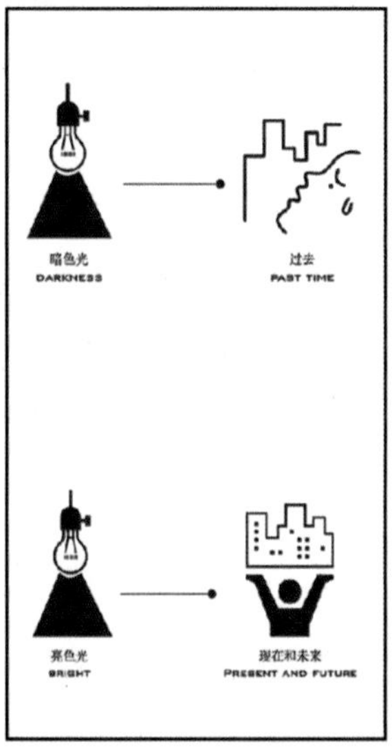

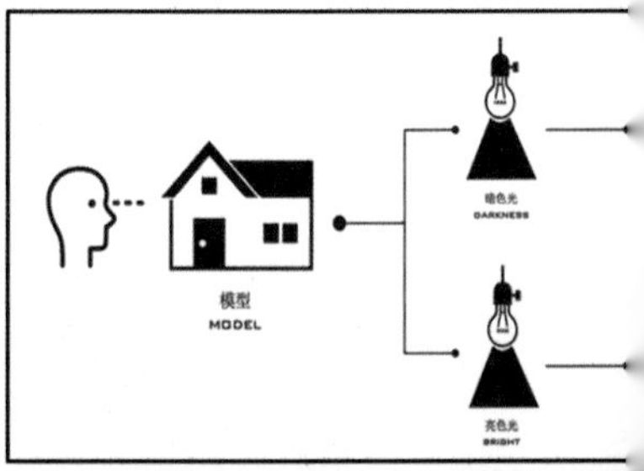

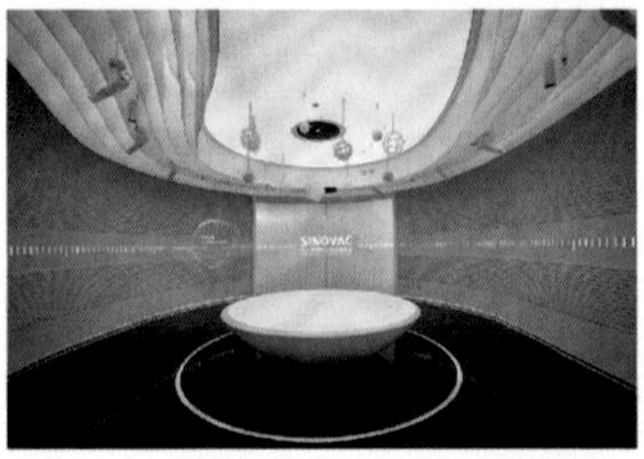

光隐 · 回响

基于叙事理念的光伏展馆设计

扰，之后灯光逐渐变明亮，则呼应光伏带来的改变后的生活状况。侧面一片通道区域设置三个展台，展现独立的区域场景模型，通过控制台上的按钮你可以选择此区域存在的问题要如何运用新型能源解决，例如在这里是应建造光伏大棚还是建立新的发电系统，场景就会亮起。

影像
IMAGE

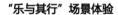

“乐与其行”场景体验

过渡厅到中间的展厅，通过展示板在这里展现小李一家过去遇到了怎样的出行不便，那么改善过后又是怎样的一番场景呢，就步入接下来的各个模拟场景中了。场景依次按照光伏充电站，采用光伏能源供电的新型交通系统，再到新能源公交车站，光伏户外露营车，最终在结尾处有一个音影厅，你在此可以看到一些还未实现的未来设想，也可以在中央台绘制或写下你的畅想。外线则是在户外的一些活动，首先在入口处一条通道设置模拟新型电助力车的模型，同时在你坐上去蹬踩后，旁边的LED屏幕会随之感应，切换不同的场景，展现在它的帮助下你可以尽情游览城市各地。

5

华东区

参加院校：苏州科技大学、合肥工业大学、苏州大学、上海理工大学、上海视觉艺术学院、吉林建筑大学、浙江理工大学、江南大学

联合主办：江苏省室内设计学会、苏州科技大学、合肥工业大学

命题单位：北京建院装饰工程设计有限公司

支持单位：杭州诺贝尔陶瓷有限公司、无锡汉科节能科技有限公司

华东区作品

吉林建筑大学

解偶大干——多重结构下的传承与对望

“三合记”

合肥工业大学

书忆——河南汉字文化公众考古科普中心公共空间室内设计

舟记——中国大运河非物质文化遗产展示中心空间设计

苏州科技大学

滢涟古今——沧州大运河非物质文化遗产展示中心室内设计

遗寄沧海——基于沧州大运河非物质文化遗产展示中心设计

解偶大千——多重结构下的传承与对望

设计说明:

本设计以偶戏非遗为题目，聚焦博物馆公共空间展开设计，针对偶戏非遗文化现状、传承困境问题进行的博物馆空间设计，旨在让偶戏非遗以创造性的方式结合空间，再次参与人的生活。

空间以解构主义为触发方式，对偶戏进行分解、重组、创新。对"个体"进行研究，并探讨符号本身所能反映的真实，寻找偶戏新的存在形态。通过彼得·布鲁克《空的空间》作为灵感来源，提炼"盒子"元素作为“舞台”。并探讨盒子在空间中的多种可能，置入中庭形成螺旋上升的垂直交通。用解构的个体符号不断在空间重构，形成对望的乐趣与情感交织，虚实真假的空间意蕴，人和偶不断弱化的边界的多维空间感受。并对偶戏其戏剧本质进行解构探索，戏剧其本身所携带的叙事、趣味、偶发等元素渗透空间表达中，戏剧性的空间体验和表现得以呈现。

根据戏剧流程中的标志性事件，帷幕打开，戏剧的表演，结束时的谢幕分别进行转译，博物馆体验构成入戏，戏剧，出戏的连续戏剧性空间乐趣，并在空间、建筑、博物馆、建筑、城市、社会、文化领域探讨偶戏非遗参与到人的生活的更多可能。

皮影戏

铁枝偶戏

杖头偶戏

布袋偶戏

提线偶戏

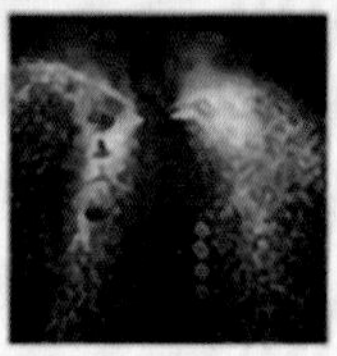

药发木偶

肉傀儡

水傀儡

偶戏是我国戏剧宝库中的重要组成部分，是一种融合了造型、动作、对话、服装、道具、布景等设计，并兼具绘画、雕刻、舞蹈、戏剧于一身的表演艺术。

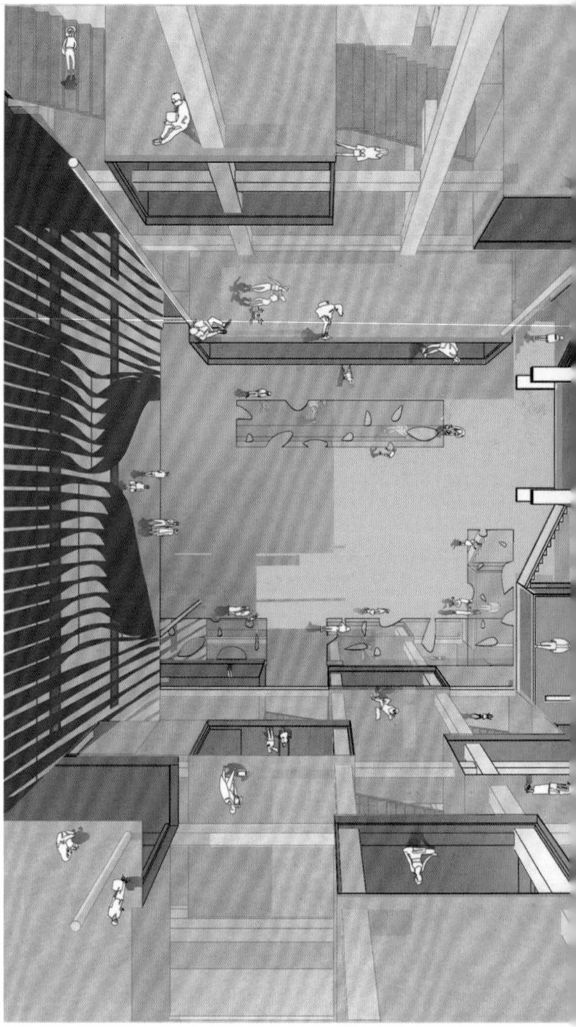

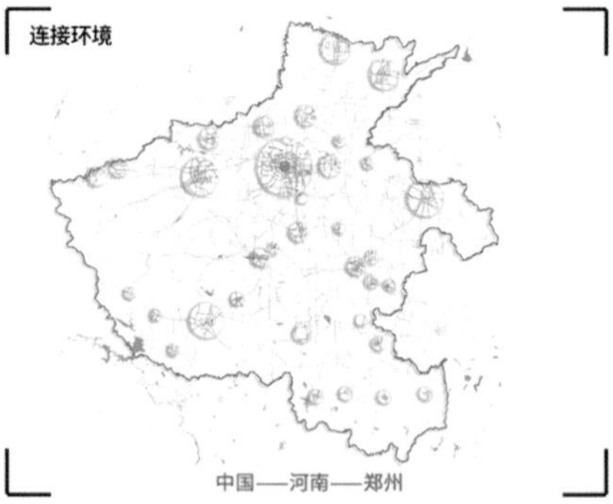

刻木牵线作老翁，鸡皮鹤发与真同。
须臾弄罢寂无事，还似人生一梦中。

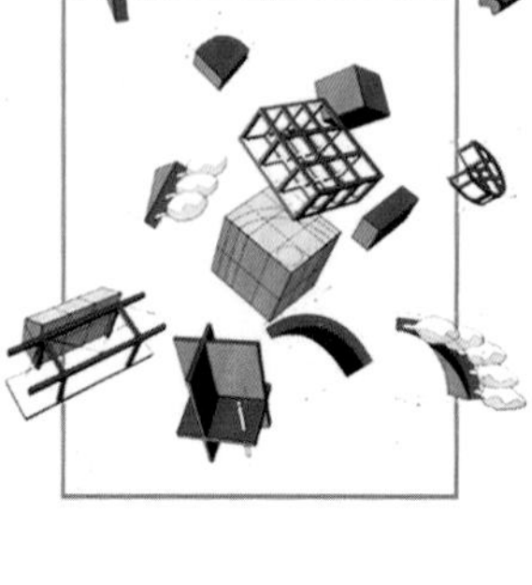

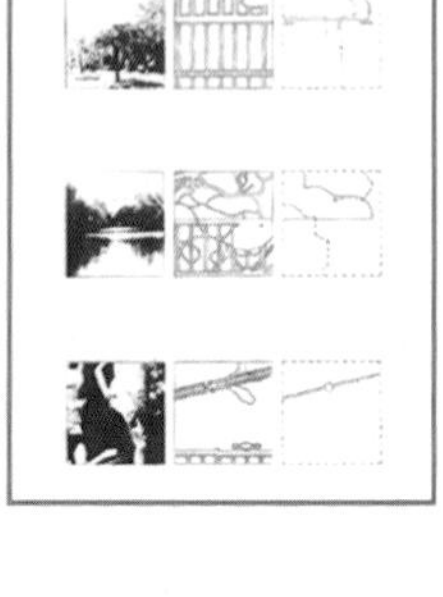

激发方式
——解构主义

通过解构主义打
的单元化秩序。
的概念，强调打
加，重组，重视
部件本身，反对
一而创造出支离
不确定感。屈米
筑应该是一种
件”而不是简单
形式。他的设计
调“程序化”，
设计不应该仅仅
实现某个目标，
遵循一种固定的
进行设计和构建

吉林建筑大学

指导教师：马辉 王迪

作者：秦源 范一鸣 马梦瑶 何雨潼 唐如贝

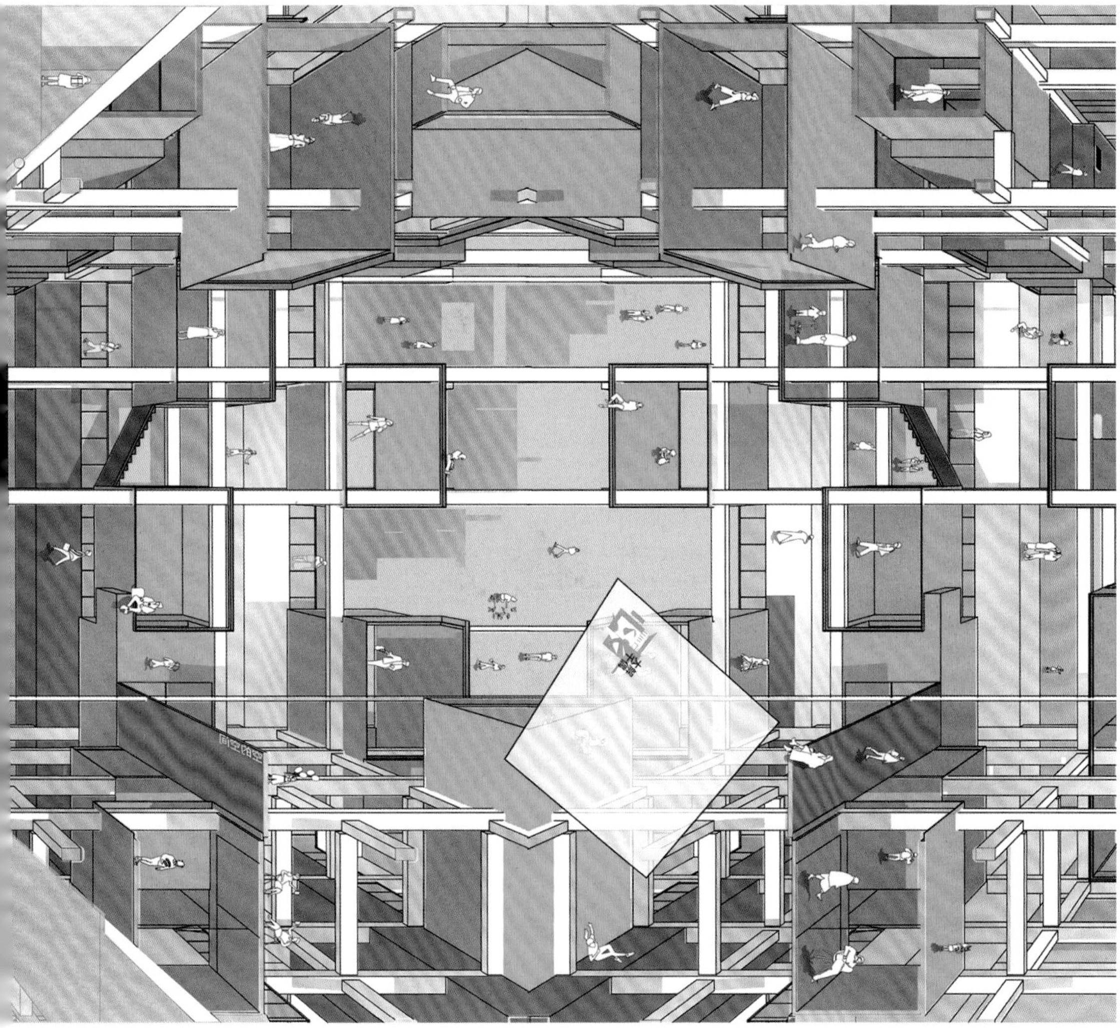

河南省作为偶戏的重要发源地之一，在保护、传承和发展偶戏文化方面具有得天独厚的优势和必要性。

偶戏是河南省的传统曲艺之一，起源于明朝，发展至今已有数百年的历史。

在工艺中，河南历史发展为偶戏文化的传承和发展提供了坚实基础、宝贵资源、丰富展品和文化背景。

河南偶戏是河南省的非遗项目之一，被列入了国家级非物质文化遗产名录。

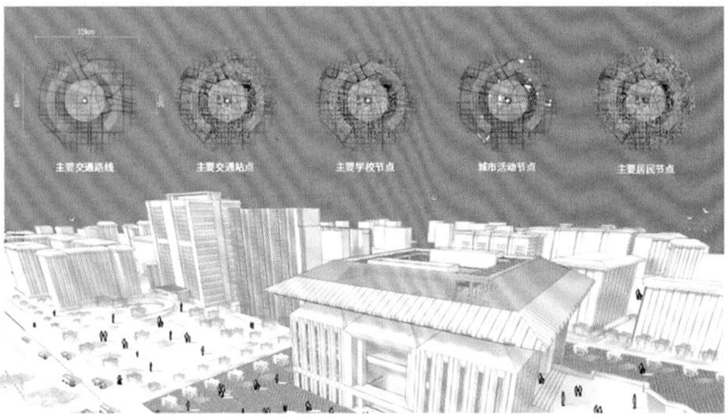
主要交通路线
主要交通站点
主要学校节点
城市活动节点
主要居民节点

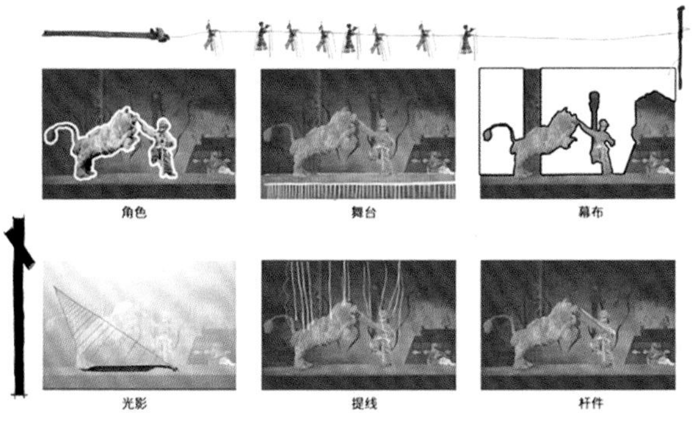
角色
舞台
幕布
光影
提线
杆件

物象解构

分解偶戏存在形式上的元素。我们对偶戏物象构成进行拆解，对“个体”的研究，探讨符号本身所能反映的真实，寻找偶戏新的存在形态。

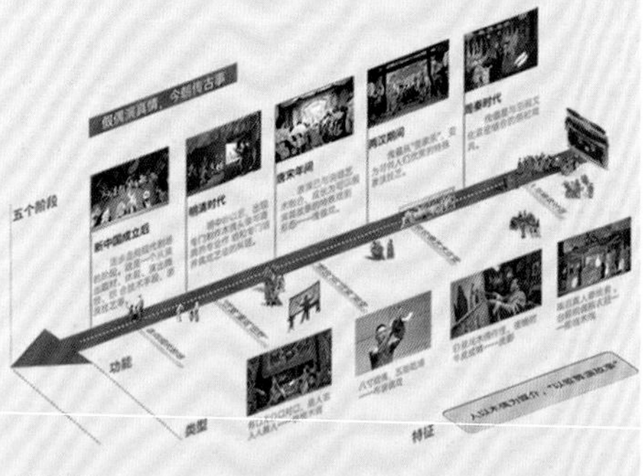

历史分析

中国五千年文化，偶戏随时代变化具备多样功能，是人们喜闻乐见的艺术形式源于汉，兴于唐，上到皇亲贵族，下到黎民百姓，偶戏不断产生着深远的影响。现代偶戏走入剧场，成为一种艺术形式，其虽保持着当代性的探索与自我迭代，于2006年被列为非物质文化遗产。

文化现状

在时代影响下，内部与外部的多重因素冲击下，偶戏已被列入非遗，陷入困局，通过调研数据，现状下的偶戏已然淡出人们的生活视野。

连接时代

1.打造出更具有时代感设计和的作品，吸引更多的人群。
2.与各行业融合发展，多样化的呈现在人们眼前。
3.采用新媒体手段，让更多的人了解喜爱非遗文化。
4.利用本地的优势资源和特色，打造非遗文化品牌。
5.鼓励社会公众参与非遗文化的传承和推广工作。

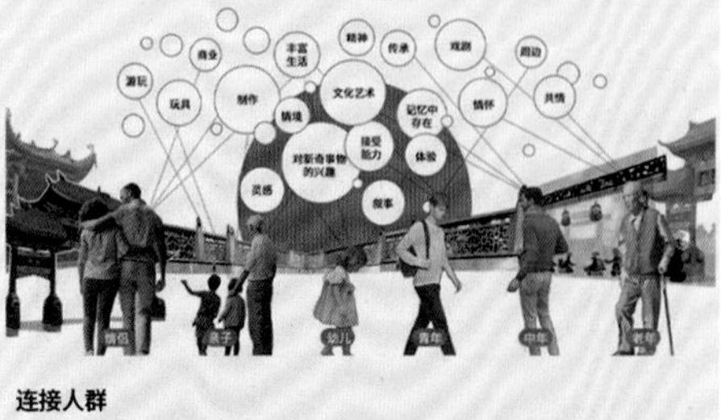

连接人群

现今人群对偶戏的兴趣点剖析，碎片化的学习以及认知是容易被人所接纳的，我们希望以此方式，探索在当今偶戏困境下与人发生关系的可能，并通过兴趣点，创造偶戏博物馆以新的形式重新链接当代偶戏与人的联系的可能。

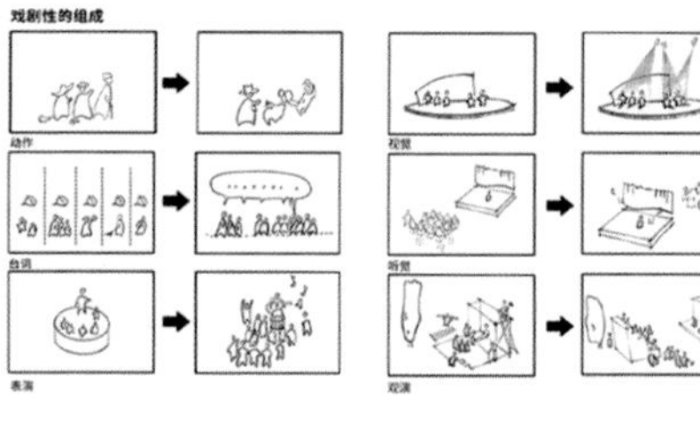

直接影响

人的操纵直接影响偶的
成动作、声音、形态步

内核解构——戏剧性

偶然巧合冲突骤变，出乎意料却又在意料之中的矛盾。偶戏作为戏剧的一种，其存在具备戏剧性的部分，偶然巧合冲突骤变的矛盾贯穿其中。

内核解构——操控模式

演绎人生、倏忽幻灭。
控模式上，表演者即
者也为被操控者，偶
映表演者的行为模式，
馈于人，人和偶在表
份可以灵活转换。

舞台语言转译

“我可以选取任何一个空间，称它为空的舞台。一个人在别人的注视下走过这个空间，这就足以构成一幕戏剧了……”

——彼得·布鲁克《空的空间》

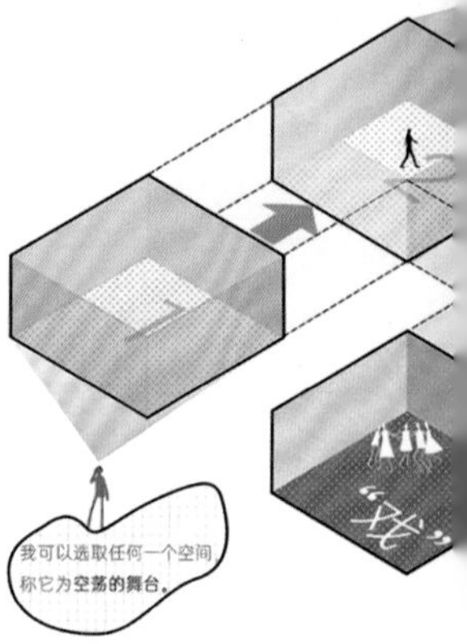

三种“舞台”

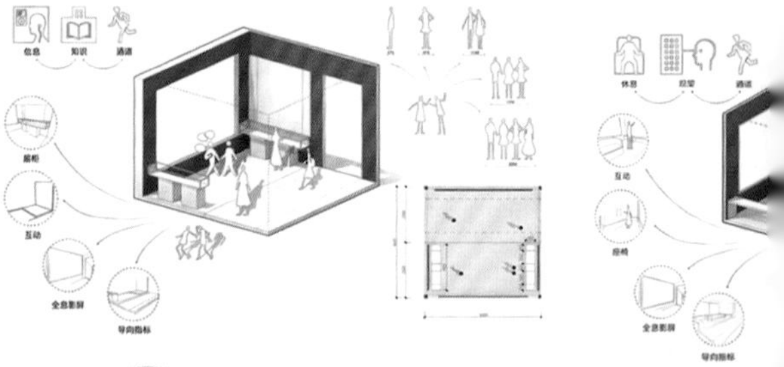

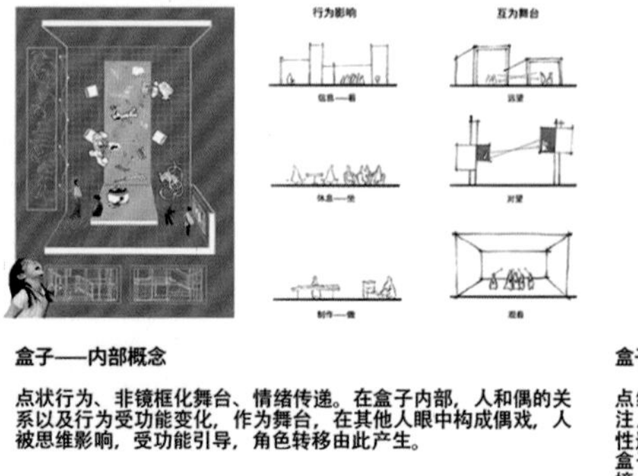

盒子——内部概念

点状行为、非镜框化舞台、情绪传递。在盒子内部，人和偶的关系以及行为受功能变化，作为舞台，在其他人眼中构成偶戏，人被思维影响，受功能引导，角色转移由此产生。

盒子重构——连续

点线性排列，戏剧化
注入戏剧性。将盒子
性连续的排列，并灵
盒子，使场所产生冲
撞，戏剧化的线性叙
体现。

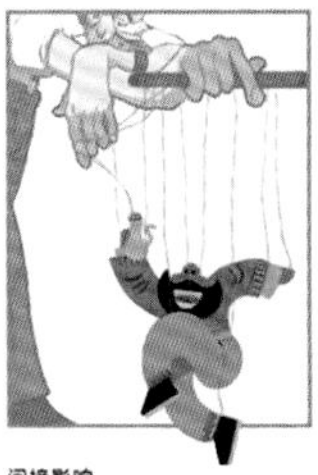

间接影响

偶自身所携带的动作、动势间接影响人的情绪，引导人的思考。

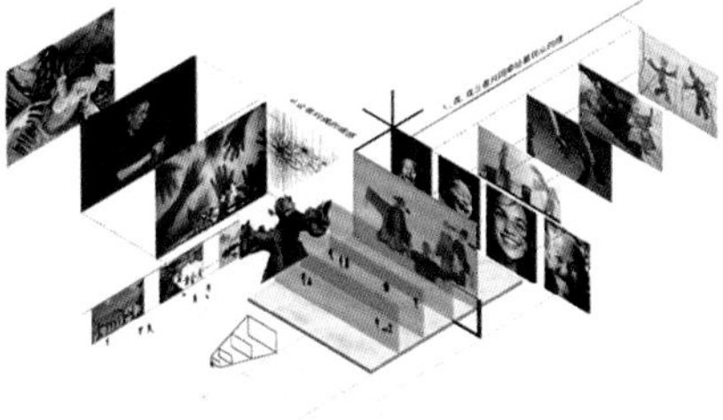

内核解构——情绪传递

情感如同水波荡漾，承载于傀儡，再荡漾到他人的心间。偶承载着匠人表演者的情绪，又在故事演绎的作用下，共同牵扯着观众的情绪。

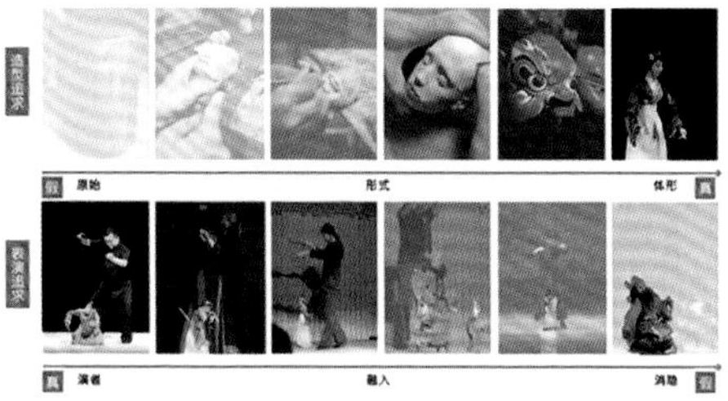

意蕴解构——亦真亦假 亦虚亦实

在制作中，偶人不断追求像人，而在表演中，真实的人反而是要弱化自身从而使偶人更加真实。人和偶的边界相对模糊，在这种虚与实，像与不像之间，将最大的像表现出来。

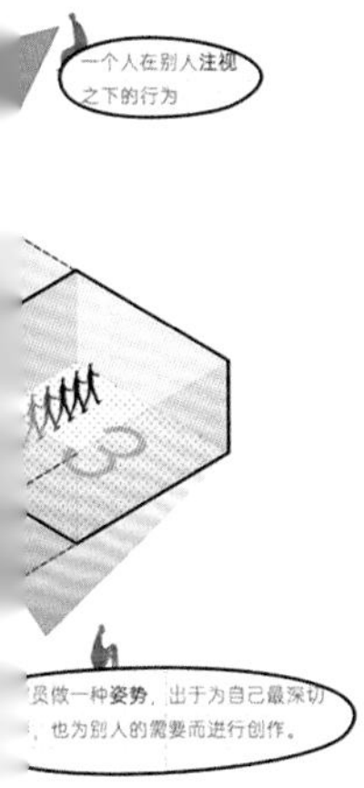

建筑语言转译

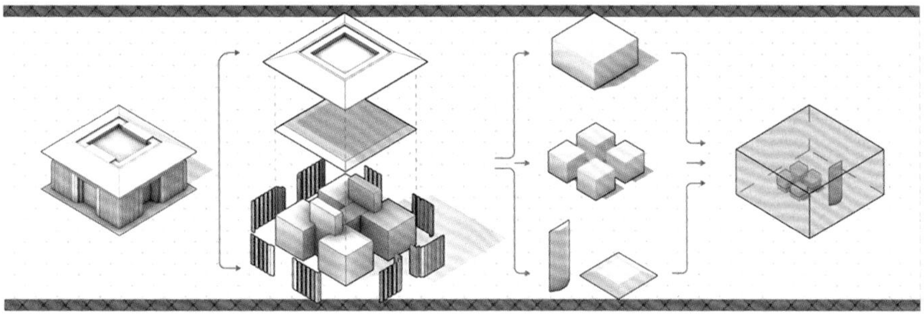

建筑	→	解析	→	提炼	→	还原
对建筑设计语言进行整体观察		对建筑解构拆分解析		提炼出方正的体量和空间划分以及斜角的运用		应用于室内空间

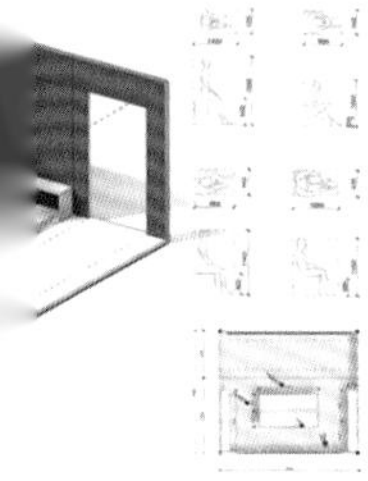

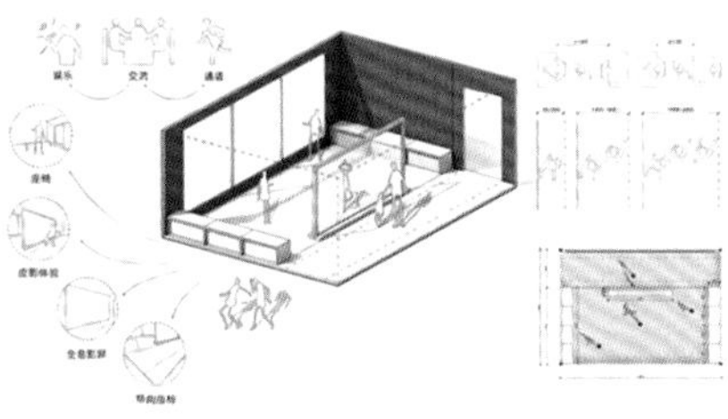

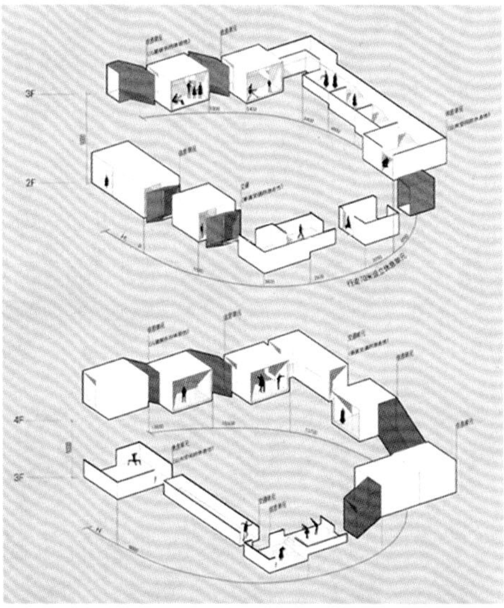

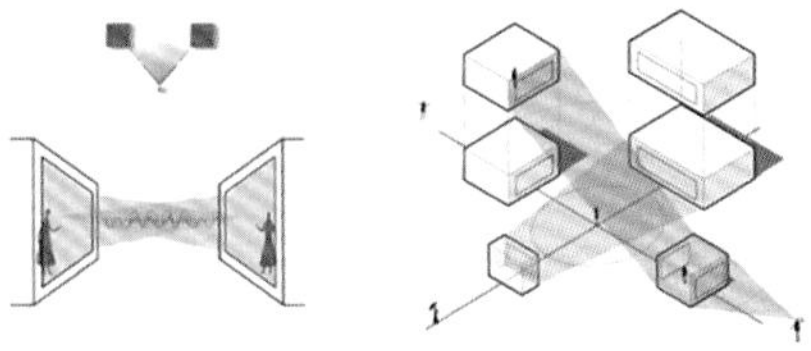

盒子重构——分置

将盒子分置，镜框舞台下，对望、凝视之间产生乐趣，依据功能产生情绪传递。参观者在空间中互为观众和表演者，感受真切的注视和连结！

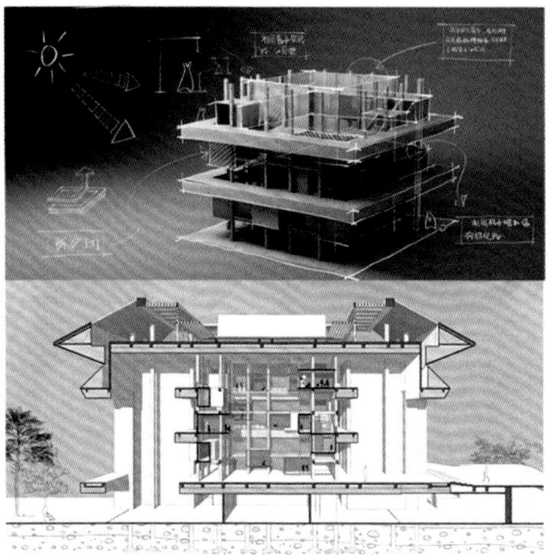

『三合记』

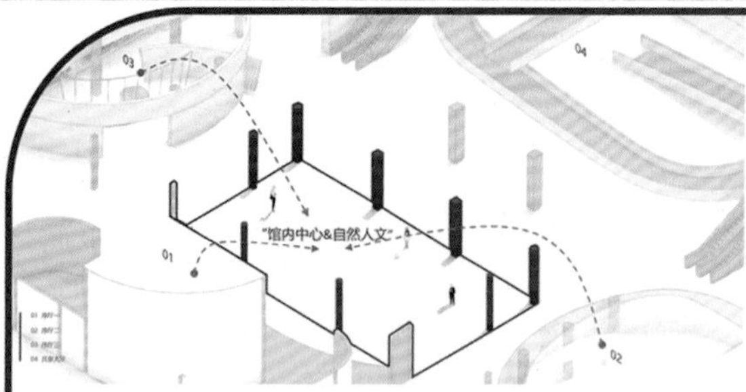

庭院是馆内位置中心，是人文与自然的共和体现，以庭院为原点，序厅一、序厅二、序厅三以及共享大厅环绕在其周围。

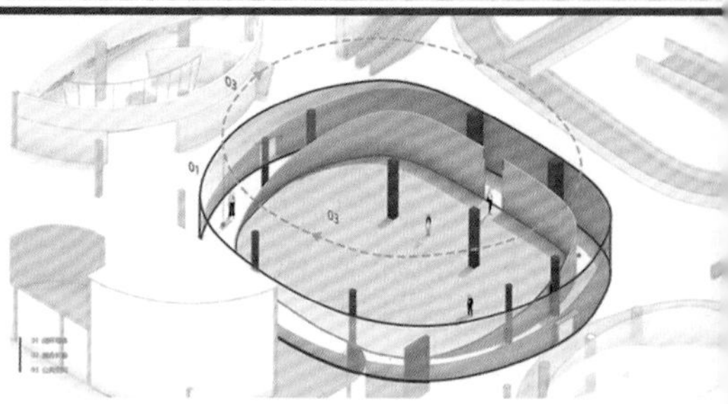

我们通过倾斜的围合长廊。打造半开敞的公共空间，这段围合长廊我们的设计理念相呼应，与周围的空间产生联系。

一层平面图

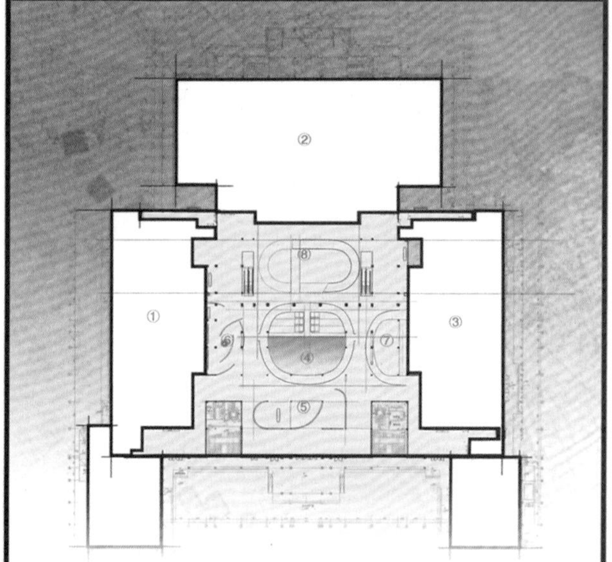

1 展厅一	2 展厅二	3 展厅三	4 庭院
5 序厅一	6 序厅三	7 序厅二	8 共享大厅

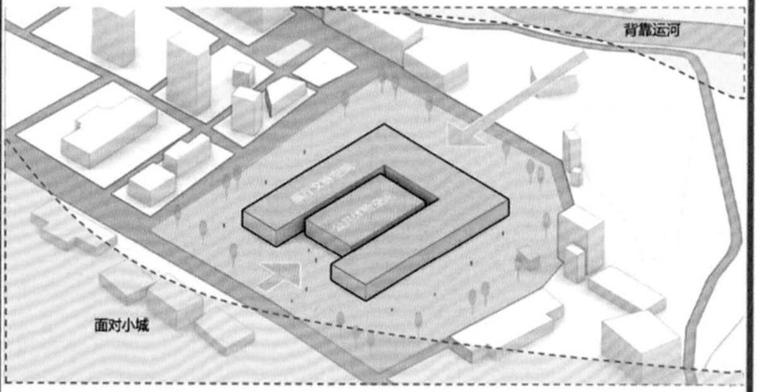

本次博物馆设计坐落于运河一侧。从位置上看，展厅空间像是运河的延伸，公共空间像是城区的延伸，呈现运河包容城市的状态。

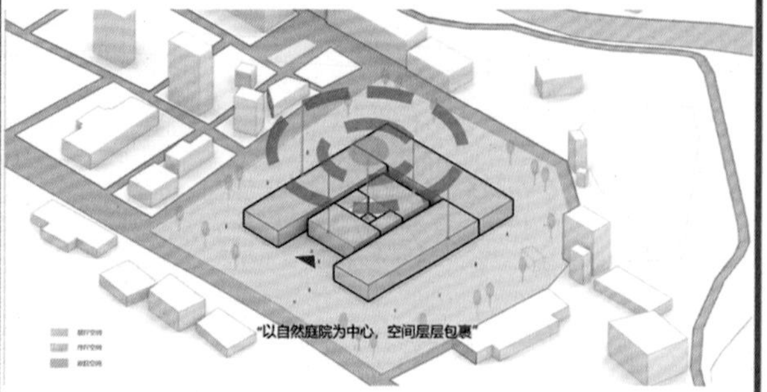

庭院位于于博物馆中心，整体从内而外，自然空间，公共空间，展厅空间，层层环绕。

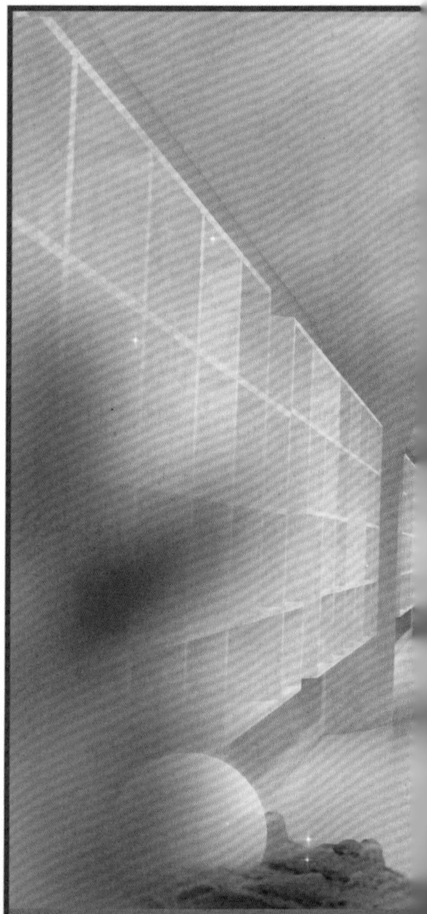

序厅三

位处庭院左侧，承担着文创展卖的功能。在空间塑造上，推拉整体高度，用弧线划开整体造型，开放洞口，置入空间主要功能。通过弧形的墙体制造螺旋行的流线，增加游客停驻时间，对希望被看到的做引导，对不希望被看到的做遮挡，期望着人与人、人与非遗之间无限的可能。

空间细节上，通过天花与墙体的高度变化、材质变化，制造有边界与无边界之间的第三空间，让人们能够感知彼此却不会互相介入。营造心理上的舒适距离。

亲密的人际关系经常发生摩擦和矛盾，反倒不及初次交往容易。人与人，人与自然，在生存的法则里都不乏时间和空间距离的保持，人与人的关系因合适距离的距离得以改善，那么人与自然、人与非遗的和谐相处，是否可以通过空间的营造得以改善。

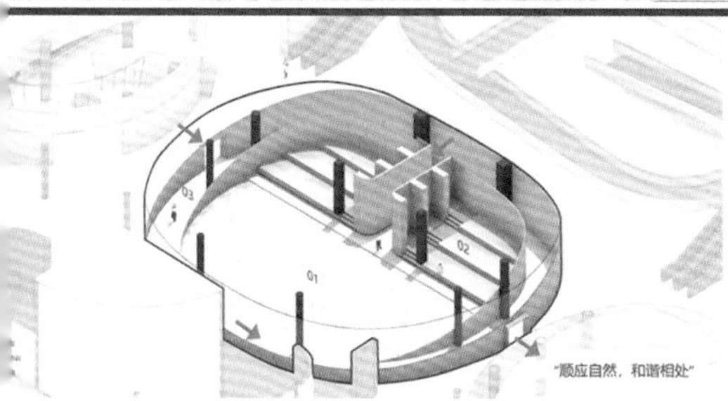

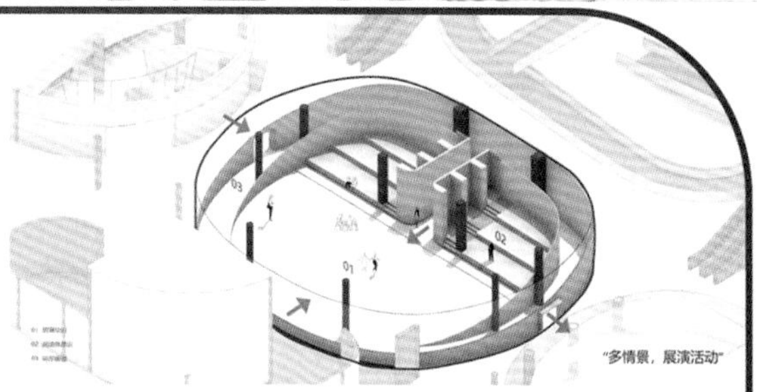

中赋予休息阶梯与阅读区等功能。另一侧空间做下沉处理，在雨汇聚水源，形成自然的平静水面，提高休息阶梯与阅读区域的体验。

待雨水排出后，下沉空间自然形成开场公共空间，在此空间内可以定期举办文化展演活动，游客可以从不同角度对庭院进行总体的观看。

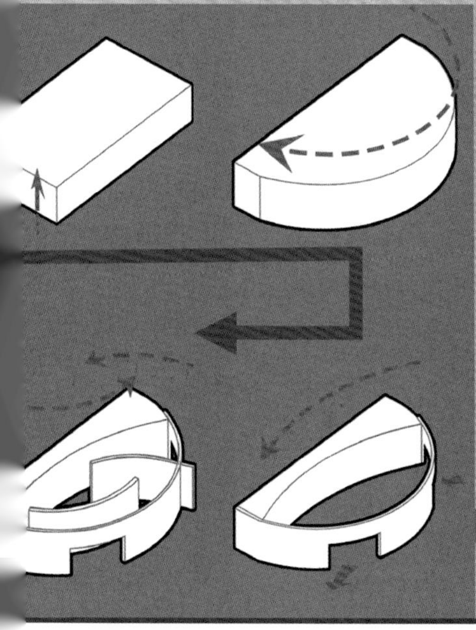

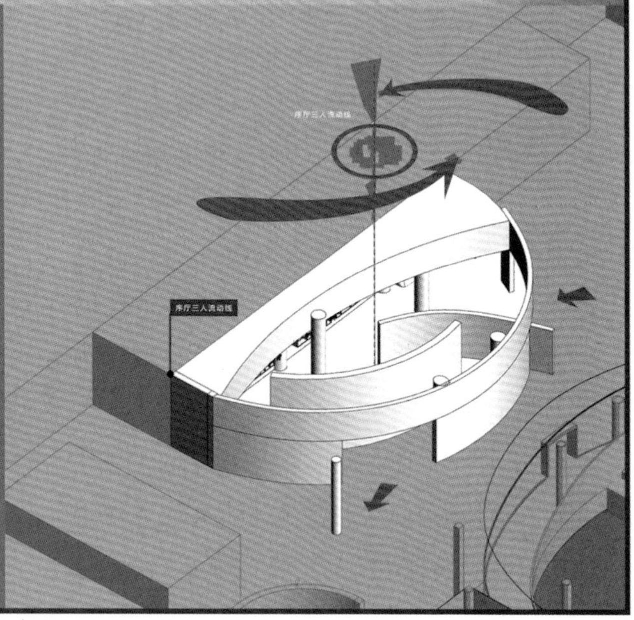

吉林建筑大学

指导教师：马辉 王迪

作者：王乐云 刘凯凡 冯馥炯 庾鸿扬

流线梳理

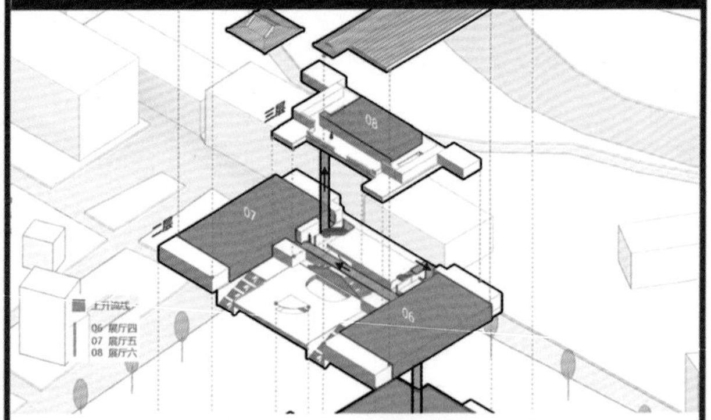

序厅空间融入到展厅的观展路线中，赋予序厅空间不同的主题体验内容。

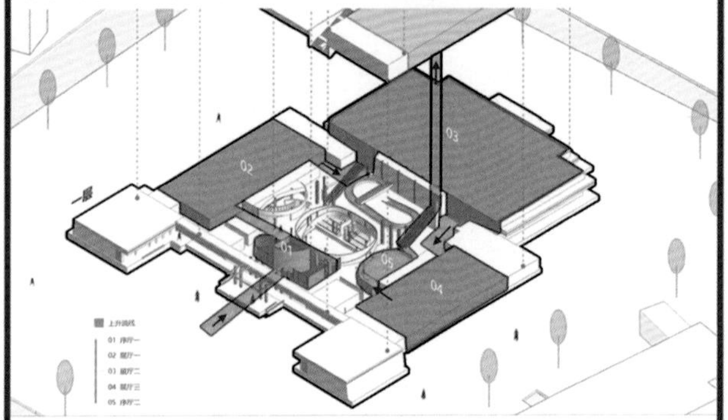

通过这一张流线分析图可以发现我们将公共空间划分分为四部分。序厅一空间，序厅二空间，序厅三空间与共享大厅。

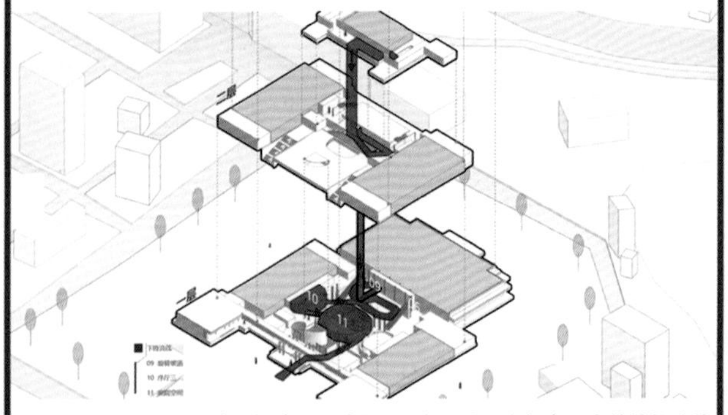

展厅展示文化与序厅主题体验充分融合，以上三张是我们空间内总体的流线梳理。

共享大厅情景展示

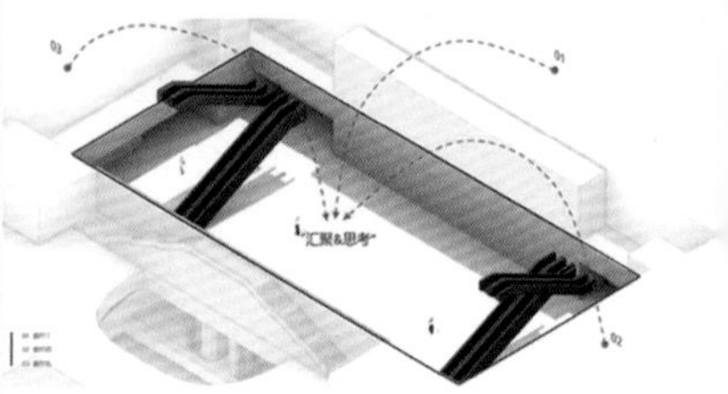

共享大厅空间,体验完所有展厅内容的游客会在此汇聚。在共享大厅内，我们希望去做一些可以引发游客思考的内容。

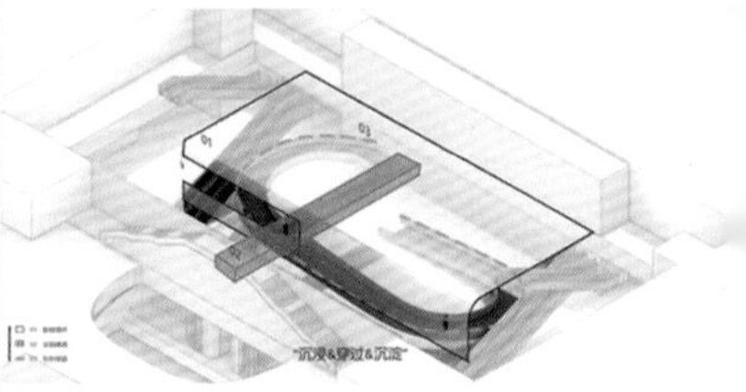

游客通过坡道穿过影视墙体，与艺术化展厅内容产生互动关系。

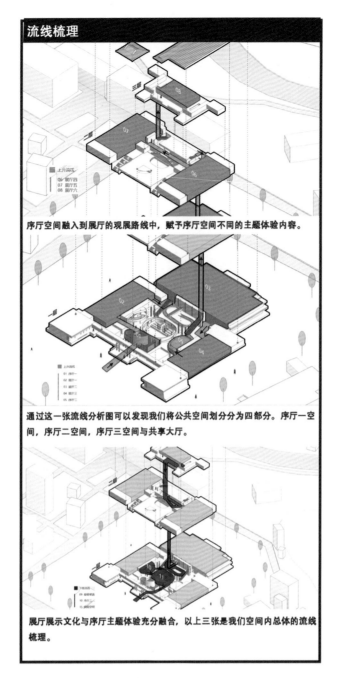

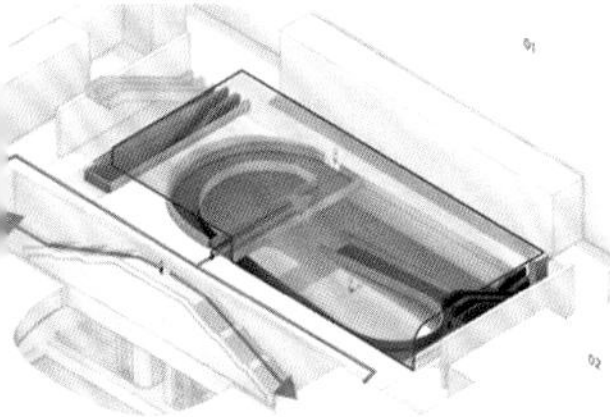

将展厅内容进行艺术化处理。投影至影体上，设置横向通道与环形坡道。与空成穿插与环绕的关系。

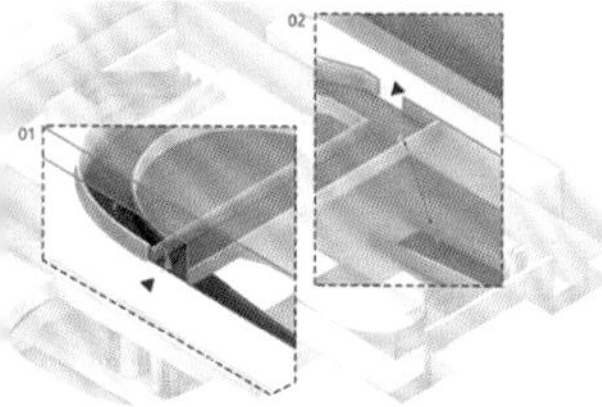

与游客之间也可以通过坡道的高度变化微妙的交互关系。

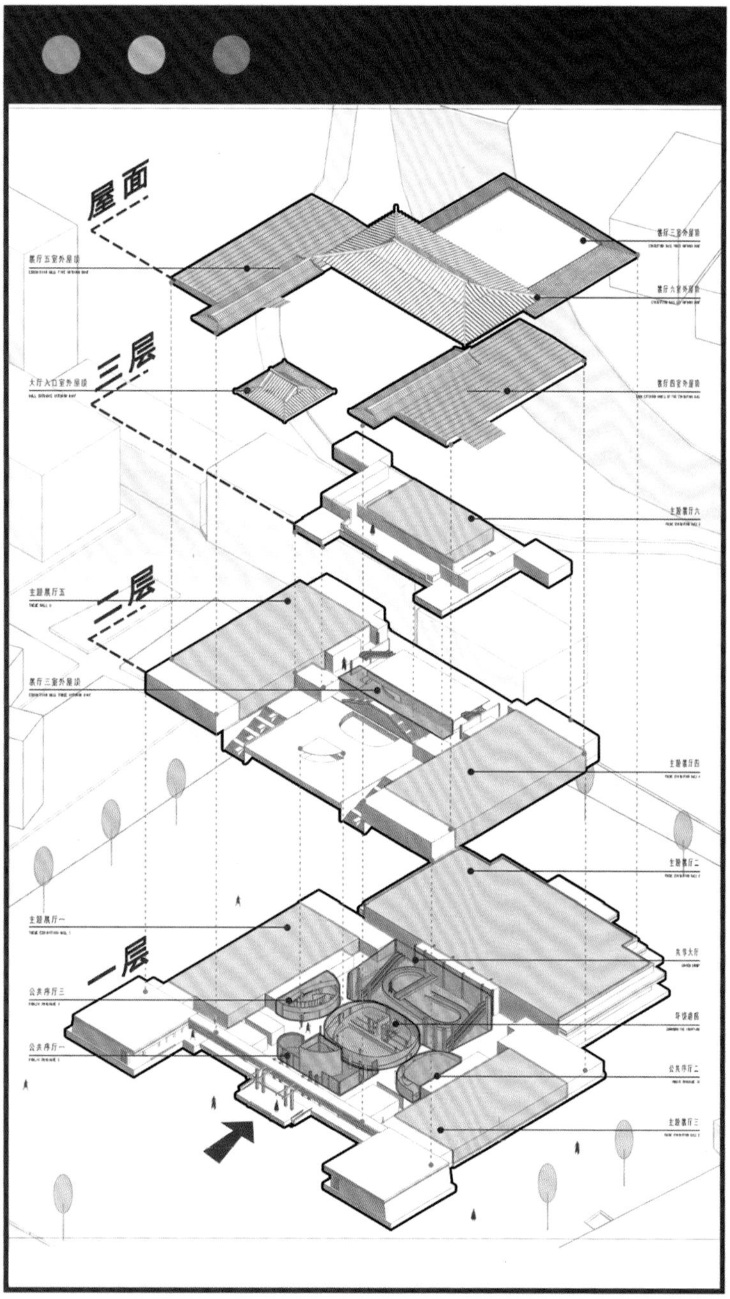

室内·联合
毕业设计
6+

书忆——河南汉字文化公众考古科普中心公共空间室内设计

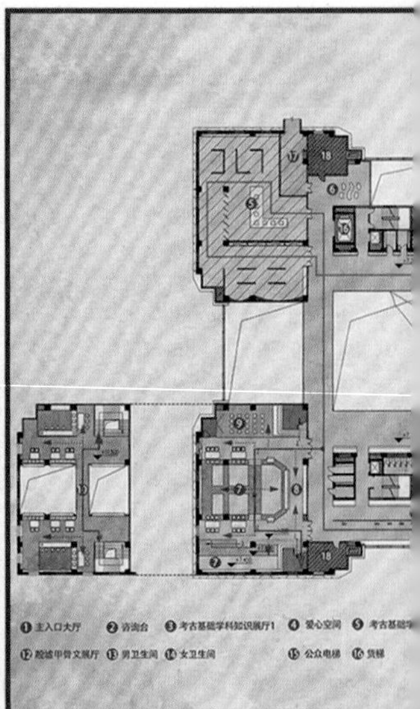

一层平面图

负一层平面图

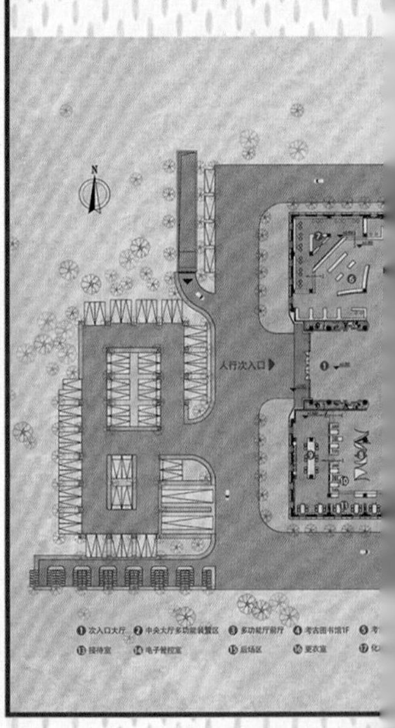

临时餐饮区

为公众提供自助等餐饮服务，一定程度上延长了公众参观场馆的时间以减少中途外出或提前离场的情况。

文创商购区

为公众提供考古博物馆文化创新与文化传播空间，公众可以参与制作与售卖。

考古图书馆

为公众提供纸质的考古媒介及空间，通过分区为公众打造更舒适的阅读环境。

合肥工业大学

指导教师：汪利　郭浩原

作者：李清

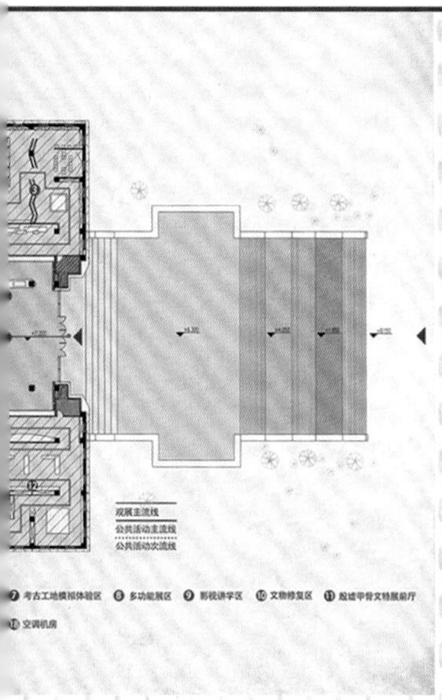

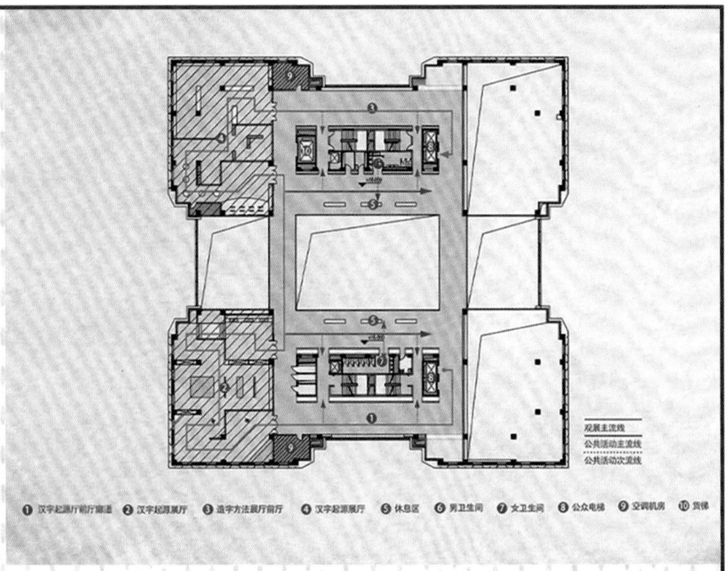

二层平面图

三层平面图

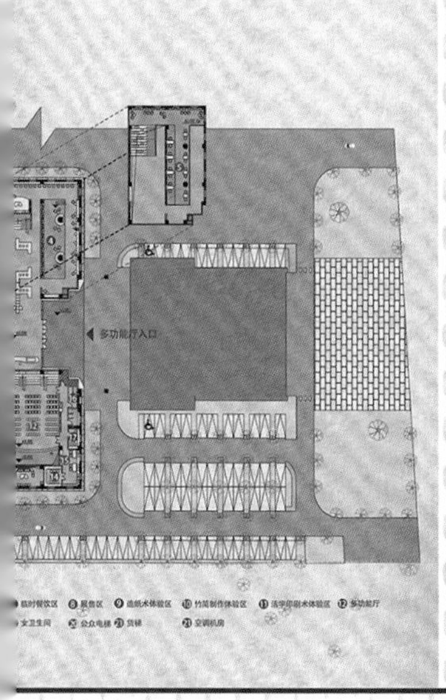

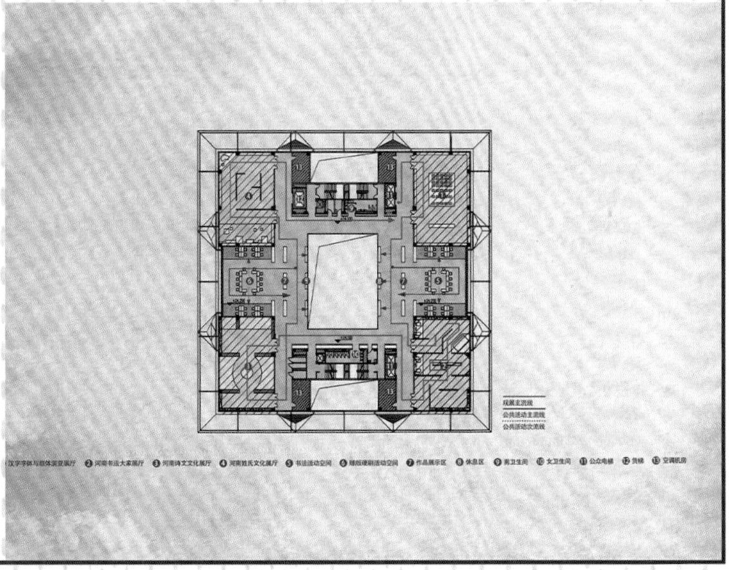

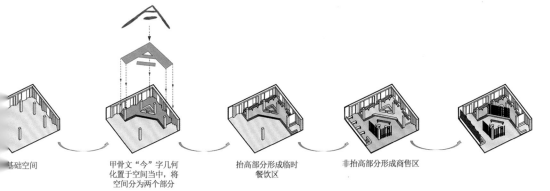

考古挖掘体验区

为公众提供考古挖掘实践体验空间，帮助公众更身临其境地认识考古、了解考古。

多功能厅

为公众提供多媒体及社会层面的考古科普活动空间。博物馆的科普活动、社会科普讲座都将在此地进行。

传统技艺体验区

书法活动体验区

为公众提供传统技艺体验空间，通过对实践体验来感受传统文化，这也是实践性考古科普活动。

间生成·文创商购与临时餐饮区

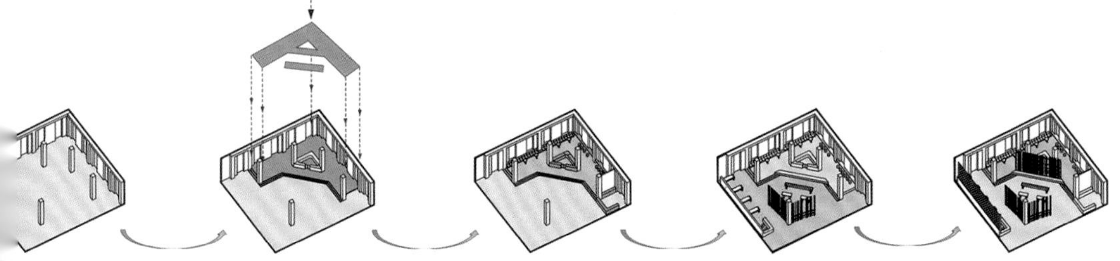

基础空间

甲骨文“今”字几何化置于空间当中，将空间分为两个部分

抬高部分形成临时餐饮区

非抬高部分形成商售区

间生成·考古工地体验区

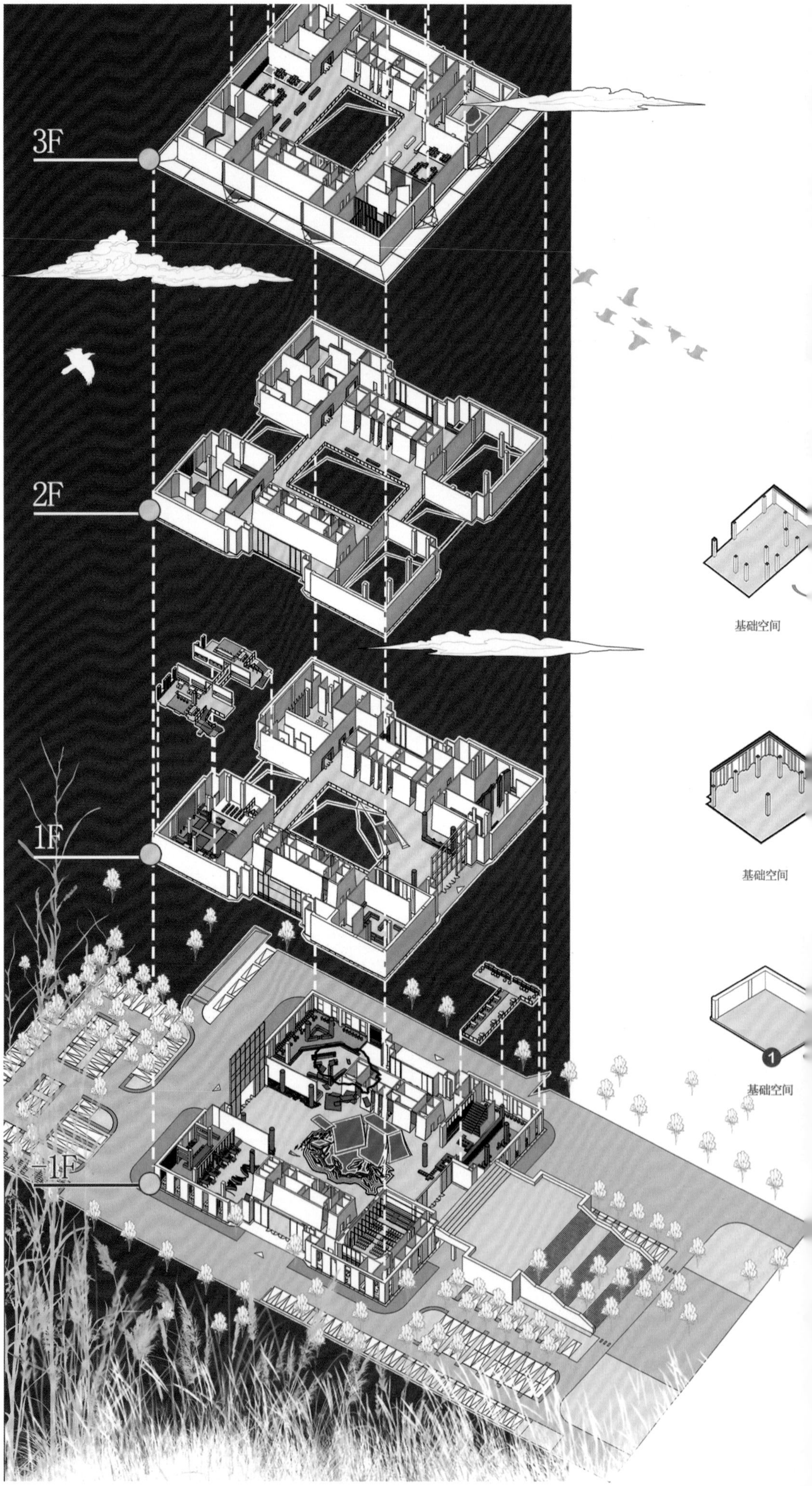
3F
2F
1F
-1F
基础空间
基础空间
1
基础空间

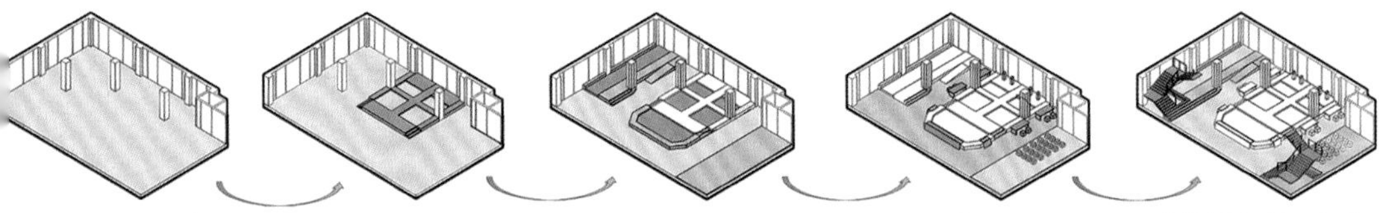

基础空间

甲骨文“古”字置于空间当中成为考古挖掘的容器

南部设立多媒体讲解区适应多种人群及团体需要

楼梯建立起通往2层文物修复空间的通道

间生成·多功能厅

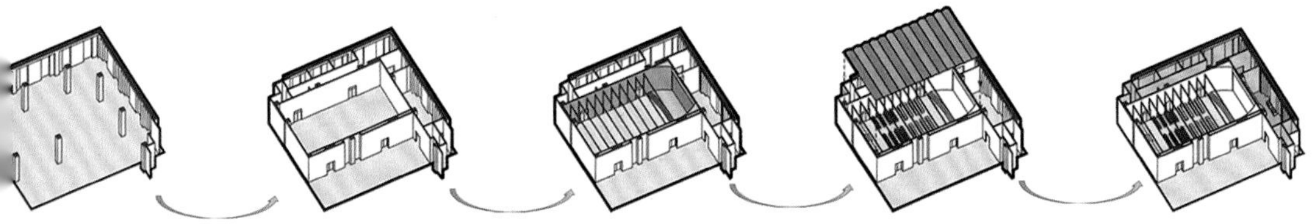

基础空间

建立多功能厅主要墙体

“书”秩序架立起顶立面

顶面置入

其它服务空间

间生成·考古图书馆

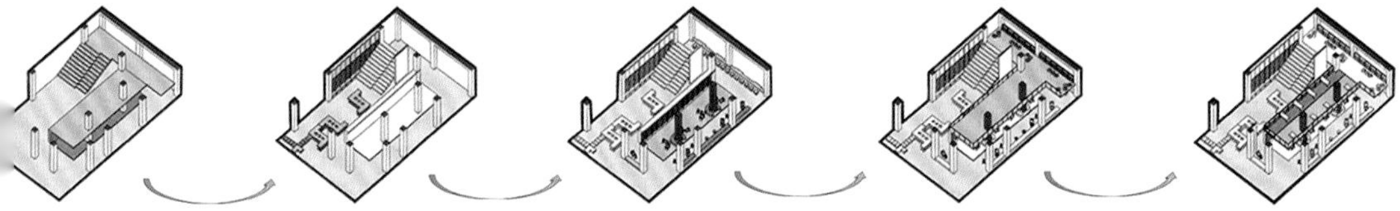

“书”置入其中成上下两层空间

甲骨文“目”字化作展台与书桌，与休闲楼梯一起形成“展书为主，休憩为辅”的空间

“书”内部同样置入书架和沙发卡座，形成“阅读为主”的空间

“书”上下的连接空间形成独立的休闲阅读区

“书”上方固定桌椅阅读区（可俯瞰四周）

间生成·古代传统技艺体验区

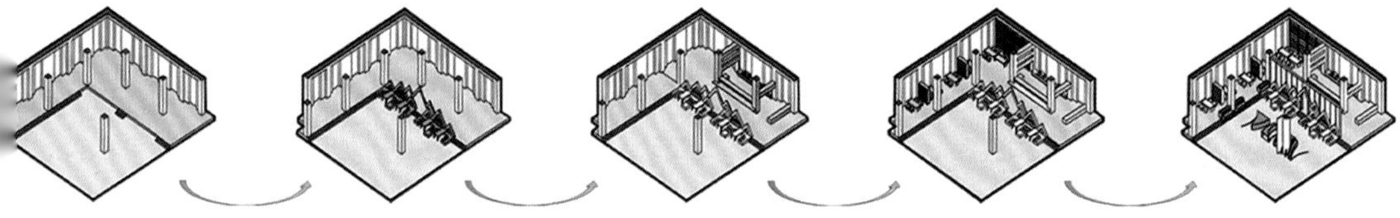

窗两侧抬升划分空间

甲骨文“山”与现代“山”形成对影关系，作为竹简等古装装订空间

中间部分，“书”下沉形成展区

北侧为“活字印刷术”体验空间

“日”、“月”对照，形成“造纸术”体验区

间生成·书法及雕版印刷体验区

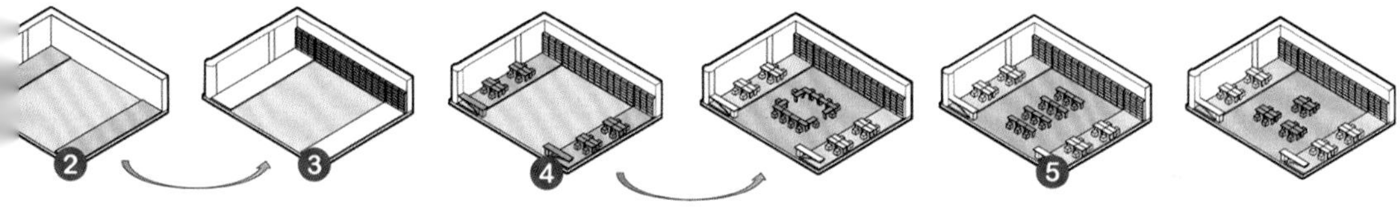

两侧抬高

紧贴墙面放置置物架

两侧固定式桌椅

中部桌椅自由化，强化空间机动性

间生成·中央大厅

人”字由古至今，盘而上，寓意新文明的长过程，也象征着新的希望与未来

古老的遗迹映照出新的光辉境遇，迎接着不断成长的新文明

部分书页从书中飘散而出延伸桥梁

三本书打破时空，架立起古今沟通的“桥梁”

甲骨龟片化作历史的遗迹，孕育着古老的人类文明

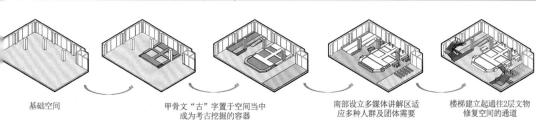

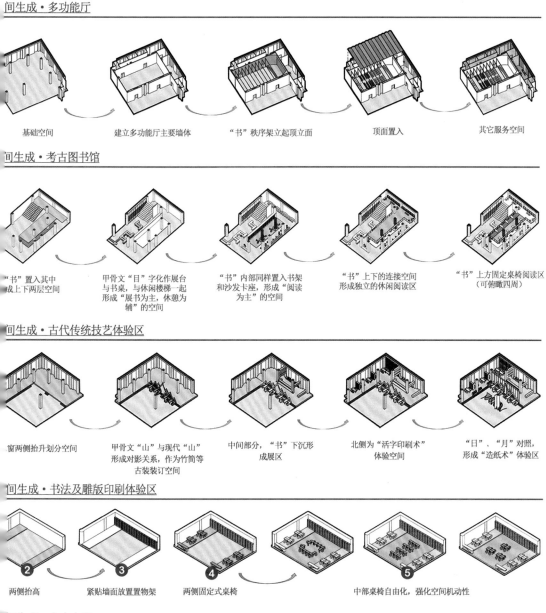

6+ 室内·联合 毕业设计

舟记——中国大运河非物质文化遗产展示中心空间设计

展厅非遗项目清单统计

河段	非遗项目清单
浙东运河	龙舞（奉化布龙）、渔民开洋、谢洋节、镶嵌（骨木镶嵌）、宁波泥金彩漆、*绍兴黄酒酿制技艺、*越剧、*水乡社戏、*越窑青瓷、*嵊州竹编、*会稽铜镜制造技艺
江南运河	伞制作技术（西湖绸伞）、张小泉剪刀锻制技艺、绿茶制作技艺（西湖龙井）、中国篆刻：金石篆刻（西泠印社）、传统木船制造技艺、铜雕技艺、蚕丝织造技艺（余杭清水丝绵制作技艺）、中式服装制作技艺（振兴祥中式服装制作技艺）、嵊州竹编、古琴艺术、湖笔制作技艺、五芳斋粽子制作技艺、中国皮影戏：海宁皮影戏、嘉兴灶头画、海宁三把刀制作技艺、苏州评弹、苏州御窑金砖制作技艺、苏绣、桃花坞木版年画、宋锦织造技艺、古琴艺术（广陵琴派）、明式家具制作技艺、国画颜料制作技艺（姜思序堂国画颜料制作技艺）、民族乐器制作技艺（苏州民族乐器制作技艺）、制扇技艺、家具制作技艺（精细木作技艺）、苏州缂丝织造技艺、宋锦织造技艺、苏绣、苏州灯彩、昆曲、惠山泥人、宜兴紫砂陶制作技艺、常州梳篦、镇江恒顺香醋酿制技艺、*木偶戏（杖头木偶戏）、*盆景技艺（扬派盆景技艺）、*扬州玉雕、*扬州漆器髹饰技艺、*雕版印刷技艺
中河	南河民歌、洋河酒酿造技艺、皂河陆家酱油酿造技艺、云教楼雕、徐州剪纸、伏羊节、徐州琴书、徐州唢呐、柳琴戏、布老虎（枣庄）、鲁班传说
淮扬运河	*木偶戏（杖头木偶戏）、*盆景技艺（扬派盆景技艺）、*扬州玉雕、*扬州漆器髹饰技艺、*雕版印刷技艺、南河民歌
通济渠	豫剧、泗州戏、砀山唢呐、花鼓戏、宗氏剪纸、孙氏面塑、淮北泥塑、蓝染、老虎鱼灯、火神台庙会、四平调、朱仙镇木版年画、汴绣、少林功夫、*河图洛书传说、*洛阳宫灯、*河洛大鼓、*洛阳水席/洛阳水席制作技艺、*洛阳牡丹花会、*唐三彩烧制技艺、*灯彩（洛阳宫灯）
卫河	太极拳（陈氏太极拳）、太极拳（和氏太极拳）、绞胎瓷、苏家龙凤灯舞花鼓戏、张氏经络收放疗法、新乡县赵堤中州大鼓、泥塑（浚县泥咕咕）、汤阴跑帷子（闹元宵）、道口锡器、磁州窑烧制技艺、广平永陆画、皮影戏（冀南皮影戏）
会通河	柳琴戏、布老虎（枣庄）、鲁班传说、祭孔大典、孔府菜烹饪技艺、鲁锦织造技艺、打铁花、二仙音、皮影戏（泰山皮影戏）、道教音乐（泰山道教音乐）、泰山传说、道教音乐（广宗太平道乐）、庙会（泰山东岳庙会）、山东大大鼓、*临清贡砖、*聊城木板年画、*面花（临清面塑）
南运河	陶器烧制技艺（德州黑陶烧制技艺）、葫芦雕刻（德州临邑县葫芦雕刻）、河北梆子、衡水内画、老白干酒传统酿造技艺（衡水老白干传统酿造技艺）、武强木版年画、冀中笙管乐、河间歌诗、西河大鼓、沧州武术、吴桥杂技、*泥塑（天津泥人张）、*杨柳青木版年画、*手工制鞋技艺（老美华手工制鞋技艺）、*风筝制作技艺（天津风筝魏制作技艺）、传统面食制作技艺（天津"狗不理"包子制作技艺）、*传统面食制作技艺（桂发祥十八街麻花制作技艺）、*相声、*妈祖祭典（天津皇会）、*津门法鼓（挂甲寺庆音法鼓）、津门法鼓（杨家庄永音法鼓）、津门法鼓（刘园祥音法鼓）、津门法鼓（香塔音乐法鼓）、*葛沽长乐老高跷、*评剧、沧州镂空木雕
北运河	*泥塑（天津泥人张）、*杨柳青木版年画、*手工制鞋技艺（老美华手工制鞋技艺）、*风筝制作技艺（天津风筝魏制作技艺）、传统面食制作技艺（天津"狗不理"包子制作技艺）、*传统面食制作技艺（桂发祥十八街麻花制作技艺）、*相声、*妈祖祭典（天津皇会）、*津门法鼓（挂甲寺庆音法鼓）、津门法鼓（杨家庄永音法鼓）、津门法鼓（刘园祥音法鼓）、津门法鼓（香塔音乐法鼓）、*葛沽长乐老高跷、*评剧、冀中笙管乐（胜芳音乐会）、灯会（胜芳灯会）、彩扎（秸秆扎刻）、柳编（固安柳编）
通惠河	冀中笙管乐（胜芳音乐会）、灯会（胜芳灯会）、彩扎（秸秆扎刻）、柳编（固安柳编）、灯彩（北京灯彩）、泥塑（北京兔儿爷）、面人（北京面人郎）、风筝制作技艺（北京风筝制作技艺）、景泰蓝制作技艺、金漆镶嵌髹饰技艺、京绣、玉雕（北京玉雕）、花丝镶嵌制作技艺、雕漆技艺、地毯织造技艺（北京宫毯织造技艺）、象牙雕刻、京剧、木雕（紫檀雕刻）、传统插花、建筑彩绘（北京建筑彩绘）、北京绢花、内联升千层底布鞋制作技艺、烤鸭技艺、同仁堂中医药文化、抖空竹、京韵大鼓

空间体块分析

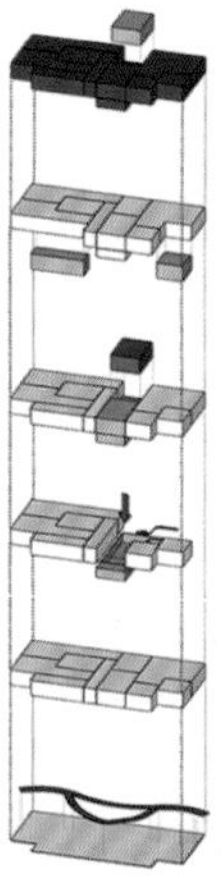

概念提取

·本设计是以押运官自南向北经运河十段的历程故事为切入点，将押运官在途中的所见所闻以及生活场景置入空间中，并运用解构主义塑造整体空间。

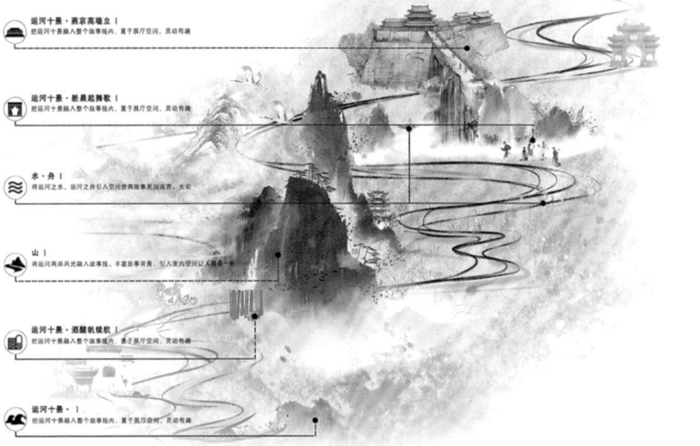

总平图

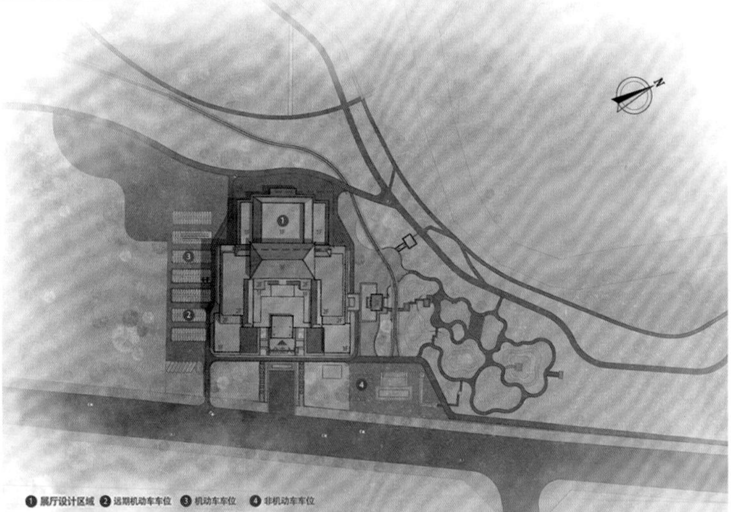

❶ 展厅设计区域 ❷ 远期机动车车位 ❸ 机动车车位 ❹ 非机动车车位

展厅空间节点分析

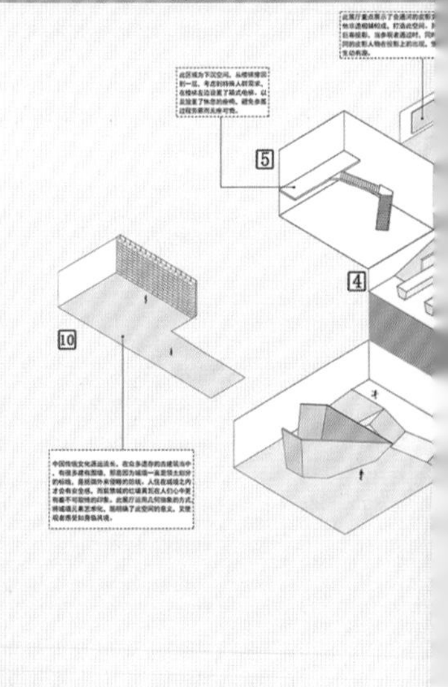

空间位置及结点示意分析图

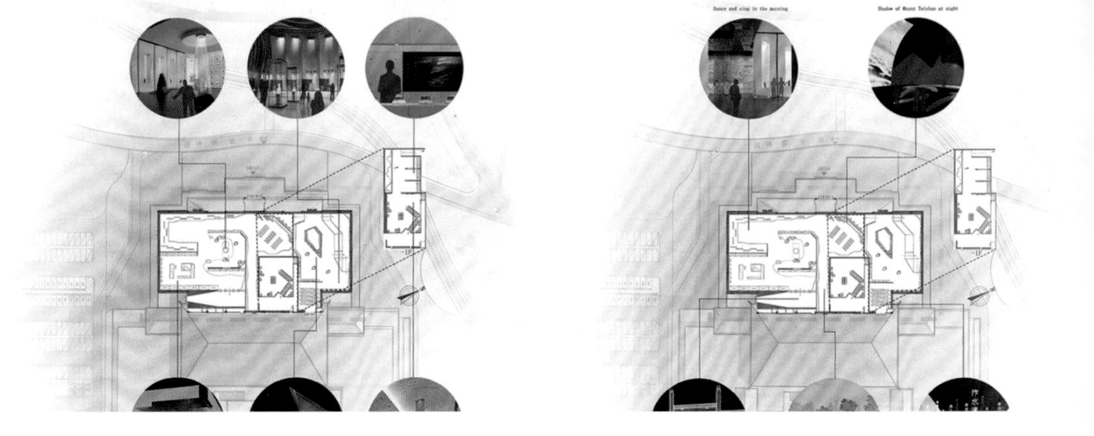

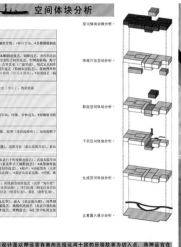

合肥工业大学

指导教师：郭浩原 汪 利
作 者：王家孟 卢毓璐 金珂惠

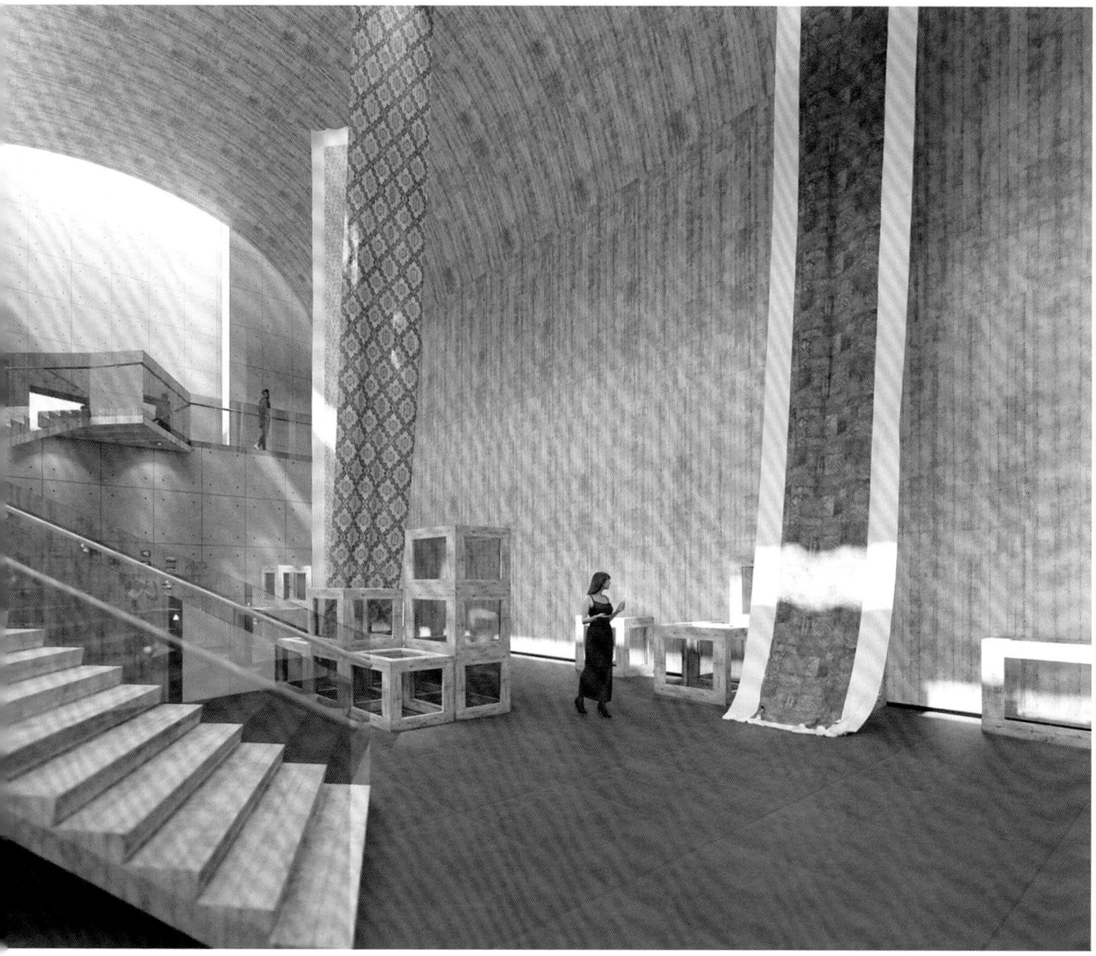

建筑外立面效果图

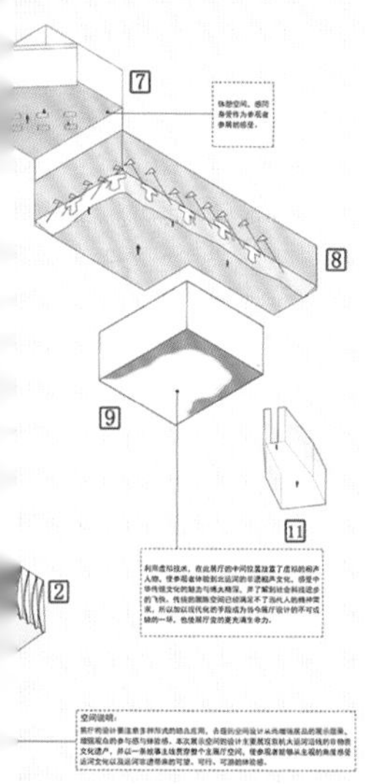

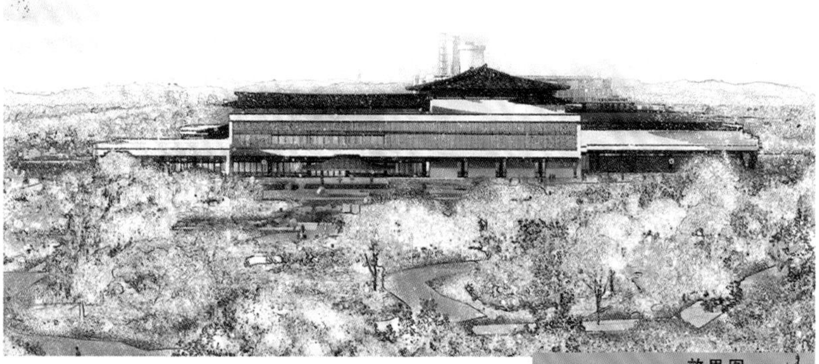

效果图

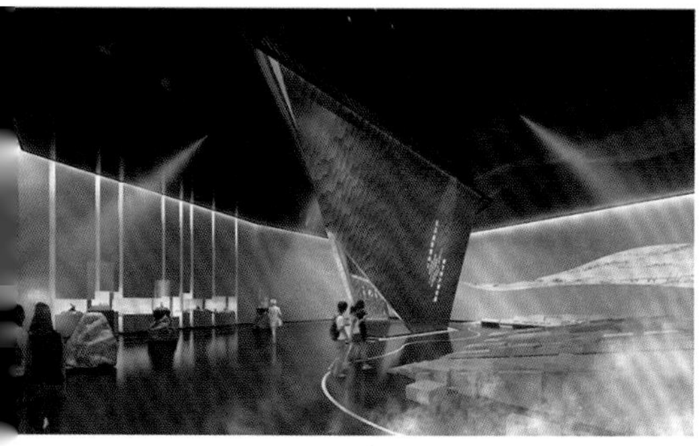

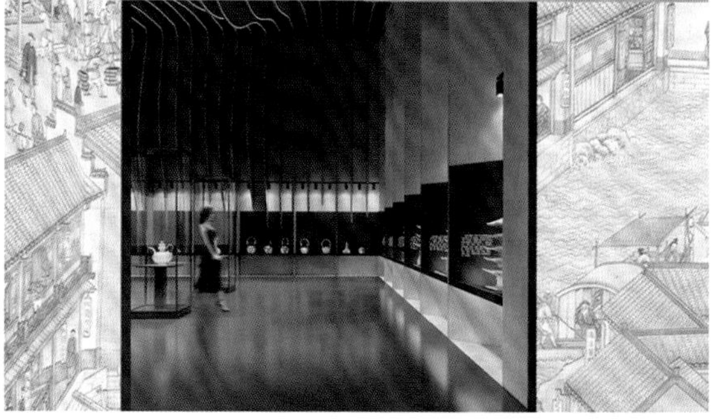

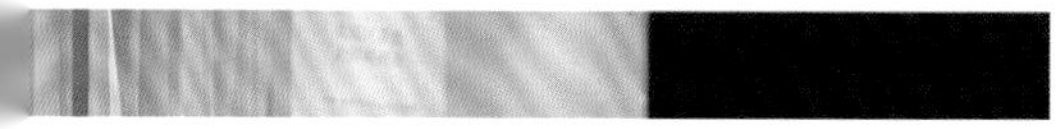

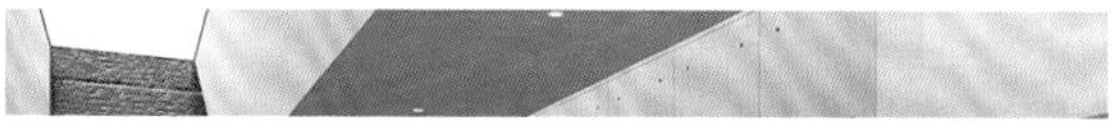

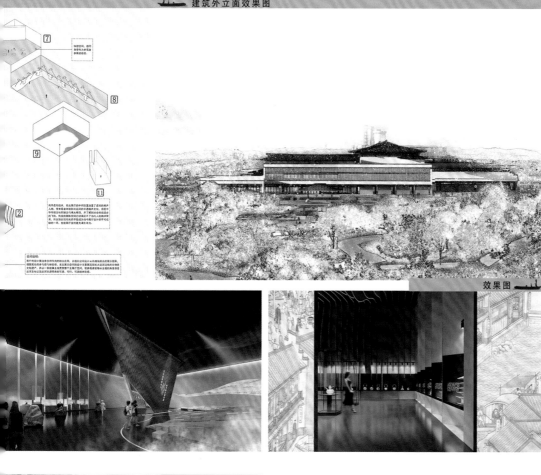

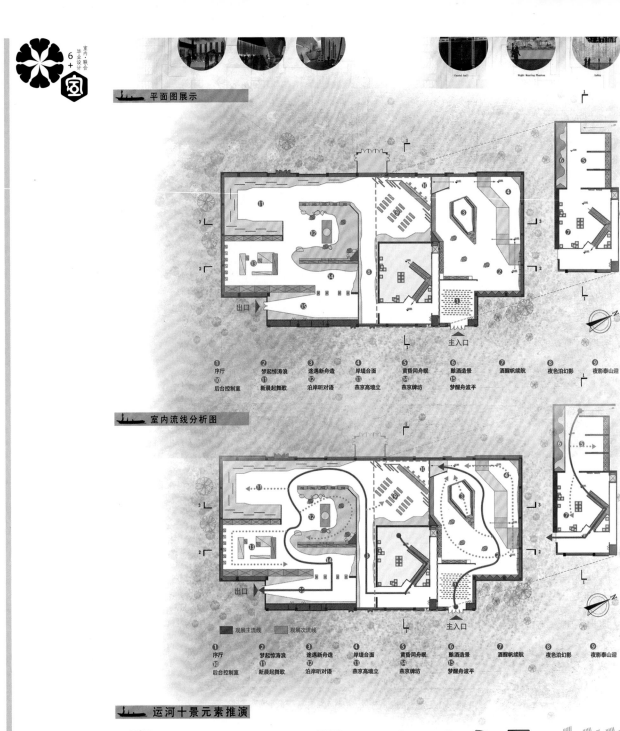

平面图展示

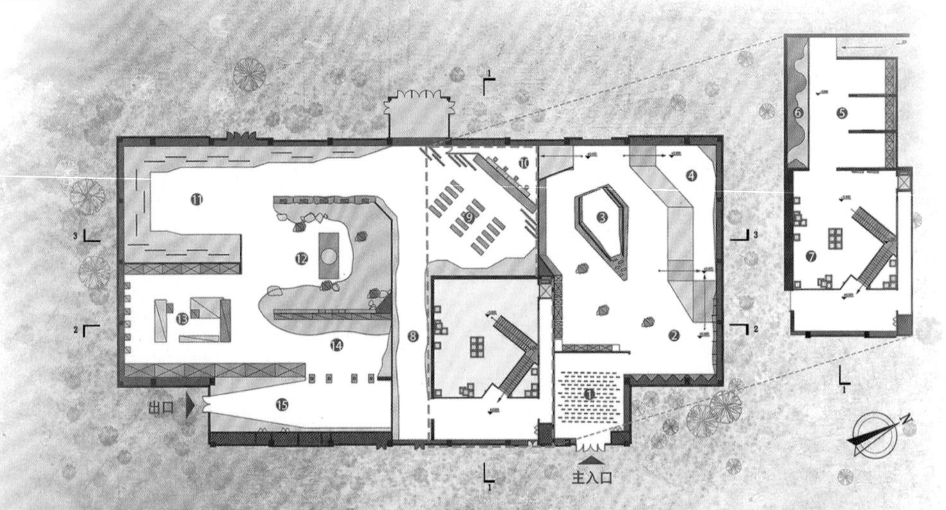

❶ 序厅 ❷ 梦起惊涛浪 ❸ 途遇新舟造 ❹ 岸堤台面 ❺ 黄昏同舟眠 ❻ 酿酒造景 ❼ 酒醒帆续航 ❽ 夜色泊幻影 ❾ 夜影泰山迎
❿ 后台控制室 ⓫ 新晨起舞歌 ⓬ 泊岸听对语 ⓭ 燕京高墙立 ⓮ 燕京牌坊 ⓯ 梦醒舟波平

室内流线分析图

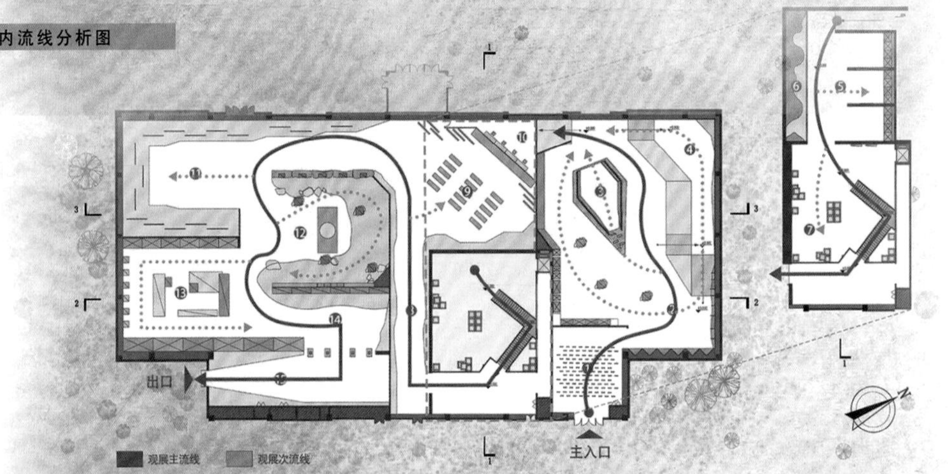

❶ 序厅 ❷ 梦起惊涛浪 ❸ 途遇新舟造 ❹ 岸堤台面 ❺ 黄昏同舟眠 ❻ 酿酒造景 ❼ 酒醒帆续航 ❽ 夜色泊幻影 ❾ 夜影泰山迎
❿ 后台控制室 ⓫ 新晨起舞歌 ⓬ 泊岸听对语 ⓭ 燕京高墙立 ⓮ 燕京牌坊 ⓯ 梦醒舟波平

运河十景元素推演

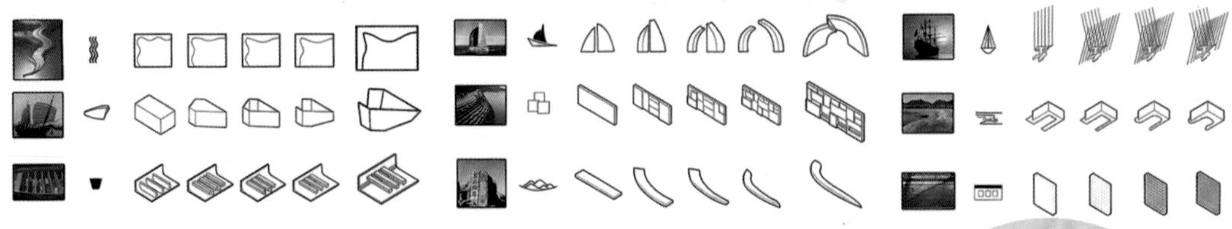

1-1剖面图

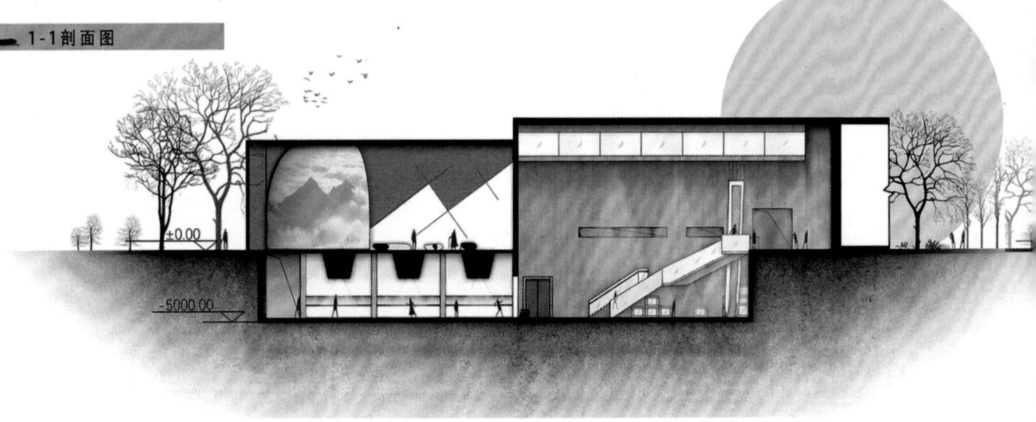

燕京高墙立

空间节点策略生成

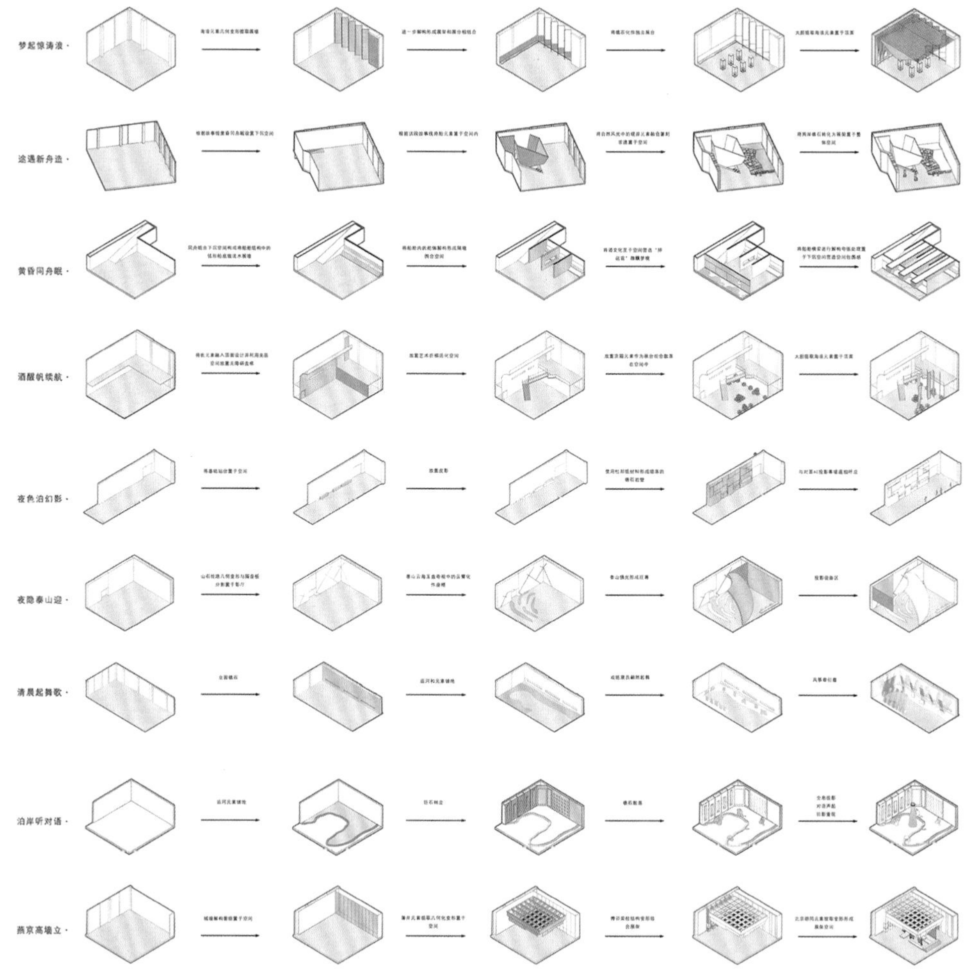
梦起惊涛浪·
途遇新舟造·
黄昏同舟眠·
酒醒帆续航·
夜色泊幻影·
夜隐泰山迎·
清晨起舞歌·
泊岸听对语·
燕京高墙立·

2-2剖面图

-5000.00

滢涟古今——沧州大运河非物质文化遗产展示中心室内设计

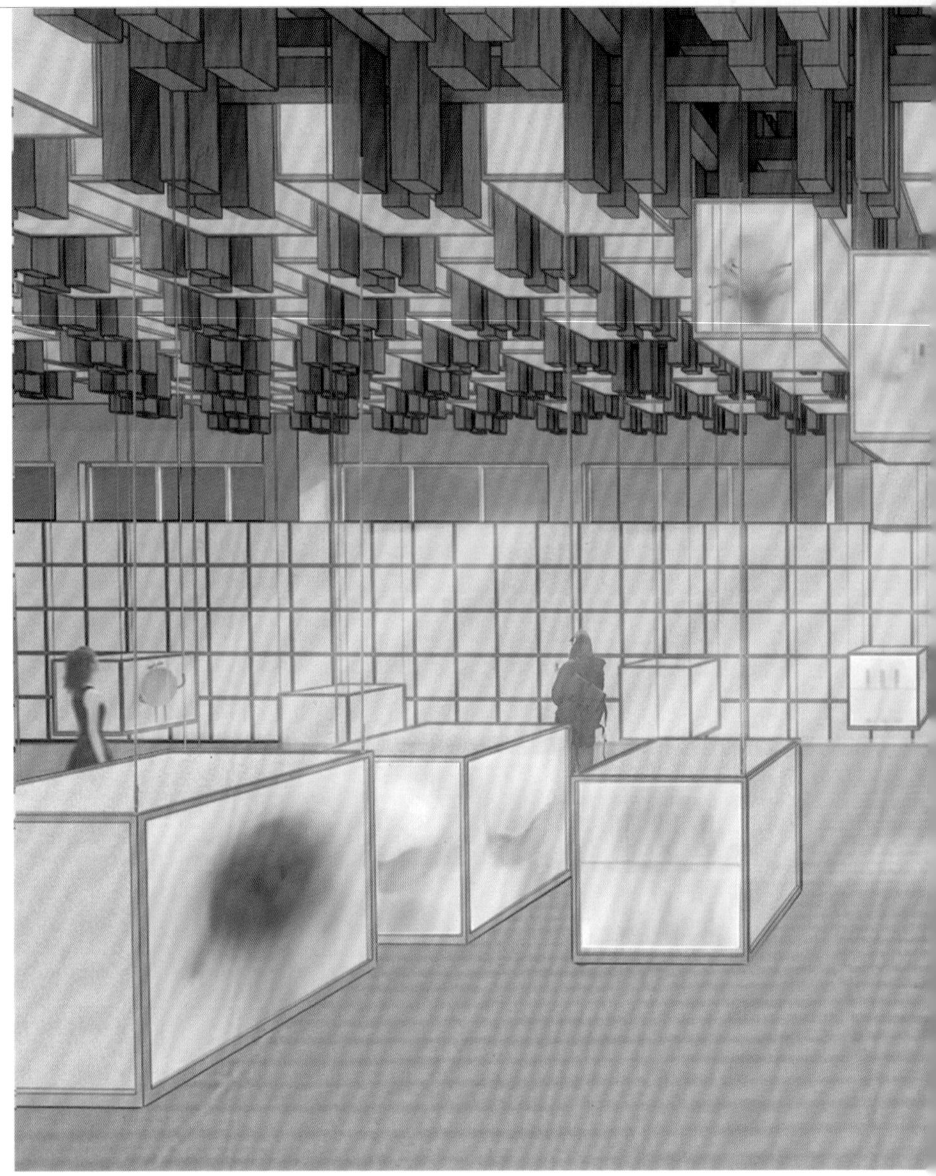

01 "动"　主展厅——非遗体验

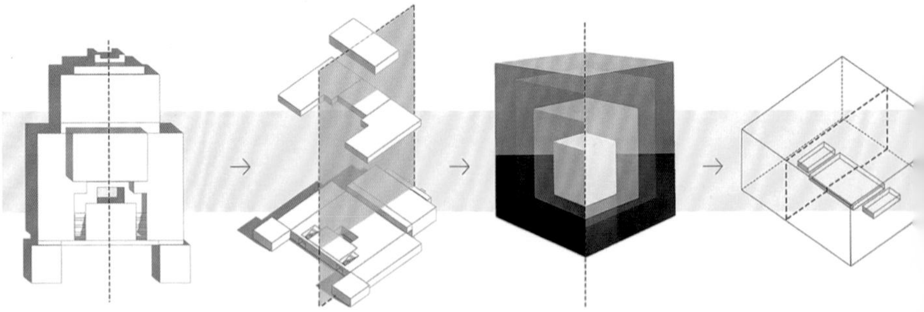

03 "动"　主展厅——爆炸图

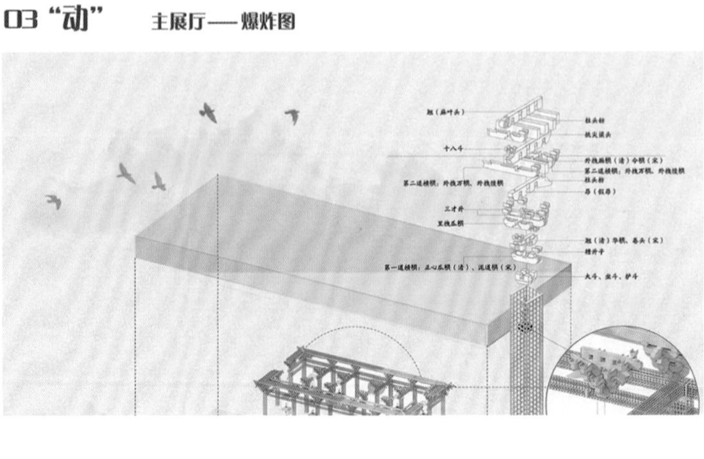

04 "动"

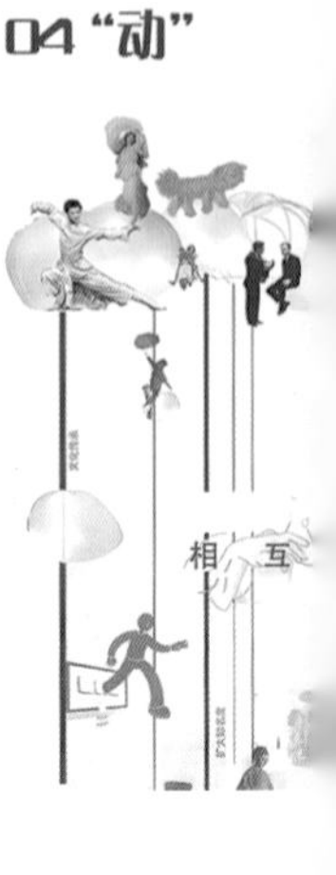

苏州科技大学

指导教师：华亦雄
作　者：牟芷墨　伍星炽

02“动”　主展厅——功能分区

对建筑整体形态进行总结，后分析其构成形式，提炼得出为"轴对称式"的布局形式，最后应用于展示空间的室内布局中。
主展厅以体验非遗为主要目标，将其分为三部分，由"元宇宙线下交互装置"、"以古会新艺术装置"以及弹性空间三部分构成。元宇宙作为桥梁链接虚拟世界与现实世界、传统文化与现代潮流以及人与非遗。

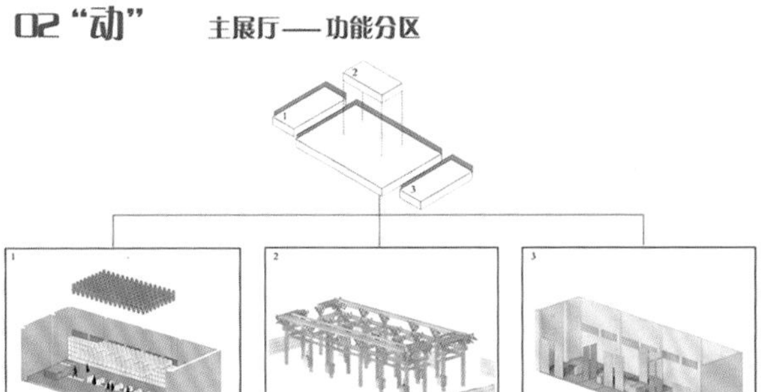

效果图

—
交互装置

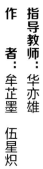

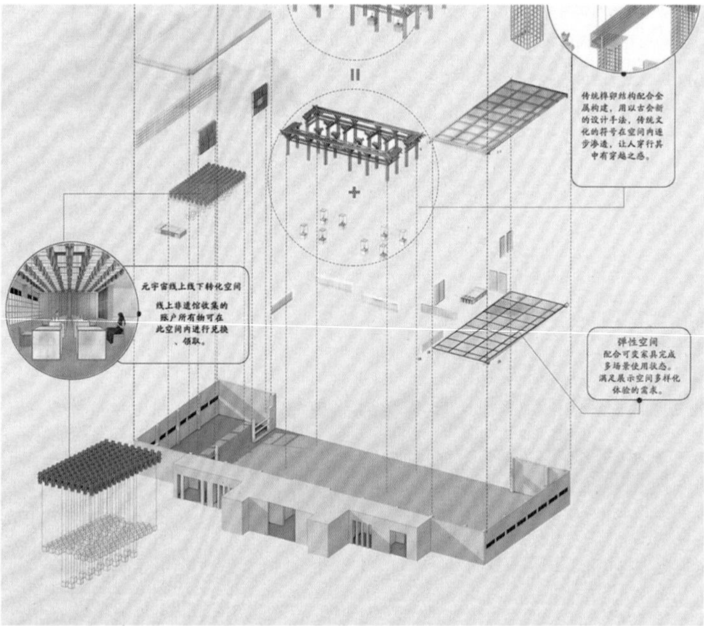
传统榫卯结构配合全属构建，用以古会新的设计手法，传统文化的符号在空间内逐步渗透，让人穿行其中有穿越之感。
元宇宙线上线下转化空间
线上非遗馆收集的账户所有物可在此空间内进行兑换、领取。
弹性空间
配合可变家具完成多场景使用状态。满足展示空间多样化体验的需求。

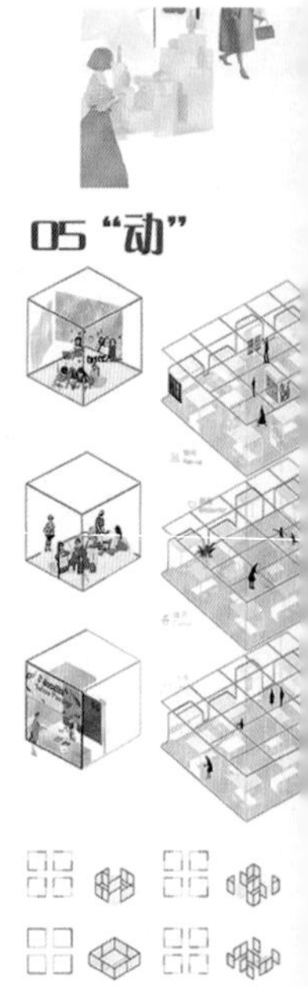
05 "动"

05 "动"　主展厅——以古会新艺术装置

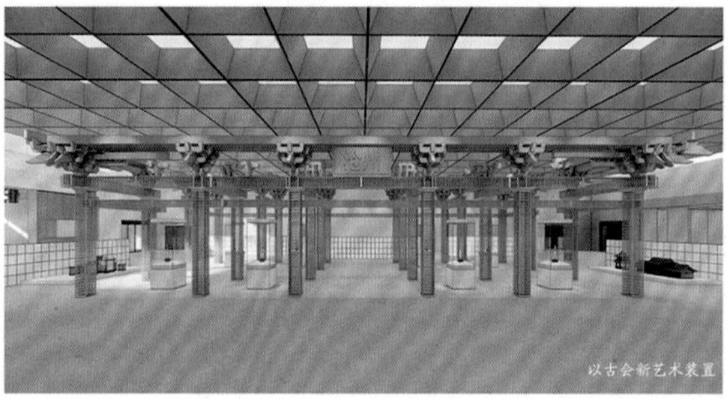
以古会新艺术装置

06 "静"　展厅一——历史讲述

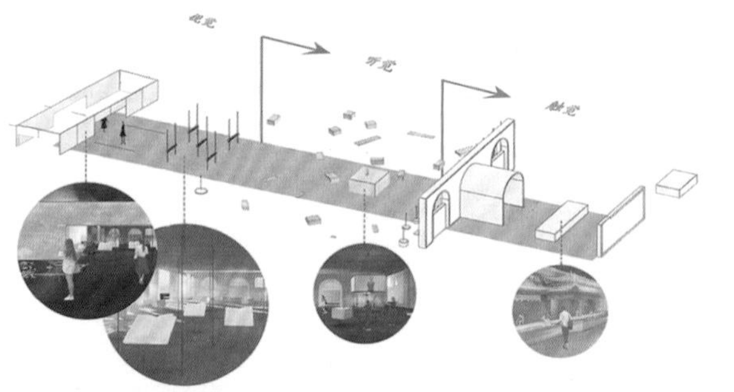
视觉
听觉
触觉

戏曲

采用多重感官打造沉浸体验让人们在没有压力的条件下学习、了解运河非遗文化。

展厅一——听觉互动装置

展厅二

间

效果图

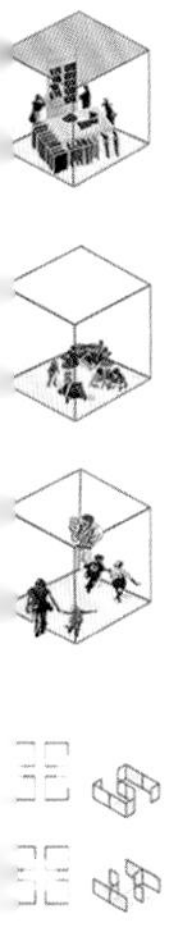

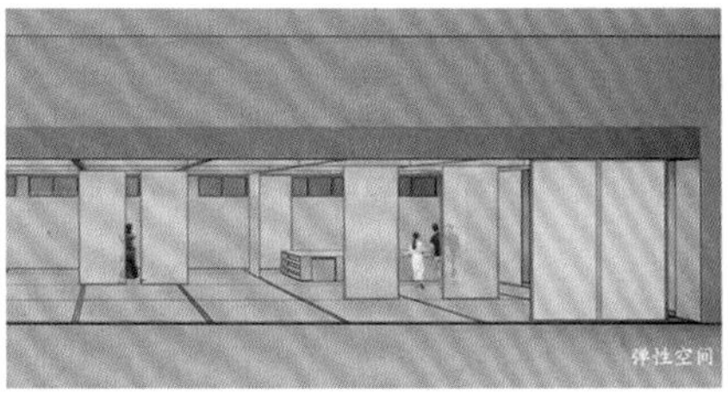

弹性空间

弹性空间使用场景一

弹性空间使用场景二

弹性空间使用场景三

以古会新艺术装置

以古会新艺术装置

07“静”　展厅——爆炸图

…历史的卷轴，推开运河
…我千年之前在运河两岸
…”，前世今生的问篇。

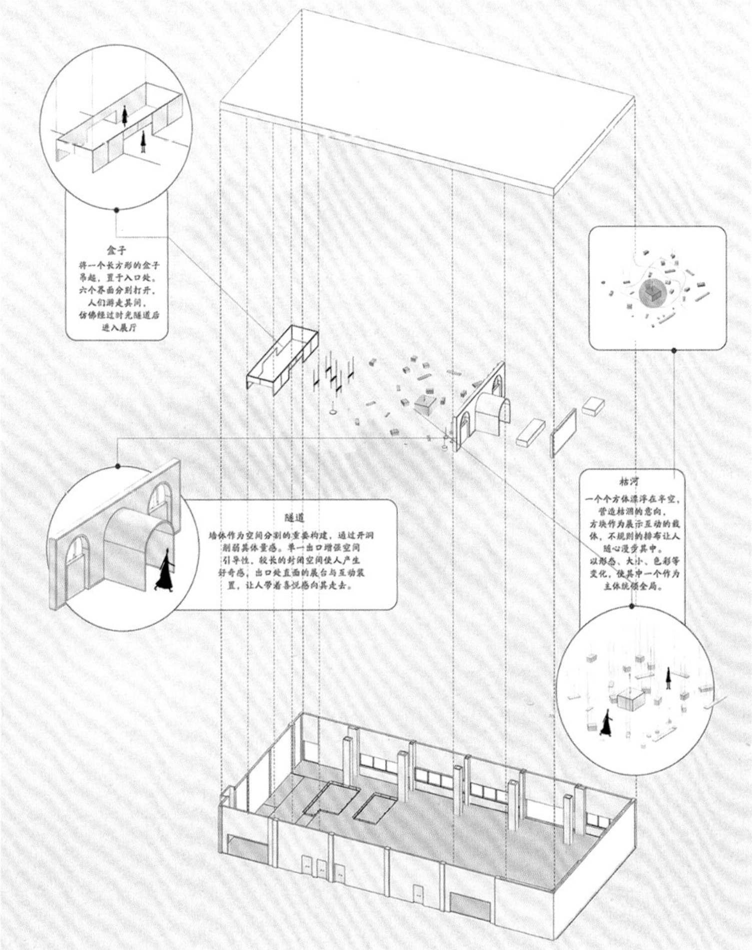
盒子
将一个长方形的盒子
吊起，置于入口处。
六个界面分别打开，
人们游走其间，
仿佛经过时光隧道后
进入展厅
隧道
墙体作为空间分割的重要构建，通过开洞
削弱其体量感。单一出口增强空间
引导性，较长的封闭空间使人产生
好奇感，出口处直面的展台与互动装
置，让人带着喜悦感向其走去。
枯河
一个个方体漂浮在半空，
营造枯涸的意向，
方块作为展示互动的载
体，不规则的排布让人
随心漫步其中。
以形态、大小、色彩等
变化，使其中一个作为
主体统领全局。

非遗

效果图

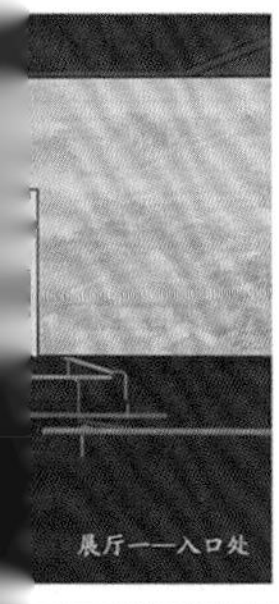

展厅——入口处

厅——听觉互动装置

遗寄沧海——基于沧州大运河非物质文化遗产展示中心设计

剖透视图

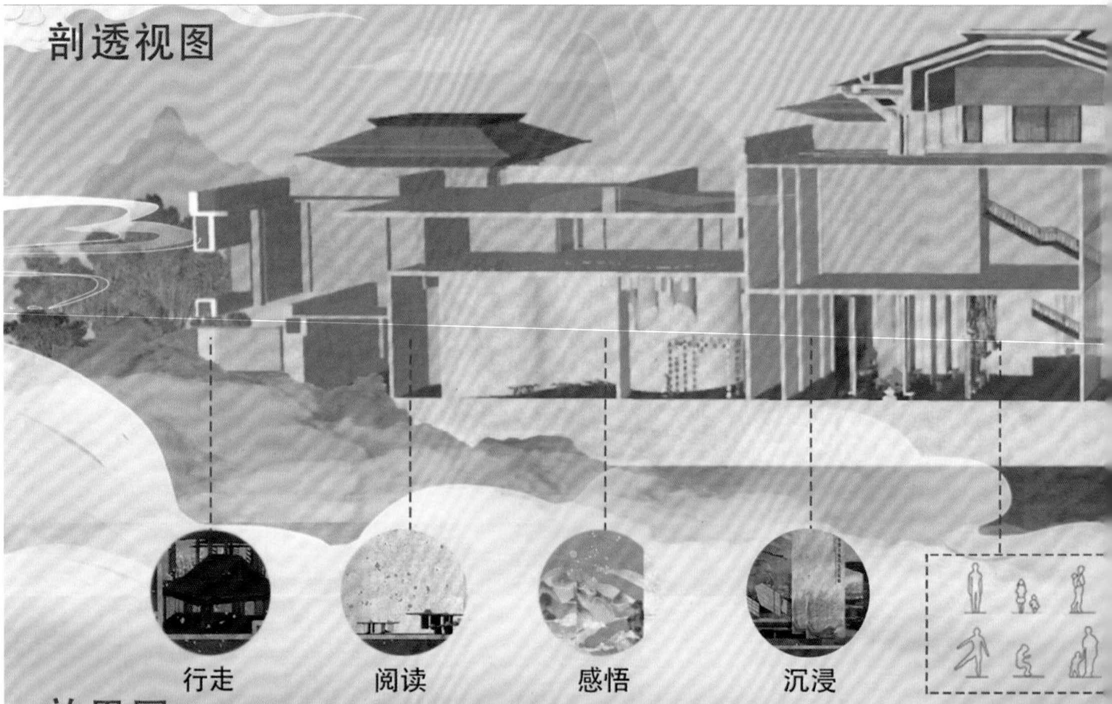

效果图

沧河密境

沧河密境展馆以全景画设计原理，加上声、光、电等多媒体充分运用，再造当年漕运宏大场景，形象地展示运河的风貌。

苏州科技大学

指导教师：董立惠　华亦雄

作　者：张婧　斯雯　卫陈雪

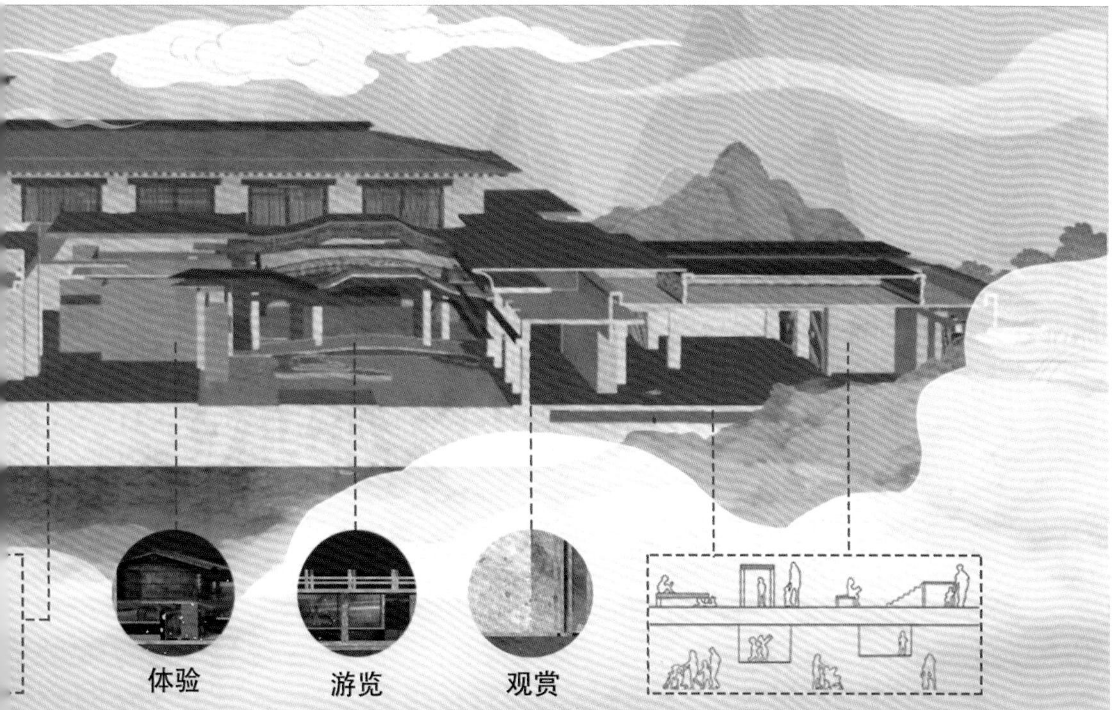

运河长卷

《沧州大运河图卷》描绘了运河沿线的繁华风貌，展览以图卷与图像的形式将长卷合理排置，展示与记录了史诗图卷及其创作历程，呈现出运河史诗的恢宏气魄。

智能展馆分析

应用互联网和云计算技术打造智能管理系统、观众自主观展系统、服务呼叫系统、展览互动系统、预定排号系统、文创购买系统以及人工智能、展馆机器人等。

音韵文化体验

音韵设计了交互装置，观众可以站在装置下聆听沧州非遗文化中的河间歌诗、民间音乐会等。

展览学习
我的
大运河文化

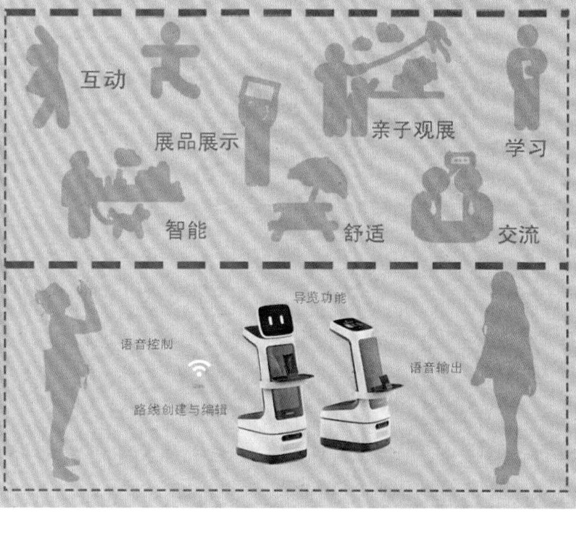

互动
展品展示
亲子观展
学习
智能
舒适
交流
导览功能
语音控制
语音输出
路线创建与编辑

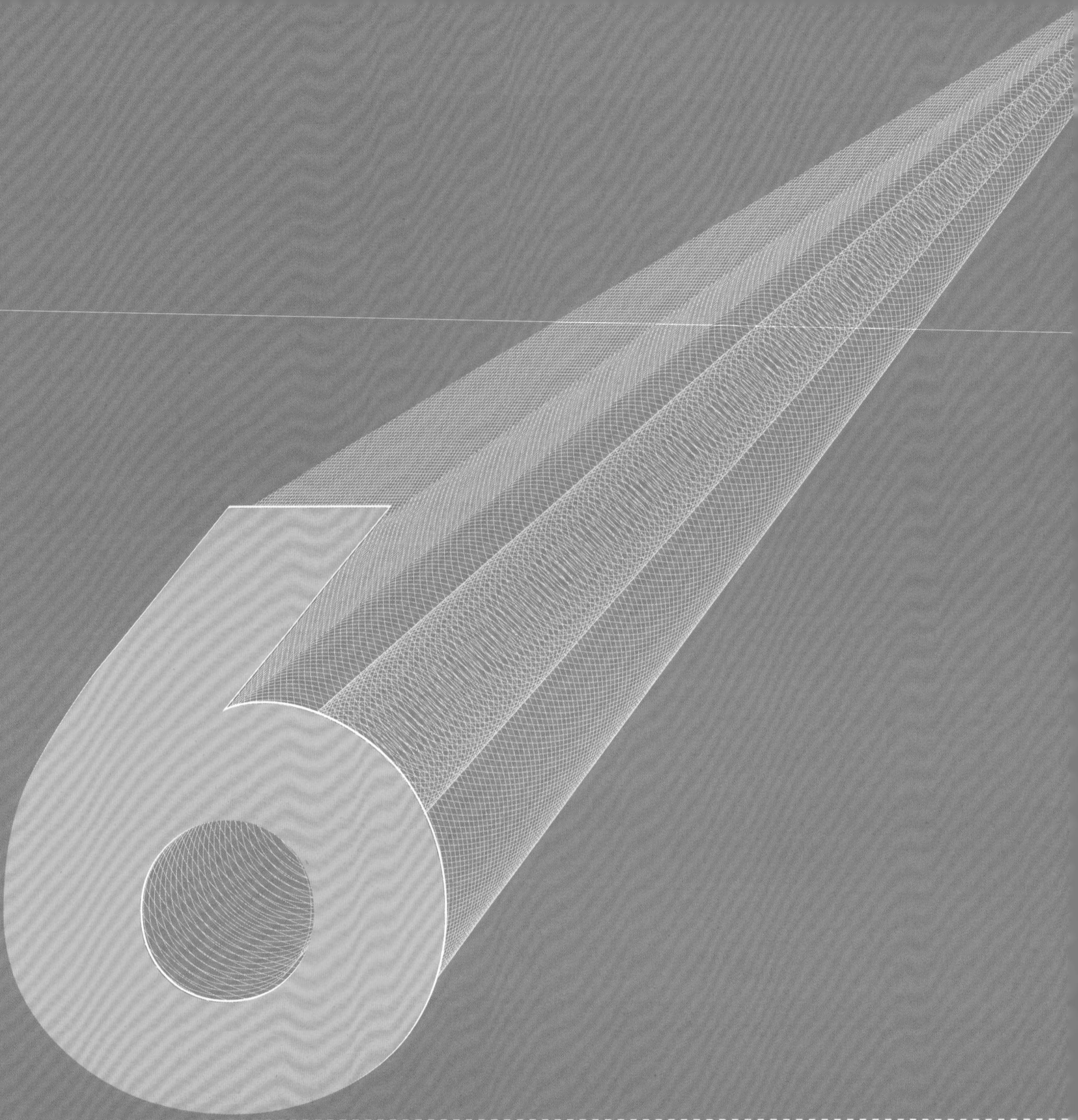

华西区

参加院校：西安美术学院、四川大学、西安交通大学、云南艺术学院、西安工程大学、兰州理工大学

联合主办：西安美术学院、西安工程大学、云南艺术学院

命题单位：陕西汉森装饰工程有限公司

华西区作品

四川大学

乙次方度假酒店

西安美术学院

长安古乐——基于体验式旅游的非遗民宿空间设计

西安交通大学

西唐 · 声生慢——非遗展厅民宿综合体

寻找猎人贾——非遗活态保护策略下的地域性景观设计探索

云南艺术学院

市隐 · 辋川——诗情画境沉浸式民宿空间设计

西安工程大学

化𰻞意 · 变新驿——西安城根新驿巷非遗文化空间设计

Z次方度假酒店

Z次方度假酒店

新疆喀纳斯贾登峪风景如画，与阿勒泰草原文化、图瓦文化共同形成当地特色景观资源。Z次方度假酒店拟在此地引领青年度假风潮，打造客房经济舒适，公区丰富多彩的复合空间。酒店整体遵循造价低、体验多元的设计目标，主体建筑采用切割重组（当地木屋）的设计手法，并结合Z世代出行特点，设计出单人间、双人间A、双人间B、六人间共四种房型；折线形的共享廊道与雪道，作为公区的过渡，增强了空间的流动性和趣味性。

入口廊道
景观厕所
阶梯书吧
季节集市
音乐餐吧
妙趣树屋
观景

四川大学

指导教师：周炯焱　林建力
作　　者：沈枫耘　王苗媛　岳　章

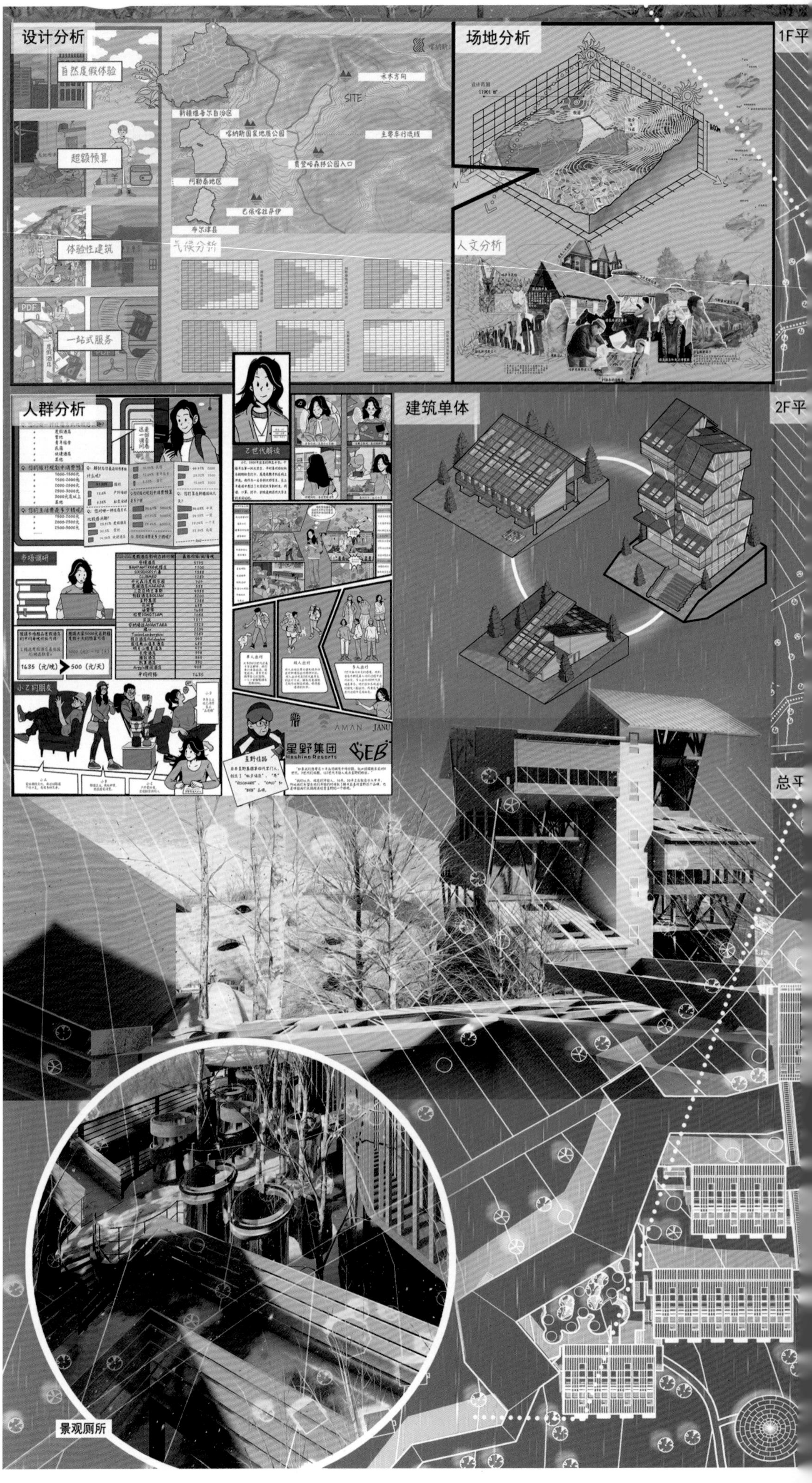
设计分析
自然度假体验
超额预算
体验性建筑
一站式服务
新疆维吾尔自治区
喀纳斯国家地质公园
阿勒泰地区
布尔津县
SITE
气候分析
场地分析
人文分析
1F平
人群分析
市场调研
1635（元/晚）
500（元/天）
小Z的朋友
星野集团
Hoshino Resorts
AMAN
JANU
建筑单体
2F平
总平
景观厕所

观景平台
剖面图

长安古乐——基于体验式旅游的非遗民宿空间设计

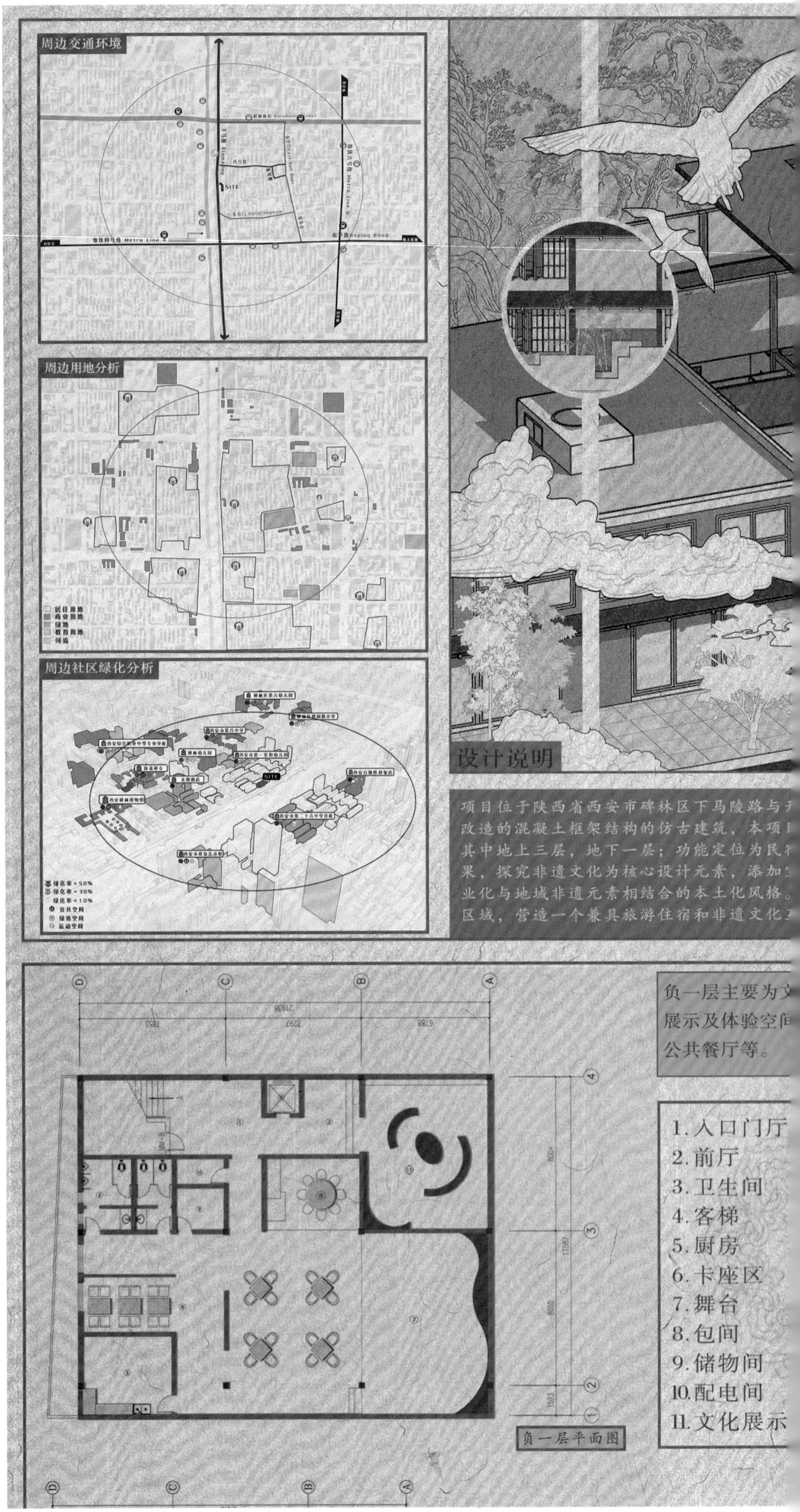

周边交通环境
地铁四号线 Metro Line 4
SITE
周边用地分析
居住用地
商业用地
绿地
教育用地
河流
周边社区绿化分析
绿化率＞50%
绿化率＜30%
绿化率＜10%
公共空间
公园空间
运动空间
设计说明
项目位于陕西省西安市碑林区下马陵路与
改造的混凝土框架结构的仿古建筑，本项目
其中地上三层，地下一层；功能定位为民宿
果，探究非遗文化为核心设计元素，添加
业化与地域非遗元素相结合的本土化风格。
区域，营造一个兼具旅游住宿和非遗文化
负一层主要为文
展示及体验空间
公共餐厅等。
1. 入口门厅
2. 前厅
3. 卫生间
4. 客梯
5. 厨房
6. 卡座区
7. 舞台
8. 包间
9. 储物间
10. 配电间
11. 文化展示
负一层平面图

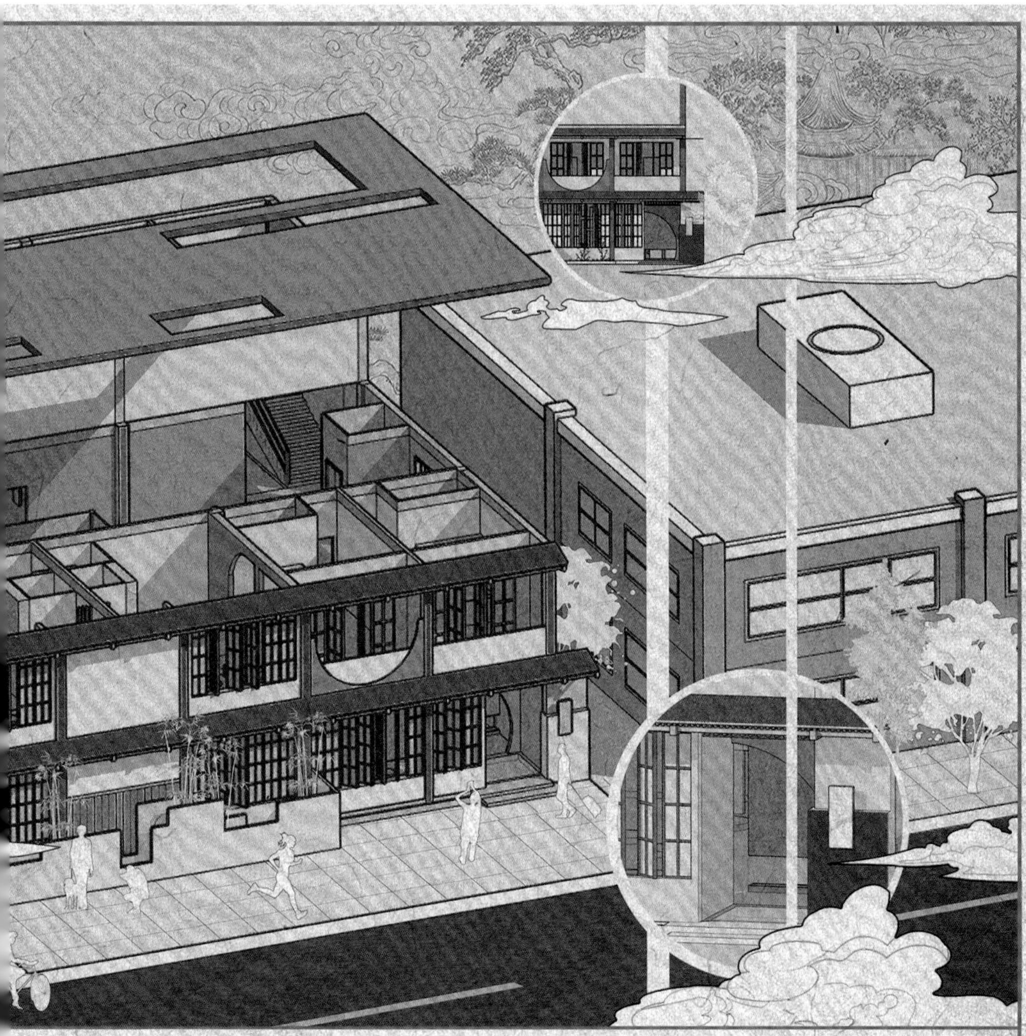

西安美术学院

指导教师：张豪翁萌
作　者：谢欣　李一兵　姚月圆　王帅

口(文昌门至和平门之间)，南侧紧邻“明城墙”及环城公园，设计对象为90年代中期西安顺城巷
范围与西侧相连的同建筑的其他部分为不同产权的同一建筑。该改造建筑面积约1400平方米，
打造非遗文化与民宿结合的空间，整个设计以“西安鼓乐”为主线，“唐风元素”为视觉效
唐式窗格等唐朝特色元素，结合建筑本身特有的仿古结构进行室内外装置造型设计。呈现出商
乐声中的民宿”的主题强化长安古乐核心IP，围绕该IP进行打造，以统一的元素串联整体民宿
验双重功能的可持续性旅游民宿空间设计。

人流动线

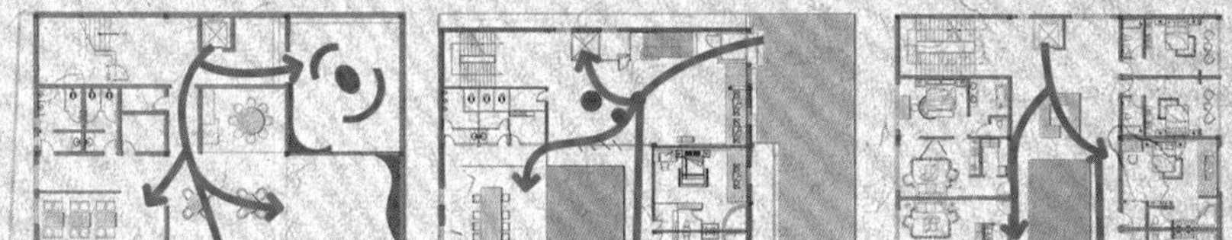
负一层
一层
二层

功能分区

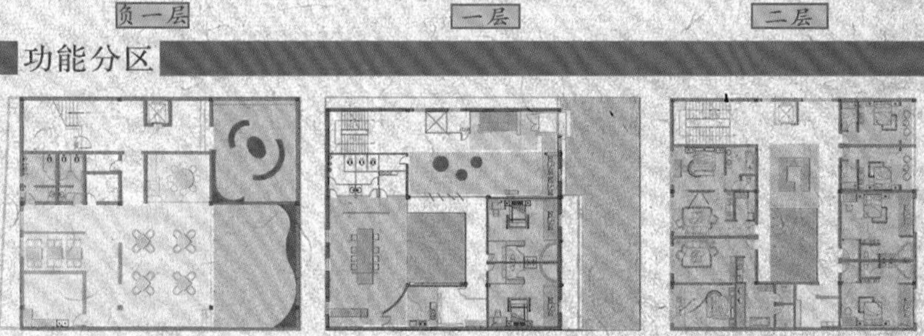
负一层
一层
二层
公共餐厅
文化体验区
卫生间
前厅展示区
客房区
茶饮区
入口接待区
中心接待区
住宿区
洗衣区

效果图

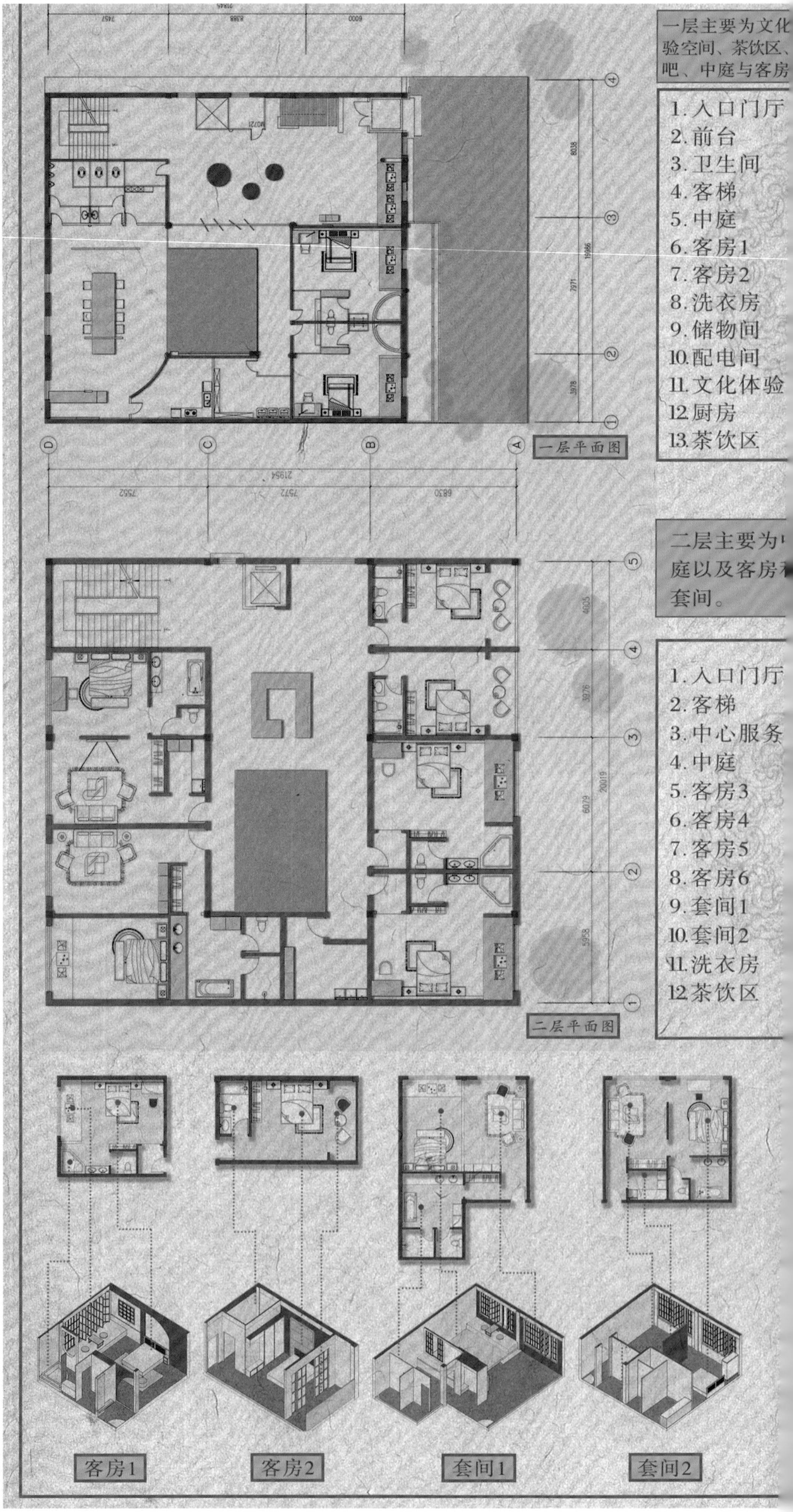
一层主要为文化
验空间、茶饮区、
吧、中庭与客房
1. 入口门厅
2. 前台
3. 卫生间
4. 客梯
5. 中庭
6. 客房1
7. 客房2
8. 洗衣房
9. 储物间
10. 配电间
11. 文化体验
12. 厨房
13. 茶饮区
一层平面图
二层主要为
庭以及客房
套间。
1. 入口门厅
2. 客梯
3. 中心服务
4. 中庭
5. 客房3
6. 客房4
7. 客房5
8. 客房6
9. 套间1
10. 套间2
11. 洗衣房
12. 茶饮区
二层平面图
客房1
客房2
套间1
套间2

满足不同人群的
需求，客房的多
也是需要考虑的
，不同观景视角、
风格、居住功
客房均有设置。
内装饰为符合当
化的氛围，室内
木质装饰、庭院
材料裸露，整体
规划有序，开与
隐与现、光与影
成的微妙变化，
间稳重又不失灵

西唐·声生慢——非遗展厅民宿综合体

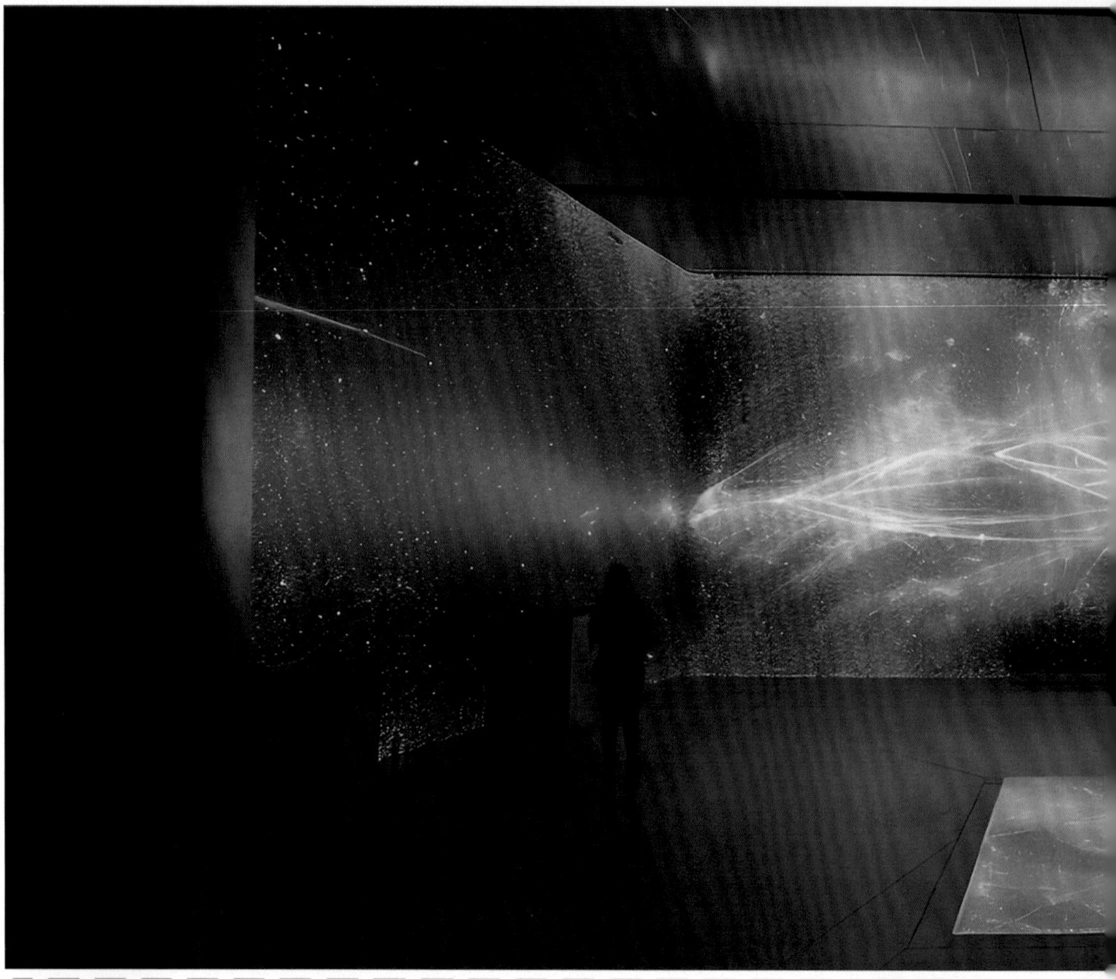

体验展厅分析

节点流线分析

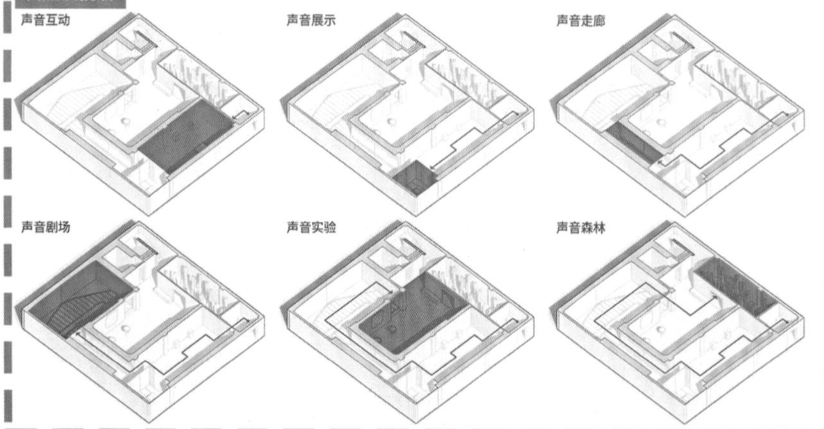

声音互动
声音展示
声音走廊
声音剧场
声音实验
声音森林

空间功能分析

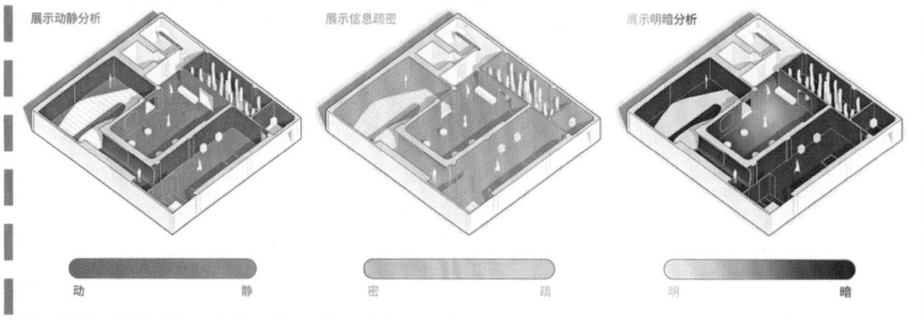

展示动静分析
展示信息疏密
展示明暗分析
动
静
密
疏
明
暗

平面空间分析

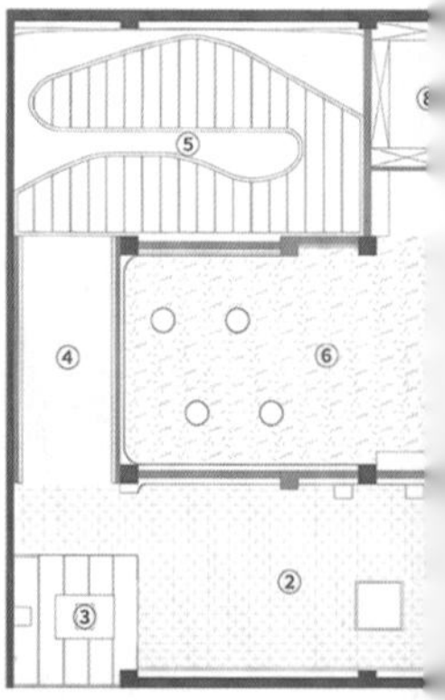

⑤
④
⑥
②
③

剖面空间分析

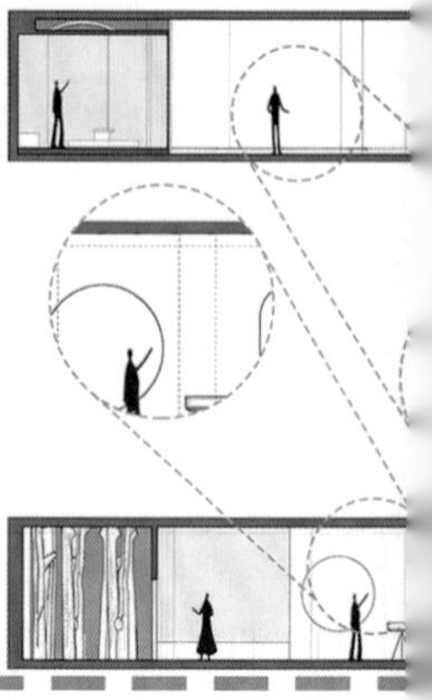

节点流线分析

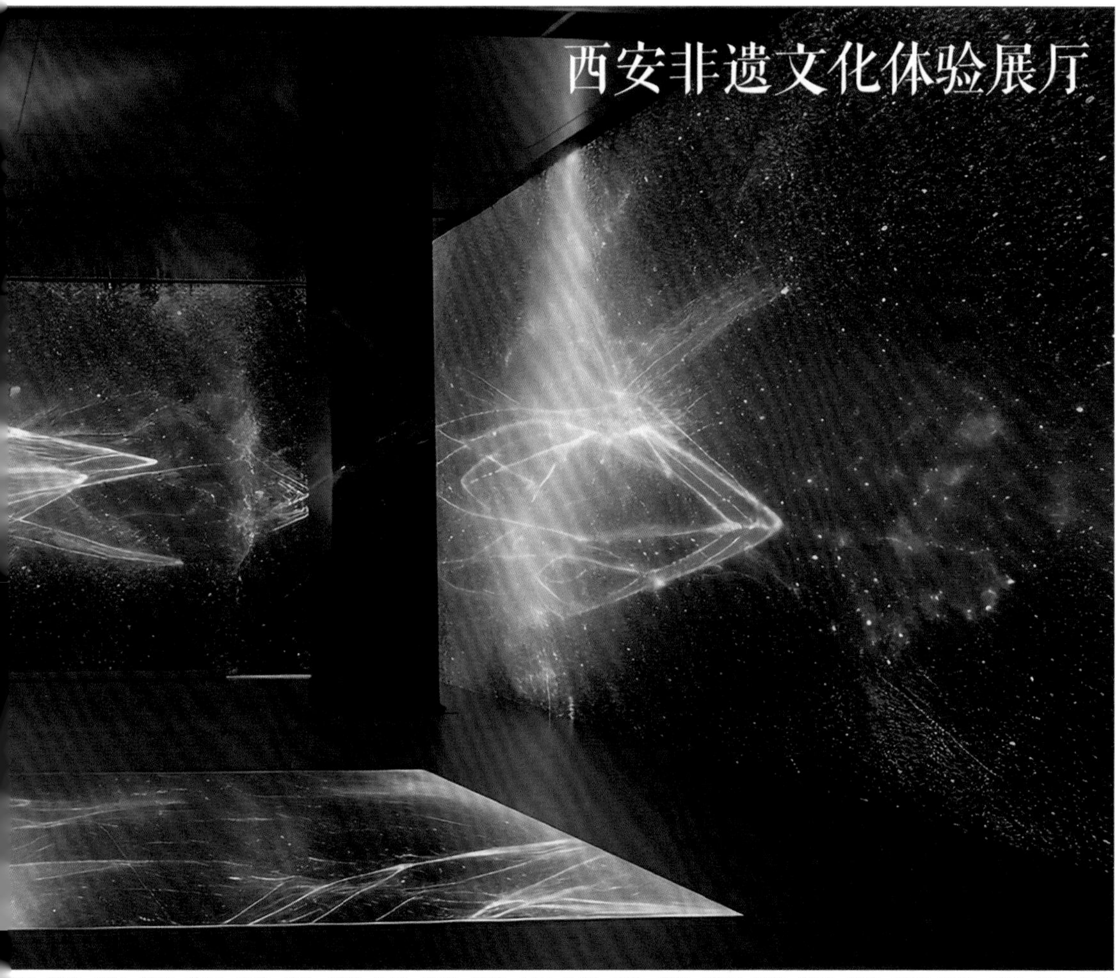

西安非遗文化体验展厅

西安交通大学

指导教师：刘令贵

作者：何思源 丁孜瑶 黄畅颖

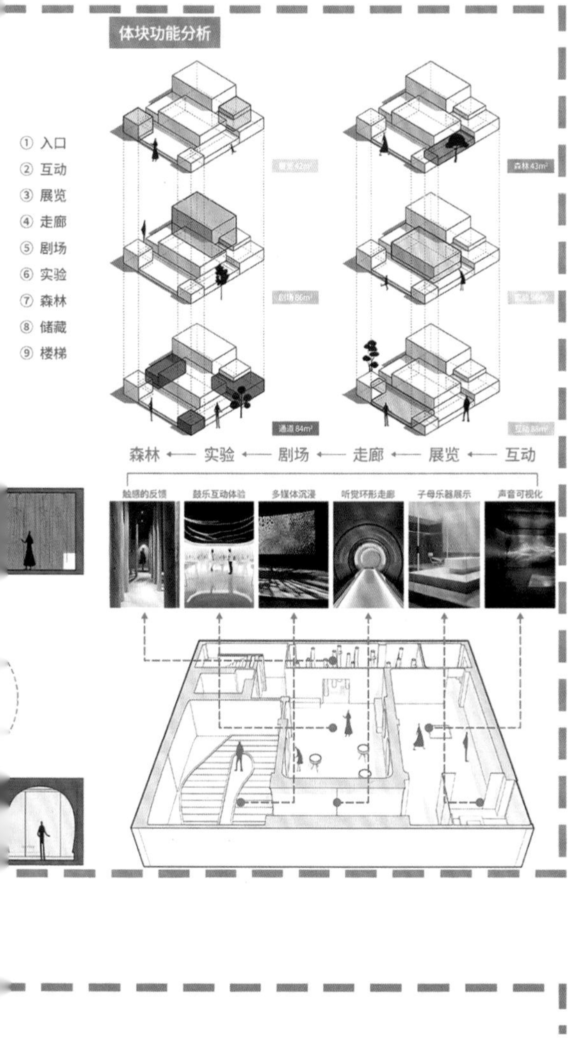

体块功能分析
① 入口
② 互动
③ 展览
④ 走廊
⑤ 剧场
⑥ 实验
⑦ 森林
⑧ 储藏
⑨ 楼梯
森林(43m²)
通道 84m²
森林 ⟵ 实验 ⟵ 剧场 ⟵ 走廊 ⟵ 展览 ⟵ 互动
触感的反馈
鼓乐互动体验
多媒体沉浸
听觉环形走廊
子母乐器展示
声音可视化

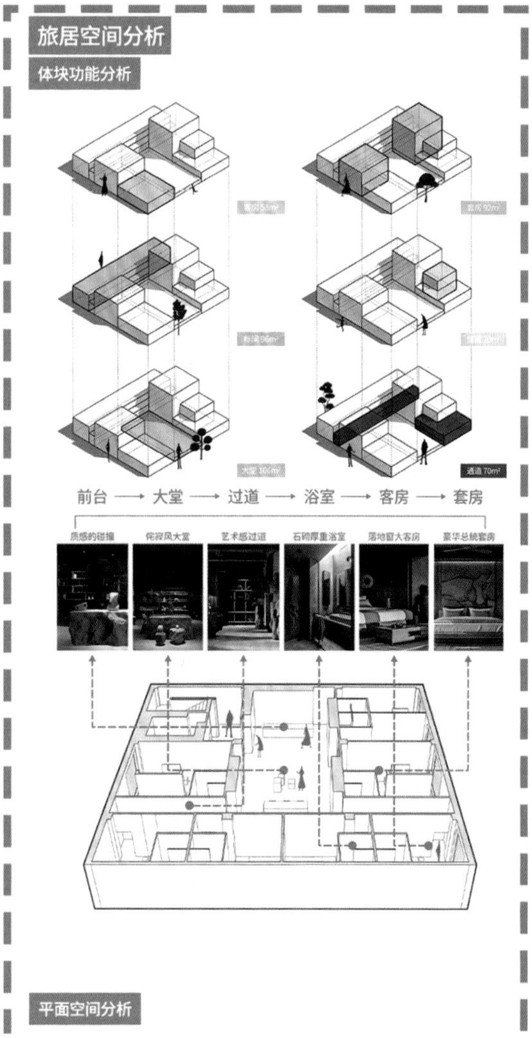

旅居空间分析
体块功能分析
通道 70m²
前台 ⟶ 大堂 ⟶ 过道 ⟶ 浴室 ⟶ 客房 ⟶ 套房
质感的碰撞
侘寂风大堂
艺术感过道
石砖厚重浴室
落地窗大客房
豪华总统套房
平面空间分析

民宿楼梯

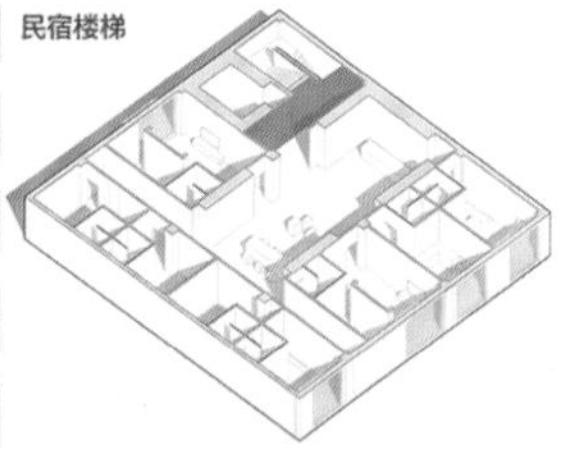

民宿前台

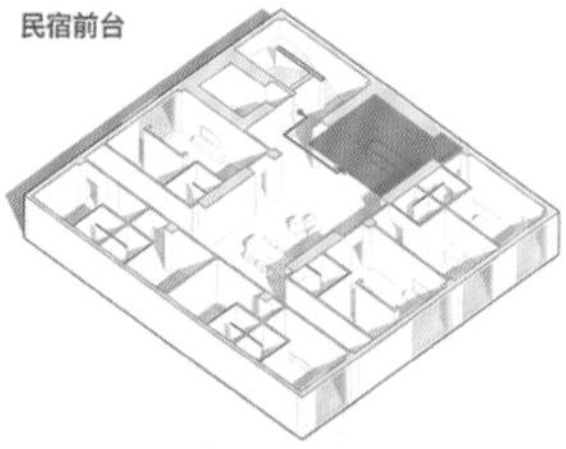

民宿大堂

民宿客房

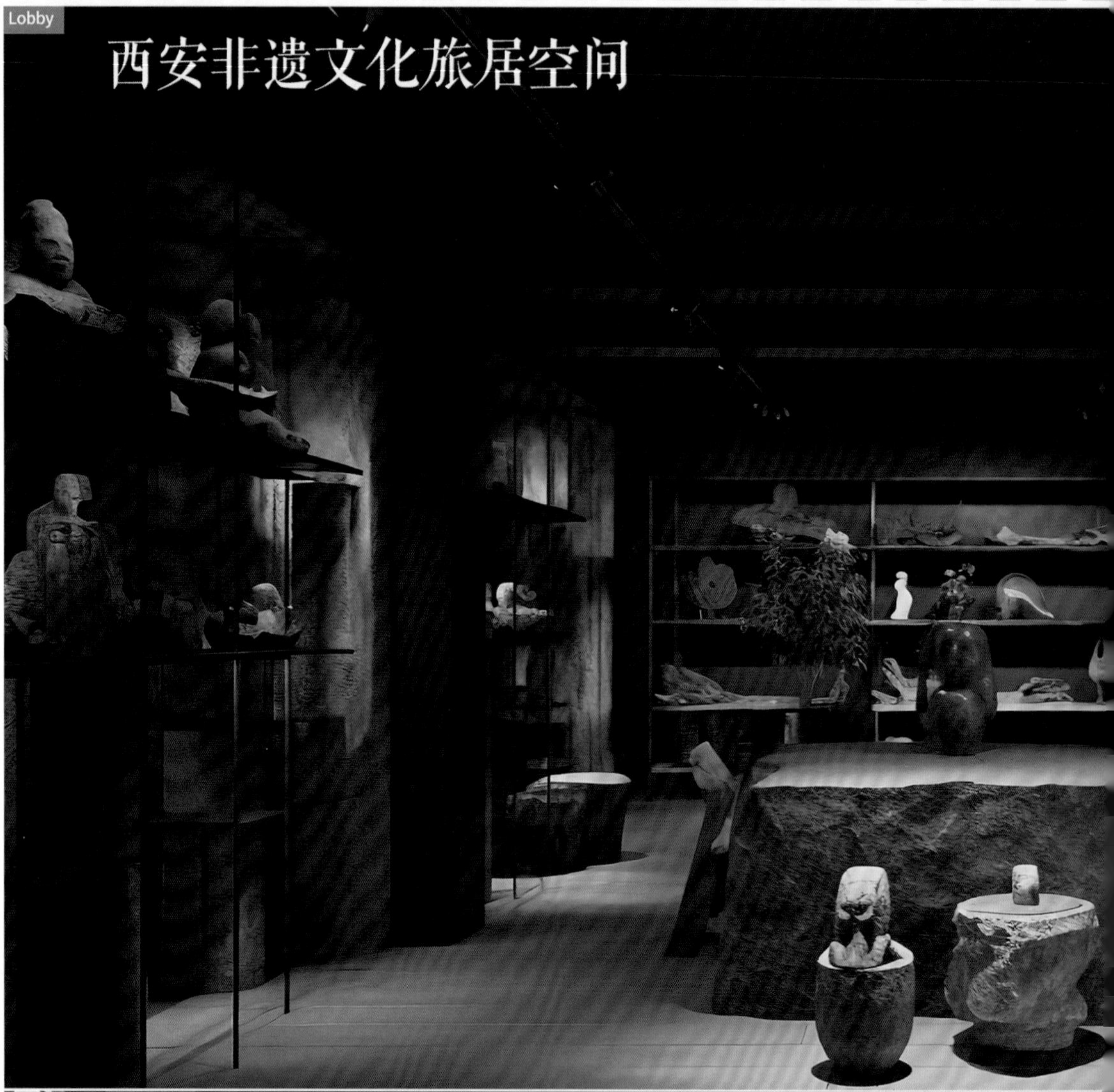

民宿套房

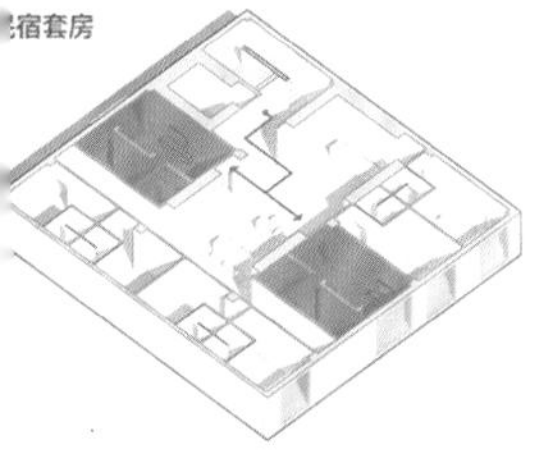

民宿标间

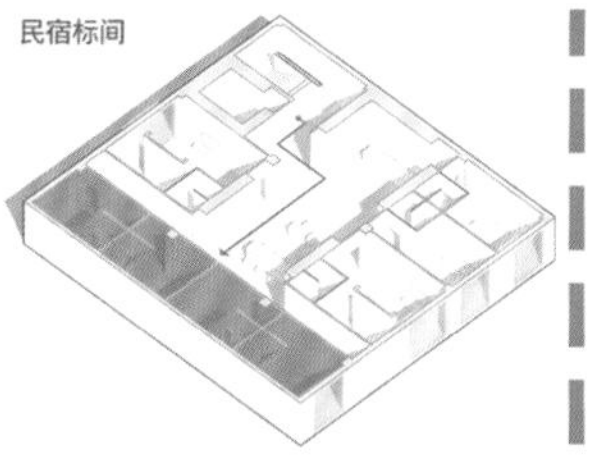

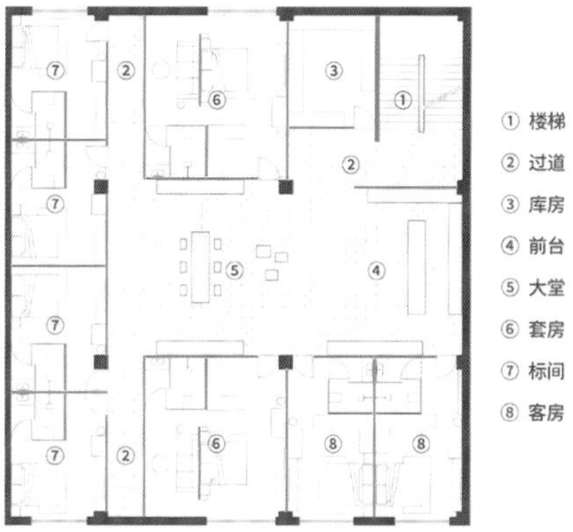
① 楼梯
② 过道
③ 库房
④ 前台
⑤ 大堂
⑥ 套房
⑦ 标间
⑧ 客房

剖面空间分析

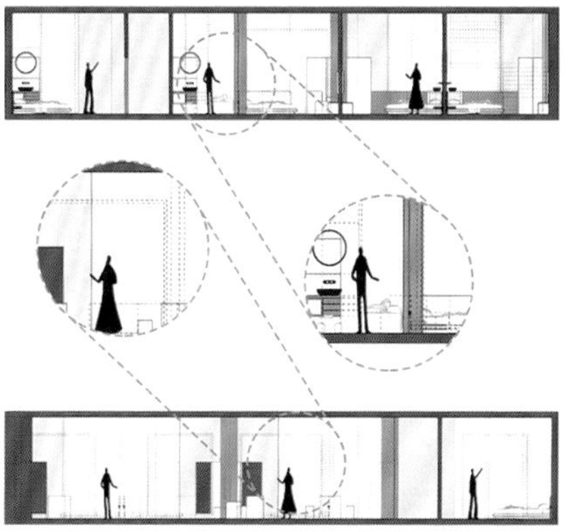

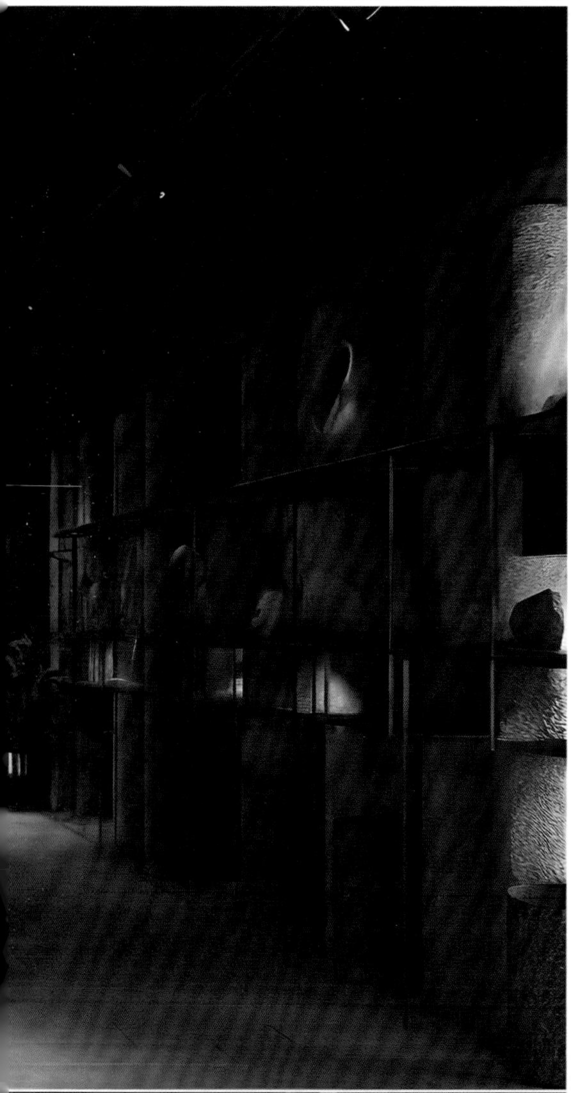

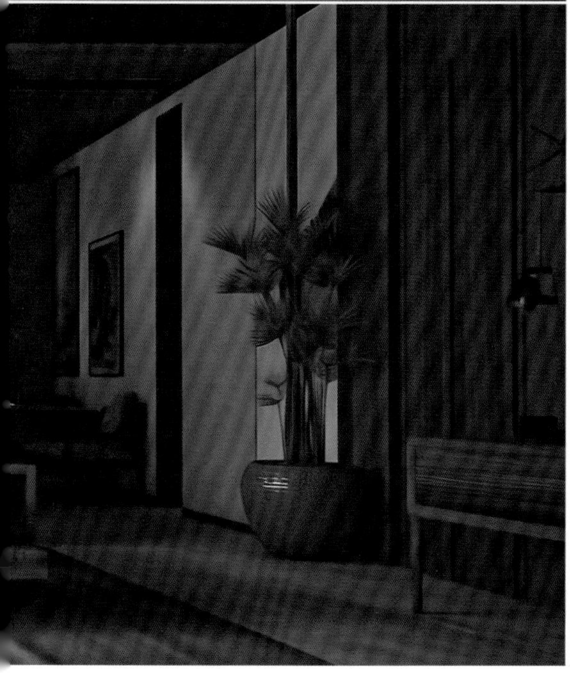

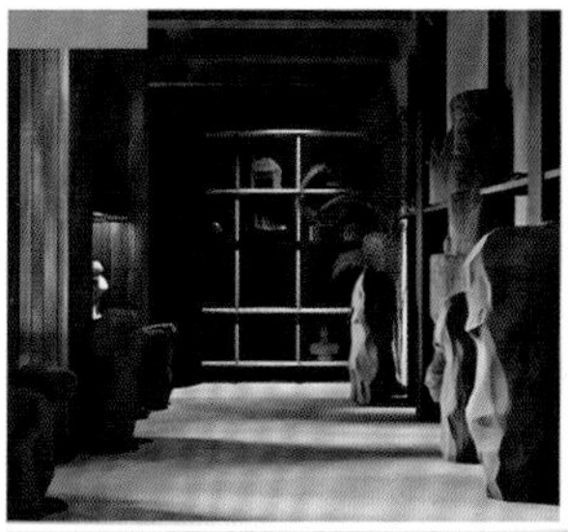

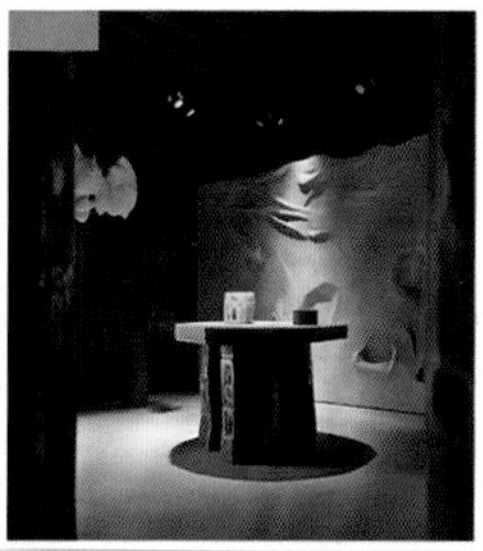

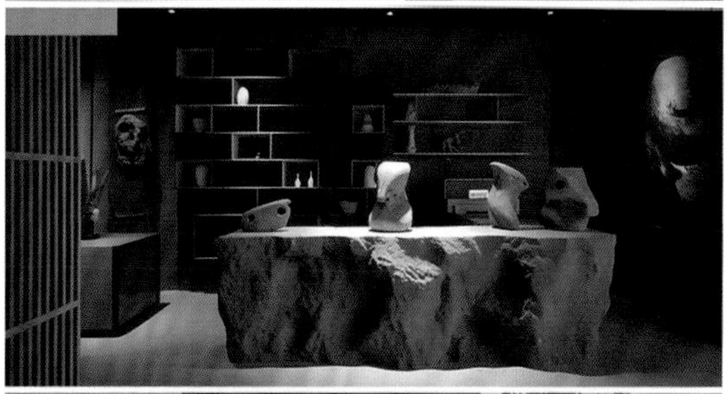

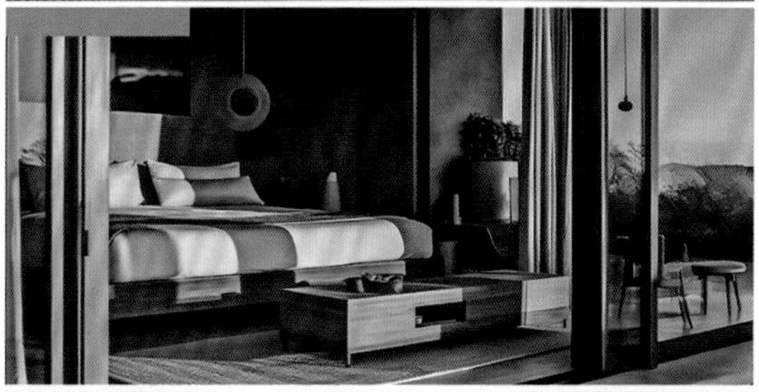

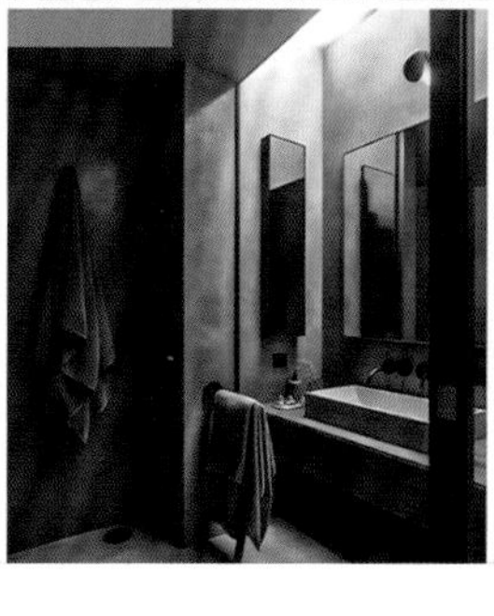

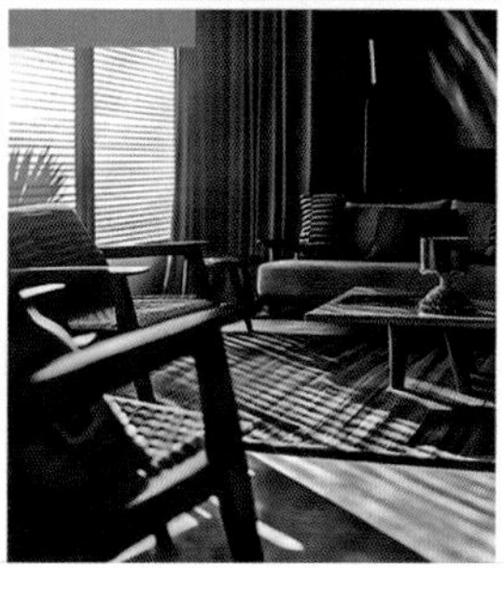

寻找猎人贾——非遗活态保护策略下的地域性景观设计探索

11m
3m
4.5m
2.5m
9m
6.3m
寻找猎人贾

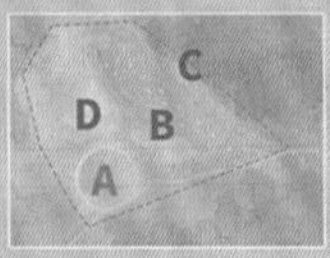
C
D
B
A

A
村落生活的开始

场景一

门口的标识像一个房子，地名似乎是在讲述着关于一个人的故事，让人想要进去一探究竟。

拍照！
去找藏在白桦林里的狐狸
来干嘛？
玩上几天真的可以忘记烦恼
图瓦部落图
哈迪克
汽车营地
入口导视牌

——非遗活态保护策略下的地域性景观设计探索

D
B
C
A
落生活
开始
二
心里，可以进行着猎
族服饰的陈列和购买，
你可以选择一个属于
图瓦人名字，换上图
ID。
要想一个好听的图瓦ID！！！
游客中心
图瓦人的衣服真漂亮！
漫步在草原邂逅蒙古包哟。
景点导视牌

西安交通大学

指导教师：刘清清
作　者：鲜知颖　胡　畔

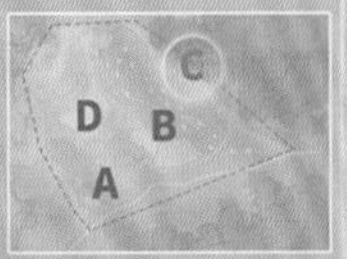

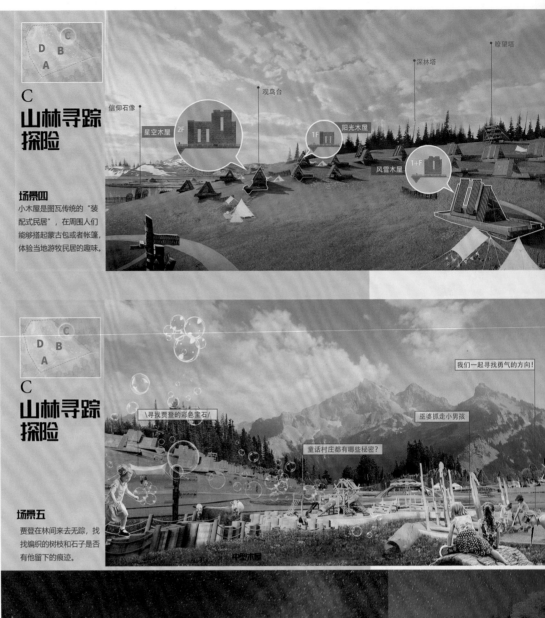

C
山林寻踪探险

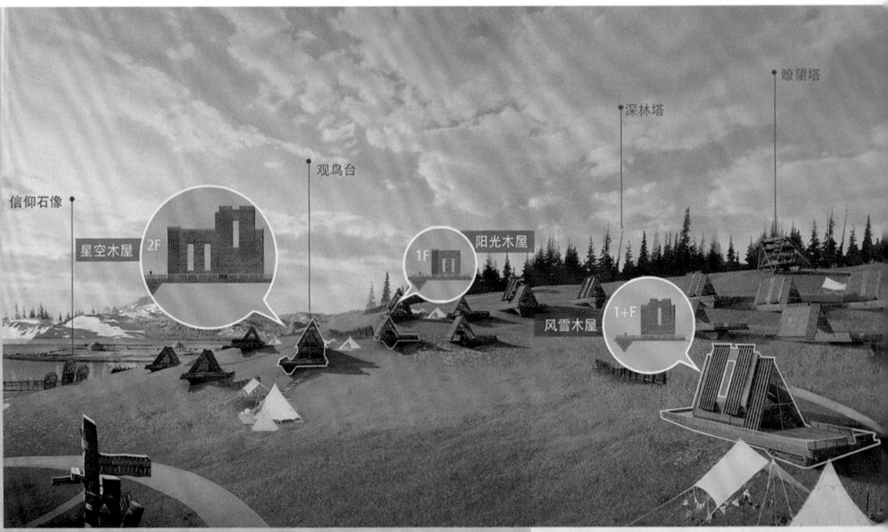

场景四

小木屋是图瓦传统的“装配式民居”，在周围人们能够搭起蒙古包或者帐篷，体验当地游牧民居的趣味。

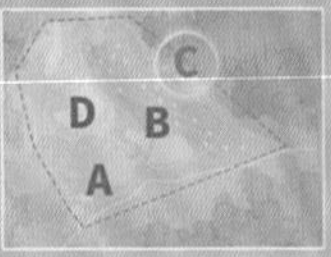

C
山林寻踪探险

场景五

贾登在林间来去无踪，找找编织的树枝和石子是否有他留下的痕迹。

象征贾登的出生地的两条湖，黑湖和白
人们在贾登逝去后常常来到双湖感念贾
带来的帮助，歌颂他的英雄事迹，相传
的灵魂化作自然仙灵守护着这里的人们
从此这里牧草丰美，牛羊成群。在双湖
央的剧场中人们可以听到贾登故事的传
人们欢聚在这里载歌载舞。

寸落族群
集会

三

然的召唤出发，在这儿，
受哈萨克族传统体育活
娘追"、"那达慕大会"
马"。

那达慕大会，蒙古人的游戏。
骑马，紧张。
图瓦部落图腾
牧道
那雅尔，勇敢、奔跑、自由！
入口导视牌

欢快的
旅居庆典

亍

窗看风景，山川
在看着你，聚会、
煮奶茶。

汽车营地

的旅居庆典

效果

起，歌舞升平，熊
的篝火，美好生活
不会熄灭！

新疆舞！
木卡姆艺术
篝火剧场

木屋
观鸟塔
立面图
透视图
远眺塔
立面图
透视图

市隐·辋川——诗情画境沉浸式民宿空间设计

活动融入

本设计在进行民宿空间设计的过程中，除对民宿的功能需求以及审美需求等方面的考虑，还考虑到增加整体的趣味性体验，针对民宿空间及主题，进行相关活动的插入，使空间呈现新活态。

云南艺术学院

指导教师：谷永丽 张琳琳

作 者：黄龙斌 李美娟 曾 昀 黄美兰

生设计

针对民宿整体进行了综合考虑设计，除室内外环境空间设计，了导视系统、酒店用品、入住服装等相关设计，针对本设计主相关方面的设计进行了一定的衍生。

果展示

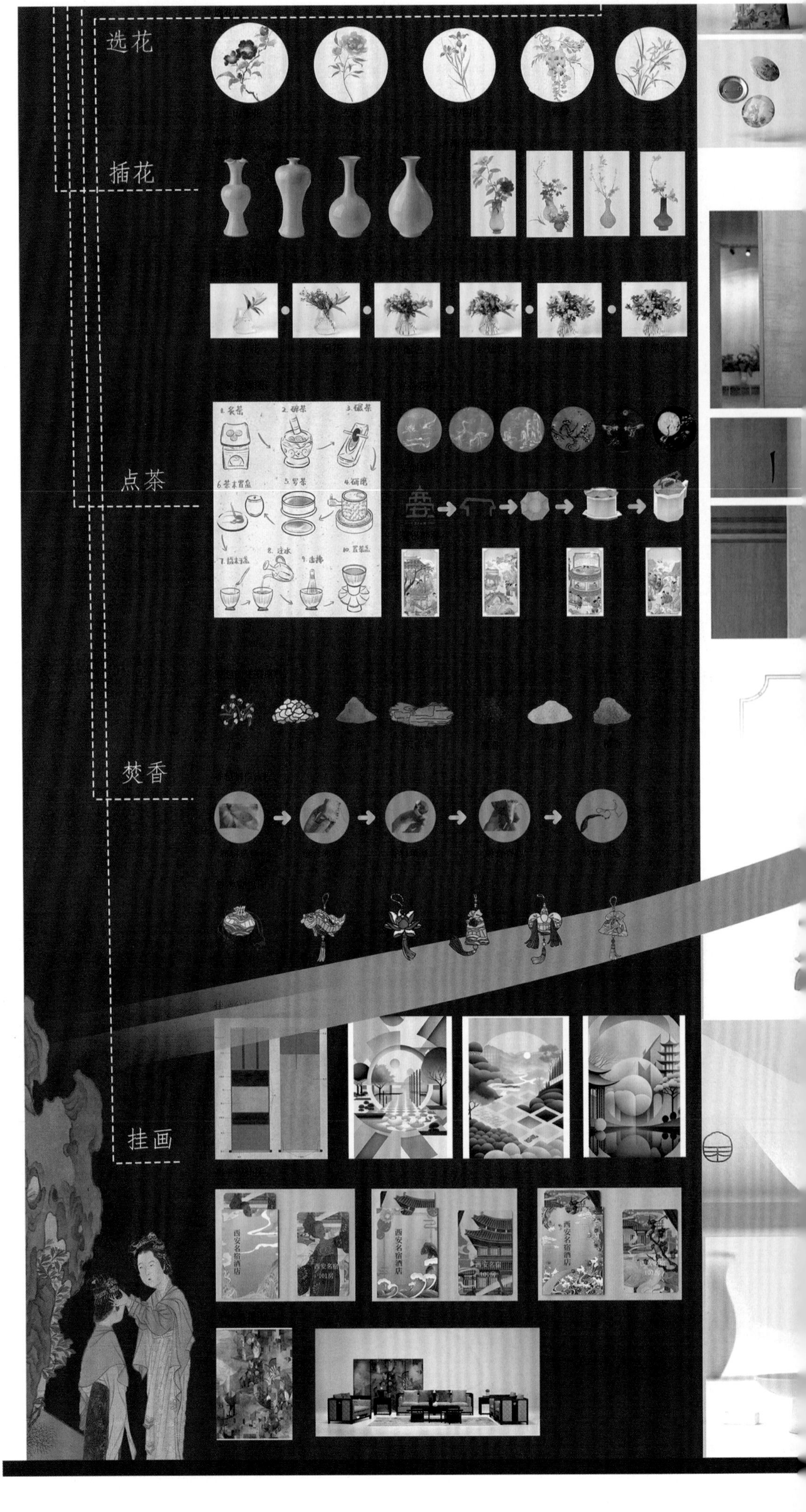

匠心传承
——非遗文化空间设计

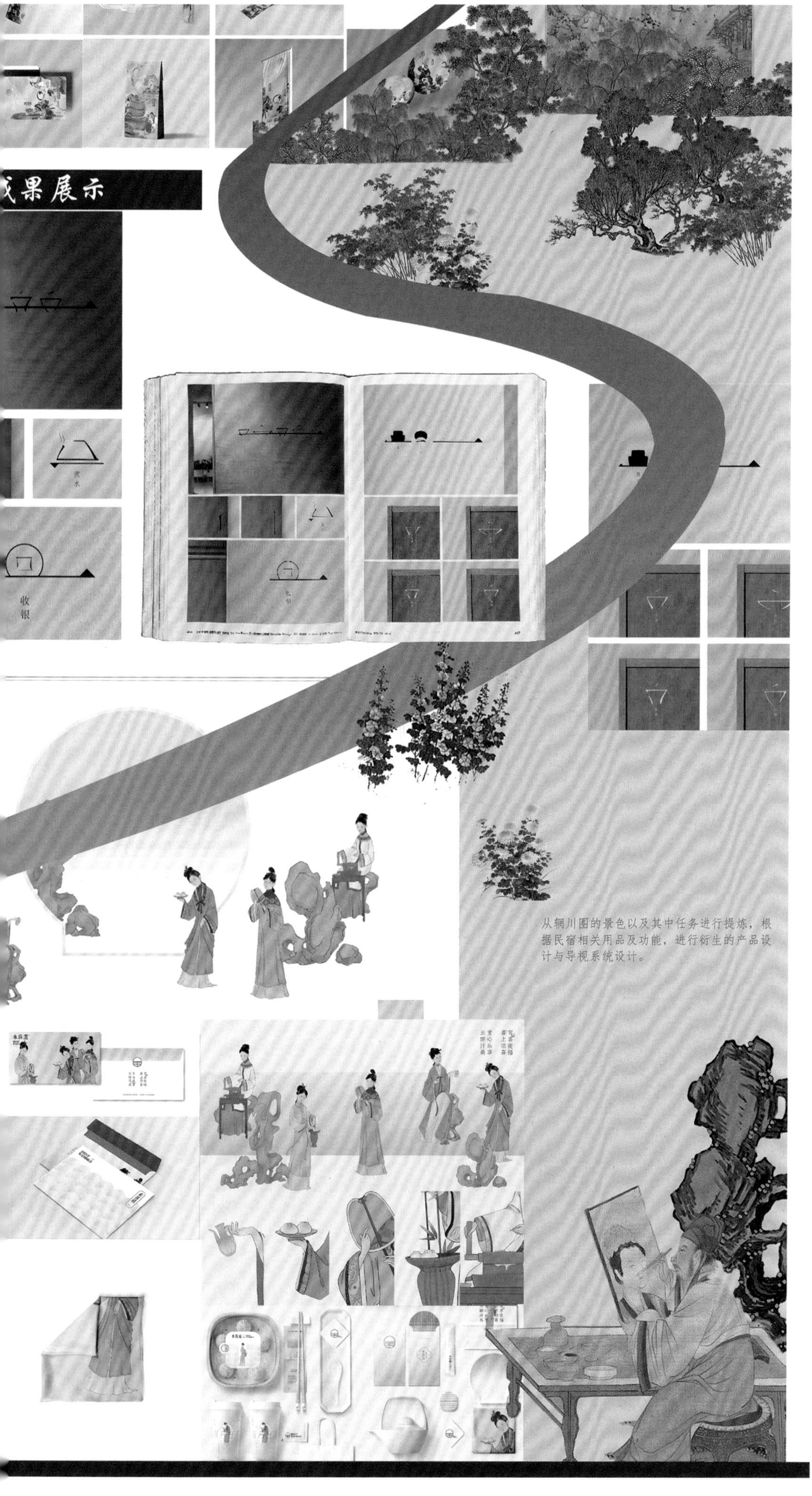
果展示
收
银
从辋川图的景色以及其中任务进行提炼，根据民宿相关用品及功能，进行衍生的产品设计与导视系统设计。

化𰻞意·变新驿——西安城根新驿巷非遗文化空间设计

西安工程大学

指导教师：谢 迁

作　　者：邵鋈燦　李　刚　石梦琪　韩汶泽

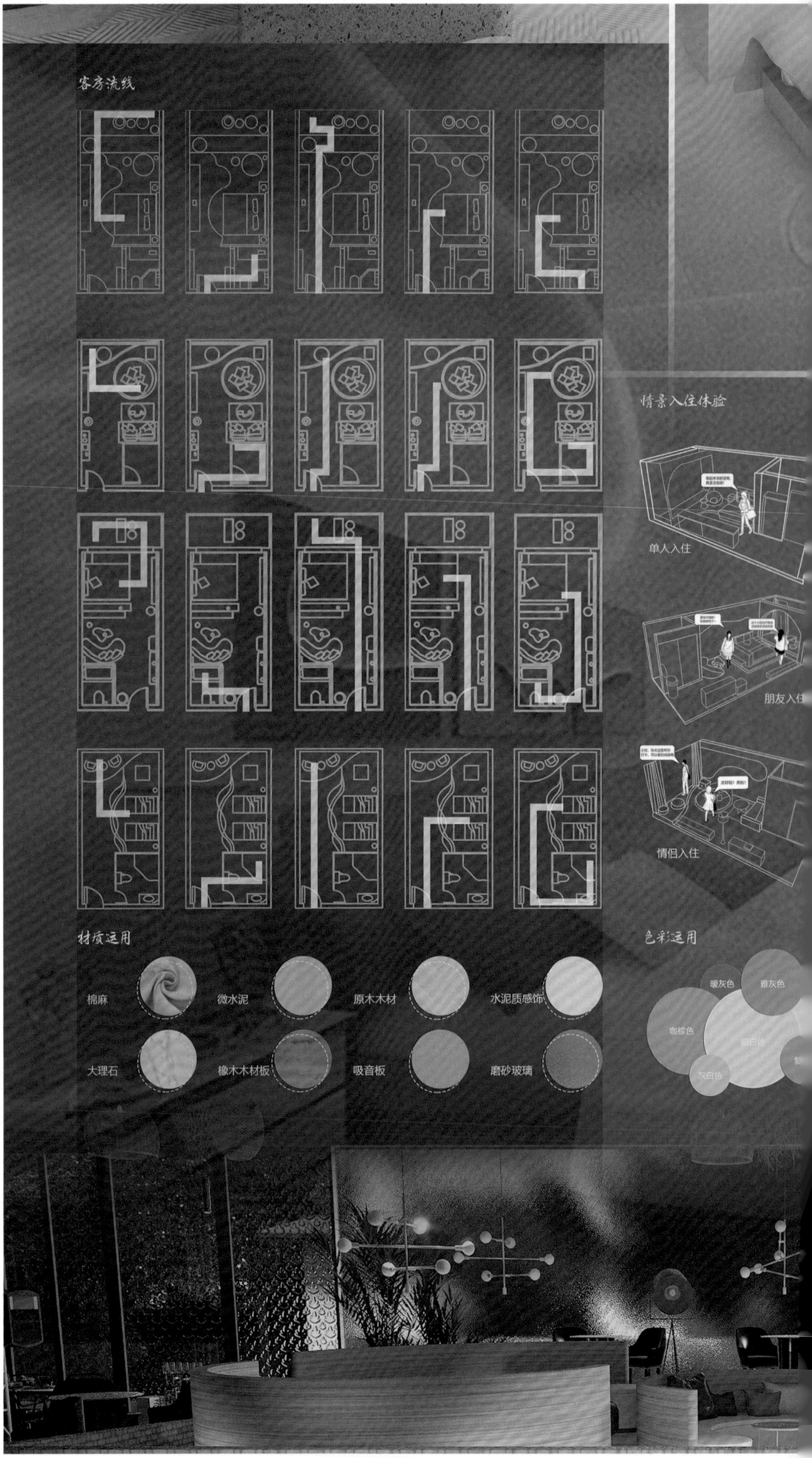
客房流线
情景入住体验
单人入住
朋友入
情侣入住
材质运用
棉麻
微水泥
原木木材
水泥质感饰
大理石
橡木木材板
吸音板
磨砂玻璃
色彩运用
暖灰色
雅灰色
咖棕色
奶白色
灰白色

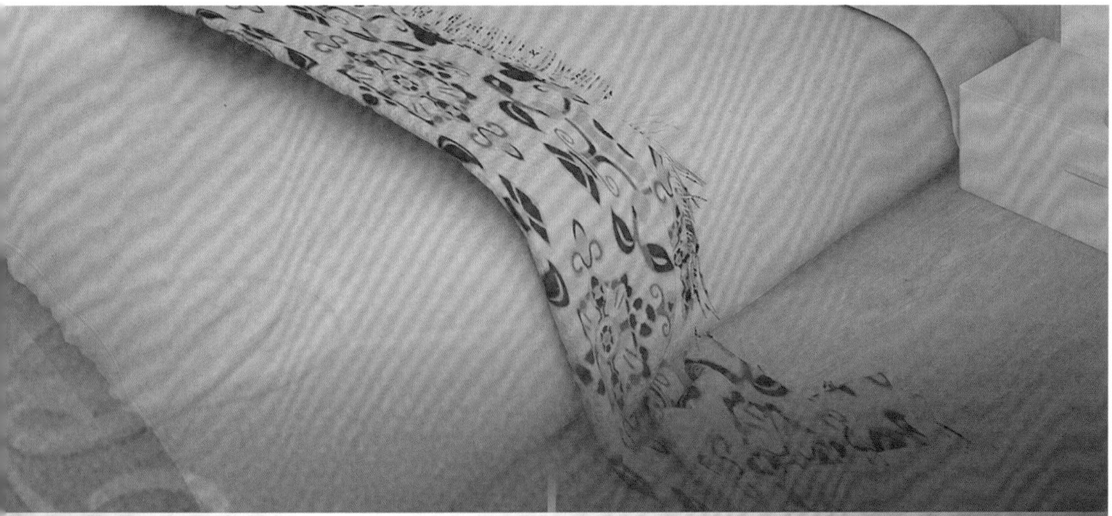

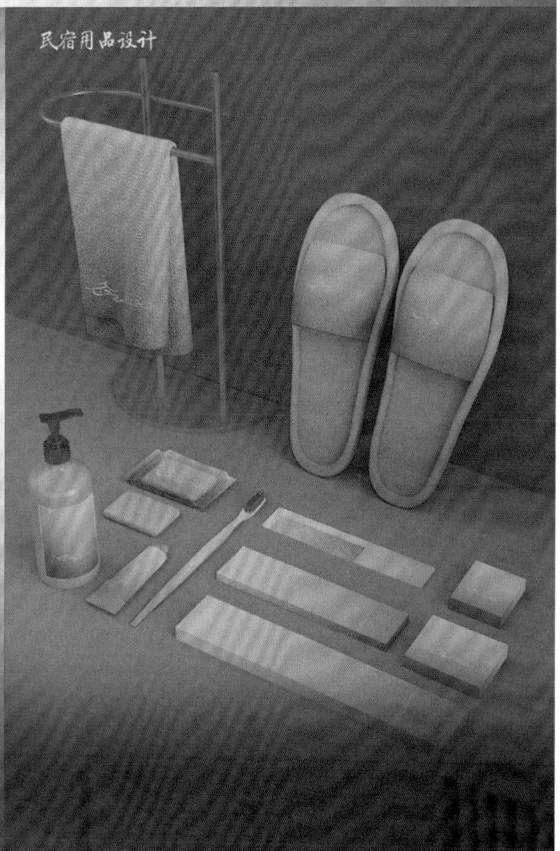

可以“改变空间”大小,合理的色彩搭
视觉上造成一种错觉，可能更有层次
或是在视觉上扩大空间面积。

7

华中区

参加院校：华中科技大学、武汉大学、湖北美术学院、武汉理工大学、南昌大学、中南大学、东北大学

联合主办：武汉理工大学、南昌大学、湖北美术学院

命题单位：华中科技大学建筑与城市规划学院文旅展示艺术研究中心

支持单位：欧普照明股份有限公司、武汉创品建材营销有限公司（诺贝尔瓷砖）

华中区作品

武汉理工大学

情绪绿洲——华中科技大学商业综合体改造设计

湖北美术学院

柳绕古校　山水华章——华中科技大学“东三、东四楼”商业综合体改造

维境——华中科技大学东三、东四改造设计

南昌大学

光年站台

中南大学

“解忧树集”——基于弹性设计理念的华科校园商业综合体设计

华中科技大学

林间集——高校商业综合体更新改造设计

武汉大学

织韵流芳——非遗导向下华中科技大学校内商业综合体设计

空间叙事线

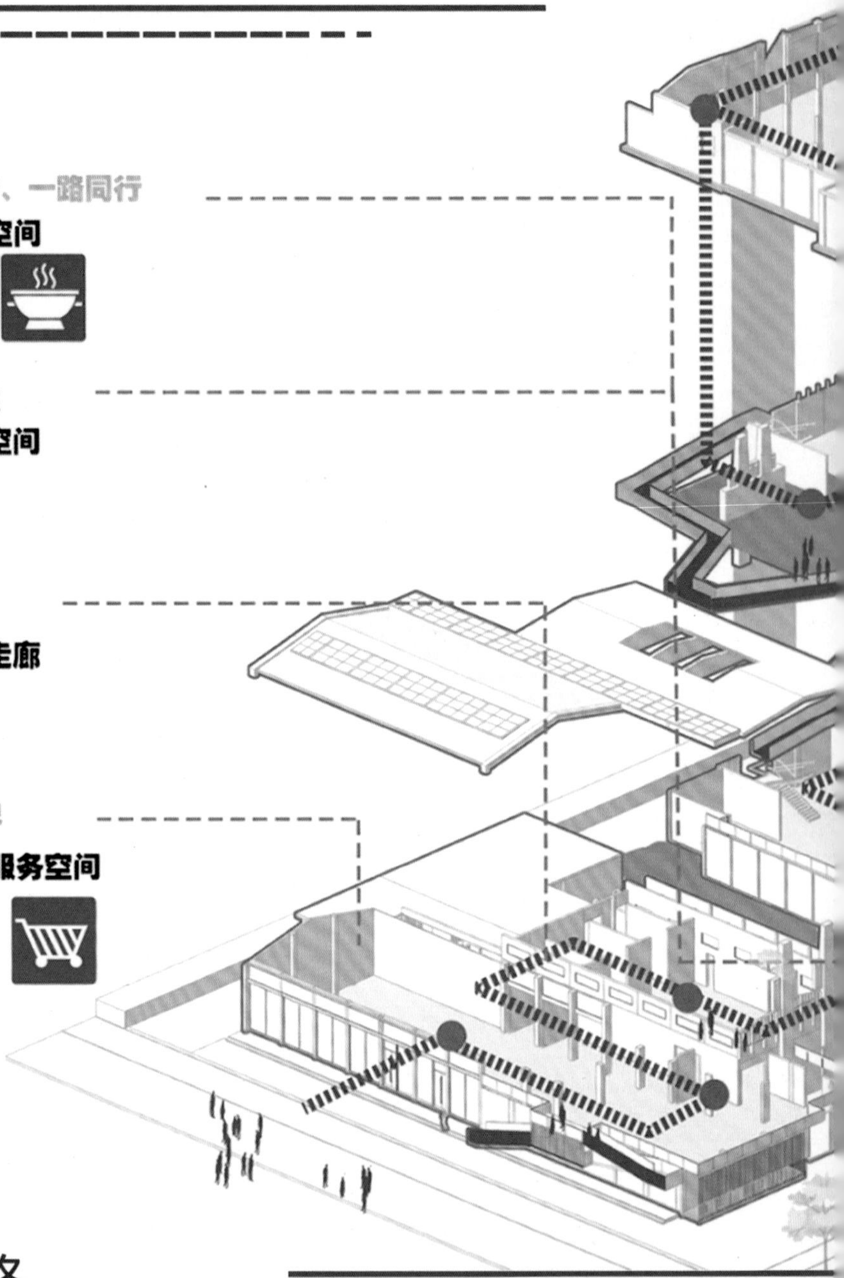

节点4-遇见伙伴、一路同行

东四一层-餐饮空间

节点3-进入梦境

中庭花园-艺术空间

节点2-龙卷风

东三一层-时光走廊

节点1-现实世界

东三一层-生活服务空间

设计策略

问题与痛点		解决途径	设计目标	
建筑本身所存在的问题 / 人群需求导向	空间品质低下	建筑立面与结构部件更新 建筑内部与外部空间优化	空间营造	老旧建筑焕新生，能很 作为承载商业业态的载
	商业状况不佳	业态的重新规划与置入	业态规划	面向人群需求的，丰富 有趣的新业态置入
	疗愈场所缺乏	结合五感进行情绪空间设计	空间疗愈	与叙事空间相结合， 过五感体验营造能带 极情绪的空间

劣势

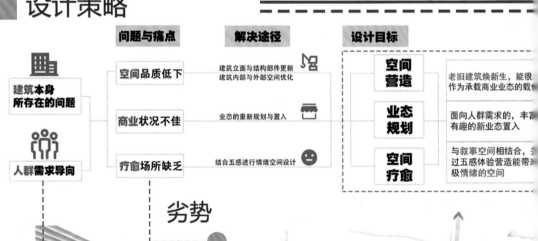

指导教师：王 刚 谢 华 雷 鑫
作 者：陈师雅 祝诗榕 范会会 廖佳艺

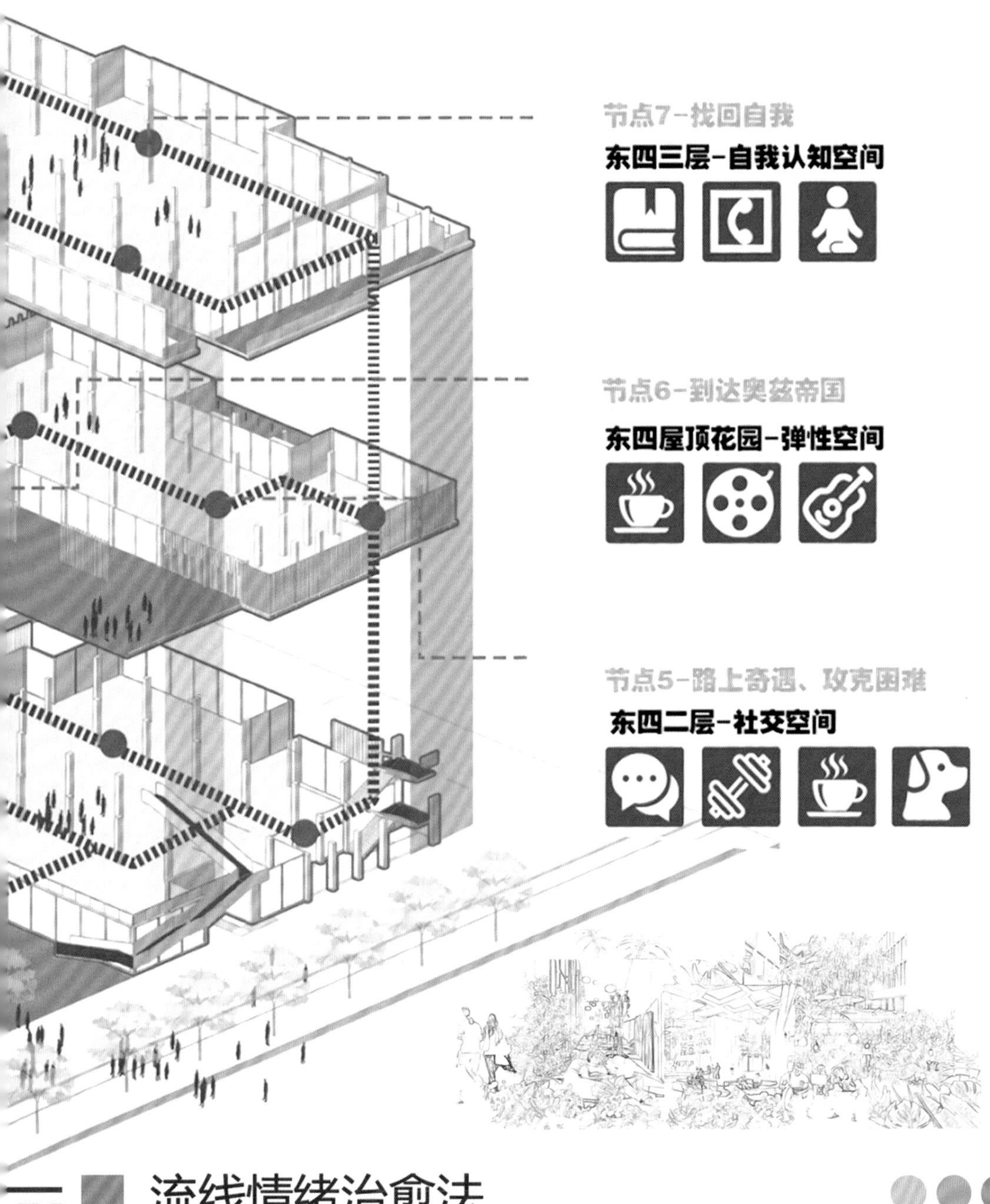
节点7－找回自我
东四三层－自我认知空间
节点6－到达奥兹帝国
东四屋顶花园－弹性空间
节点5－路上奇遇、攻克困难
东四二层－社交空间

流线情绪治愈法

情绪治愈方式

- 植物景观法
- 内观认知法
- 萌宠治愈法
- 情感宣泄法
- 艺术互动法

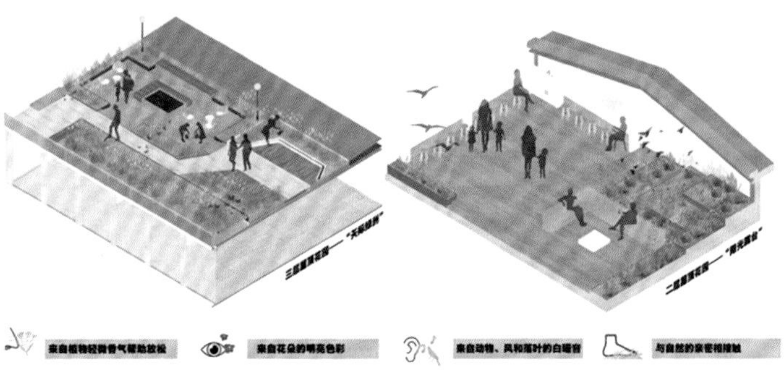
来自植物轻微香气帮助放松
来自花朵的明亮色彩
来自动物、风和落叶的白噪音
与自然的亲密相接触

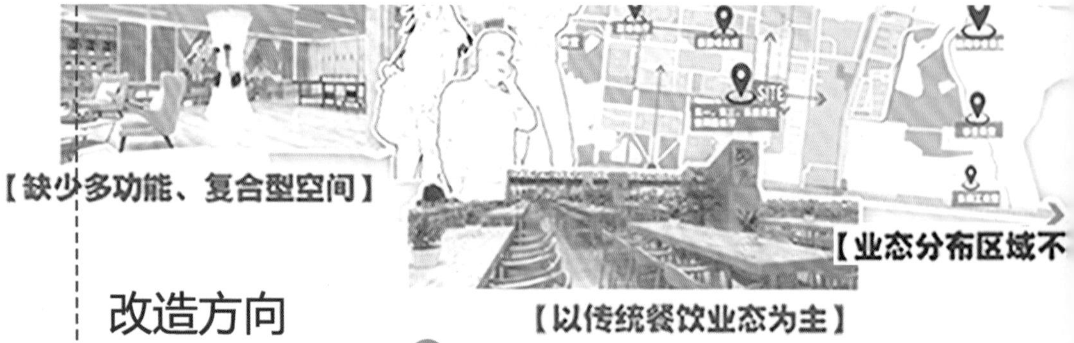
【缺少多功能、复合型空间】
SITE
【业态分布区域不
【以传统餐饮业态为主】

改造方向

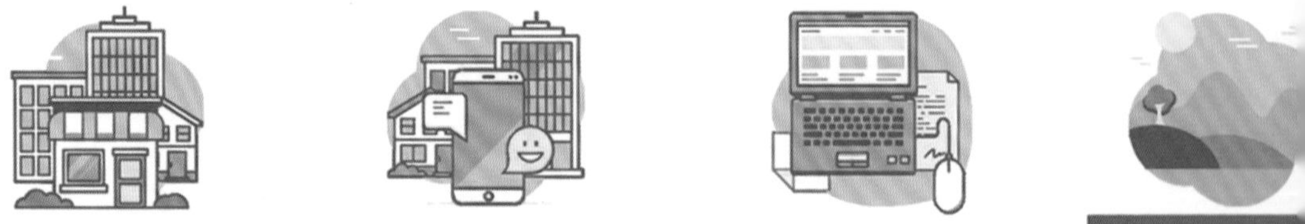

治愈情绪的商业疗愈场所 + 释放情绪的娱乐场所 + 高质量的生活服务场所 = 打造校园里“情绪绿洲

空间体块策略

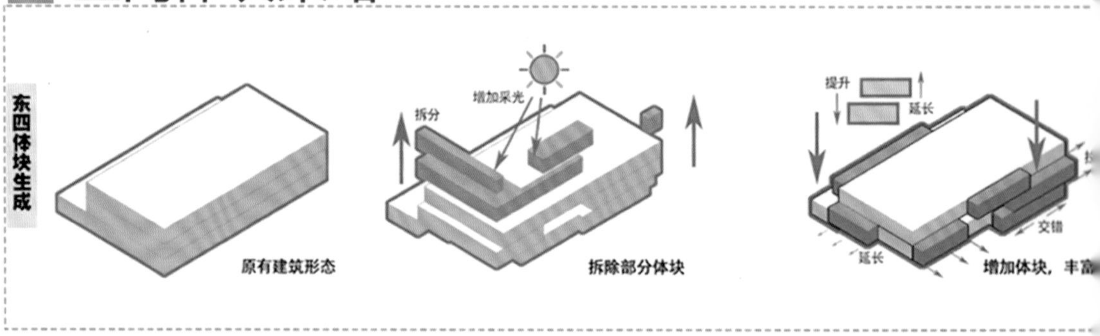
东四体块生成
原有建筑形态
增加采光
拆分
拆除部分体块
提升
延长
交错
增加体块，丰富

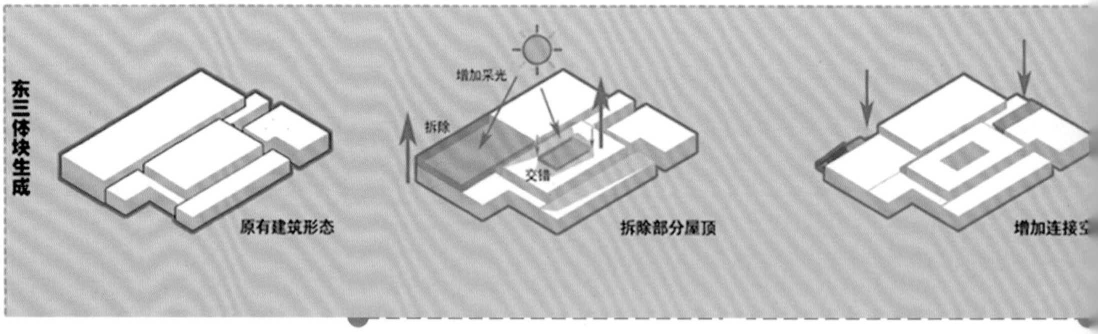
东三体块生成
原有建筑形态
增加采光
拆除
交错
拆除部分屋顶
增加连接空

雨水花园

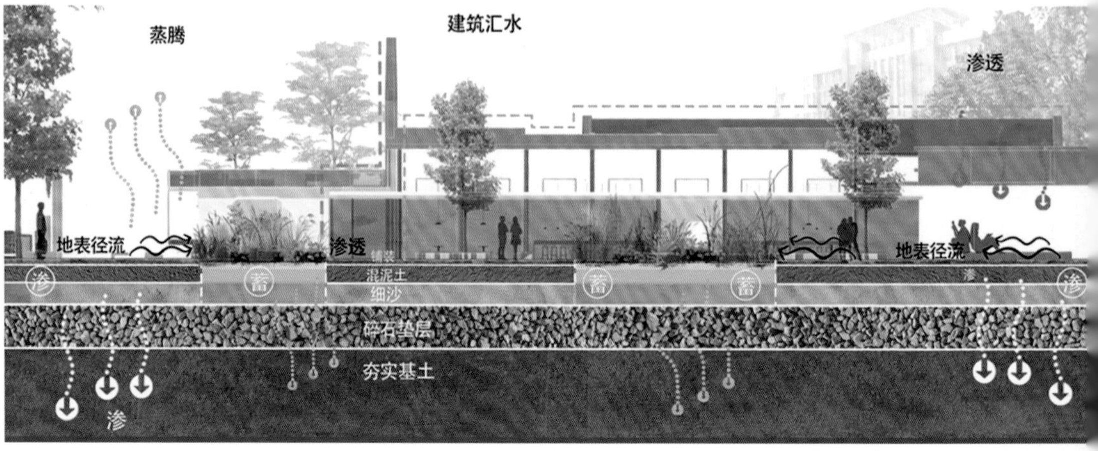
蒸腾
建筑汇水
渗透
地表径流
渗透
铺装
混泥土
细沙
碎石垫层
夯实基土
渗
蓄
蓄
蓄
渗
渗
地表径流
渗

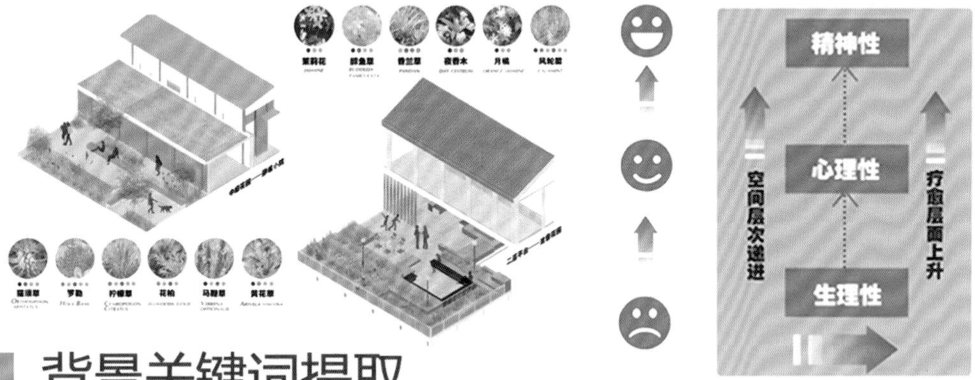

背景关键词提取

人群适配

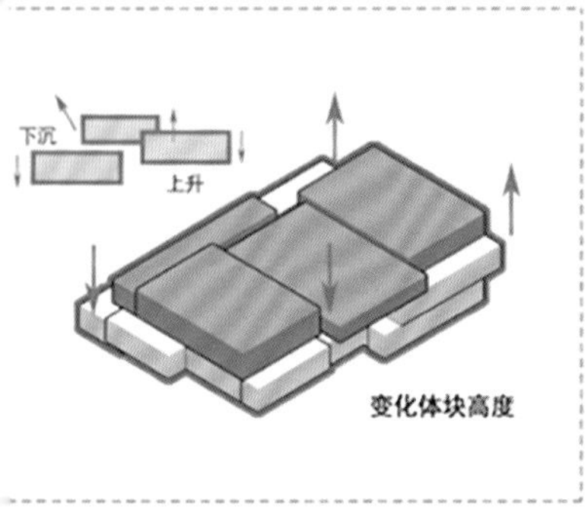

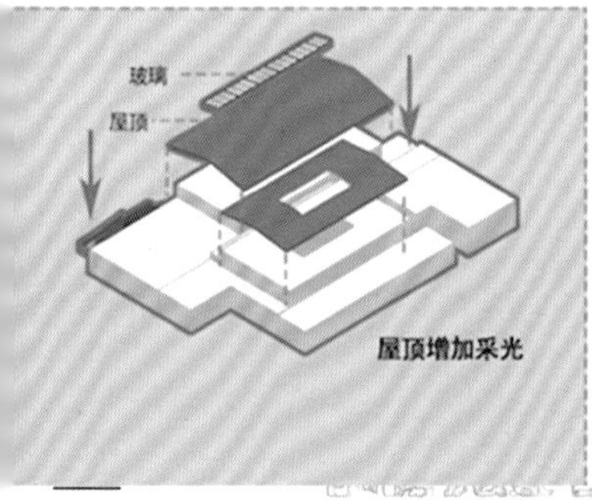

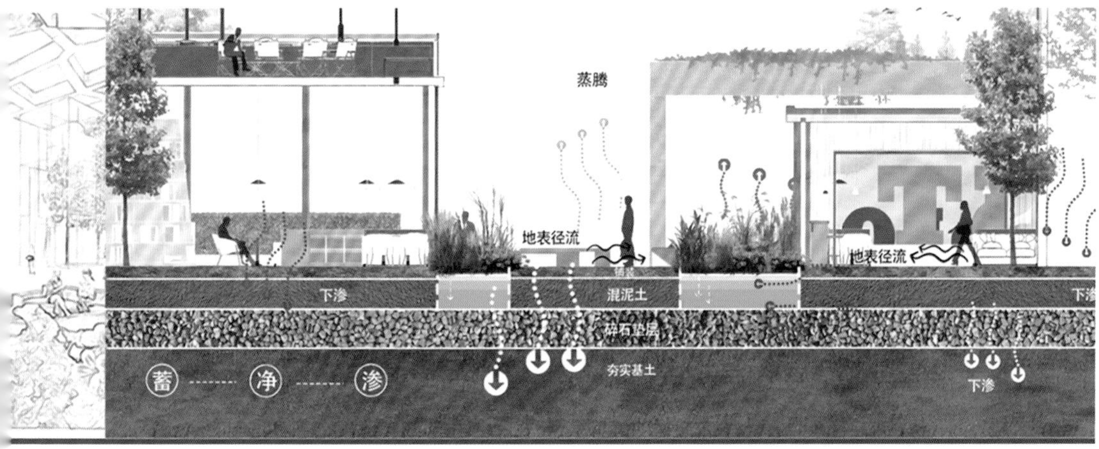

柳绕古校 山水华章——华中科技大学『东三、东四楼』商业综合体改造

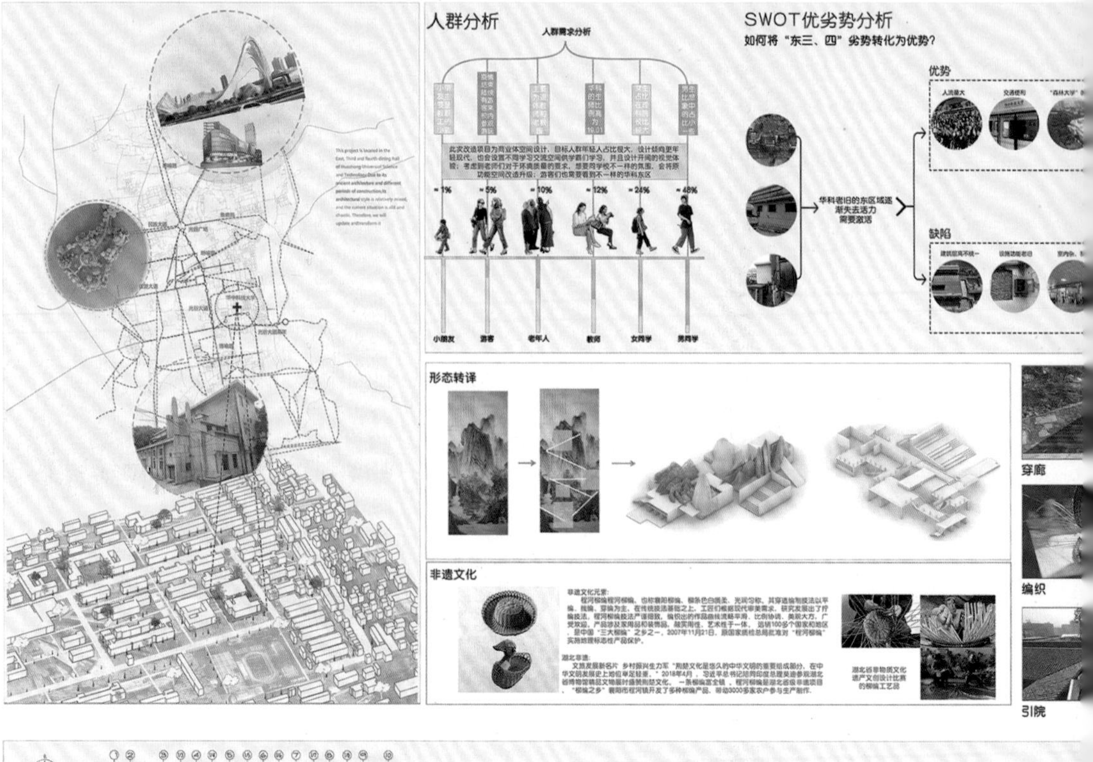
人群分析
人群需求分析
此次改造项目为商业体空间设计，目标人群年轻人占比很大，设计倾向更年轻现代，也会设置不同学习交流空间供学霸们学习，并且设计开阔的视觉体验；考虑到老师们对于环境质量的要求，想要同学校不一样的氛围，会将原功能空间改造升级；游客们也需要看到不一样的华科东区
≈1%
≈5%
≈10%
≈12%
≈24%
≈48%
小朋友
游客
老年人
教师
女同学
男同学
SWOT优劣势分析
如何将“东三、四”劣势转化为优势?
华科老旧的东区域逐渐失去活力需要激活
优势
人流量大
交通便利
缺陷
设施功能老旧
形态转译
非遗文化
穿廊
编织
引院

湖北美术学院

指导教师：何　凡　黄学军　张　进

作　　者：王乾宇　李辰宸　黄志福　谢非凡

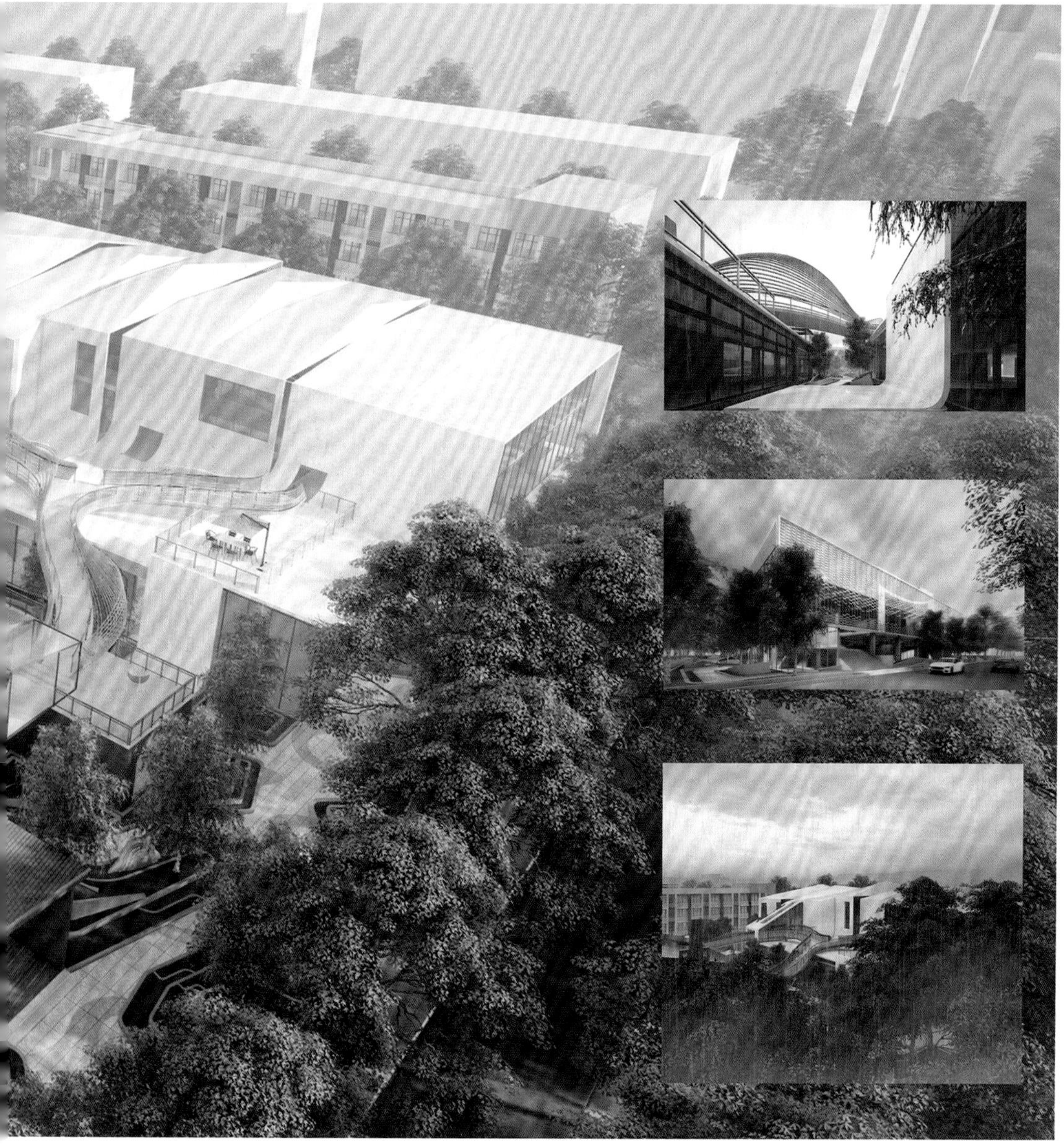

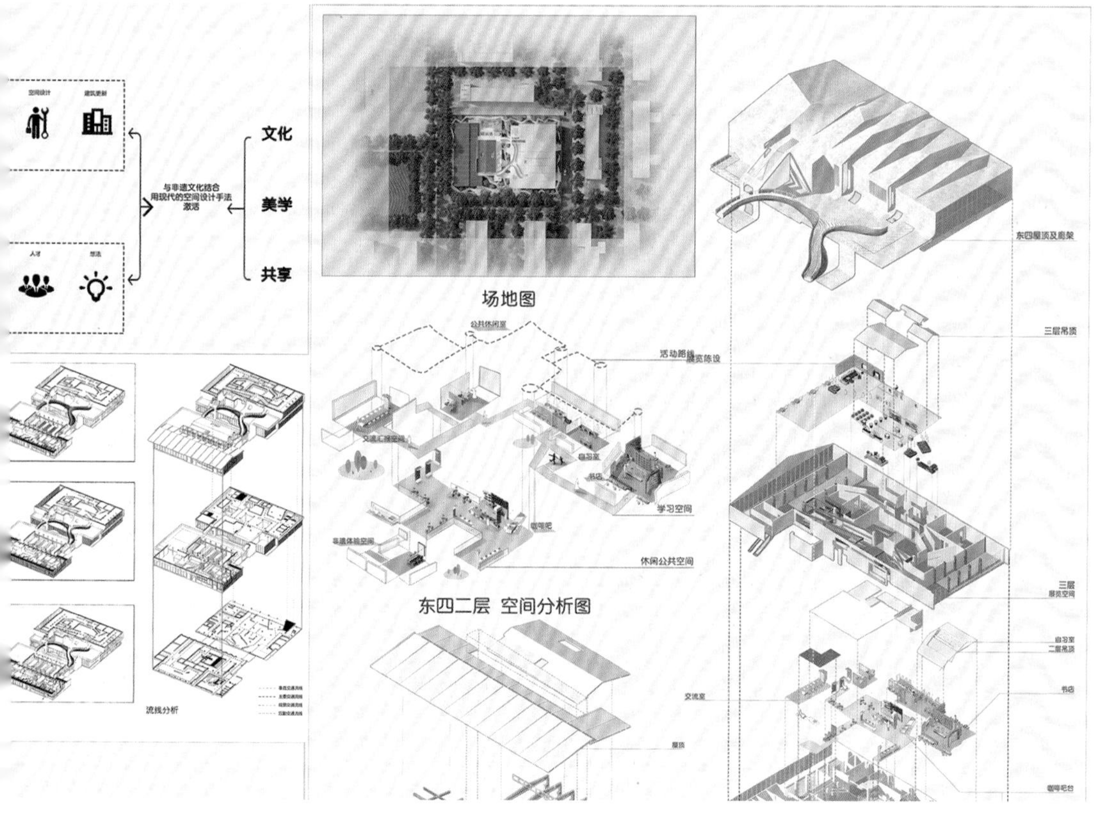

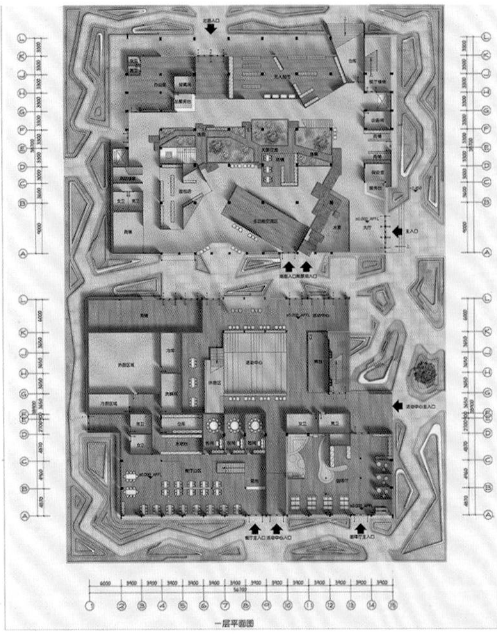

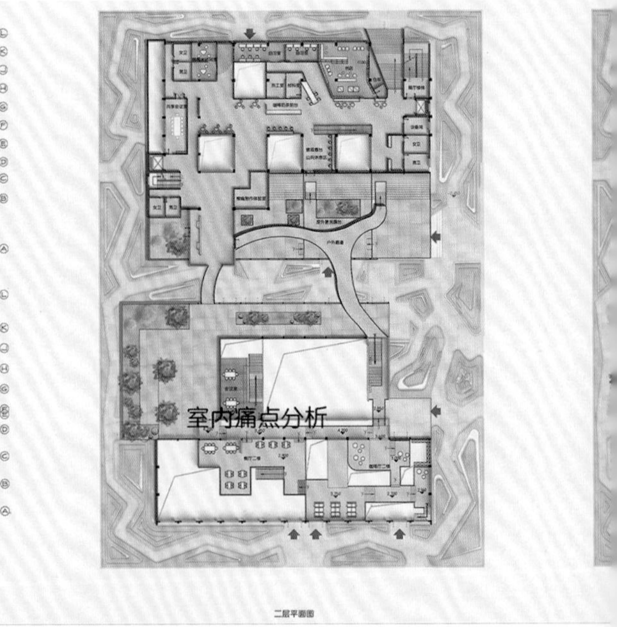

南侧立面图

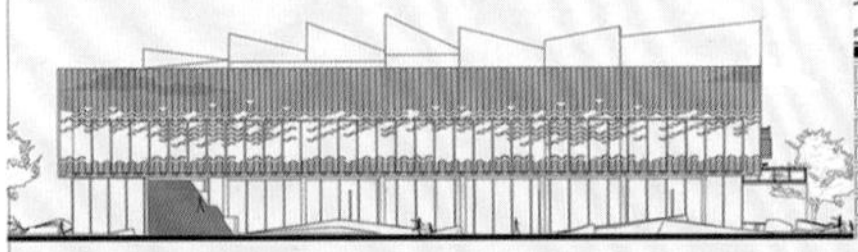
北侧立面图

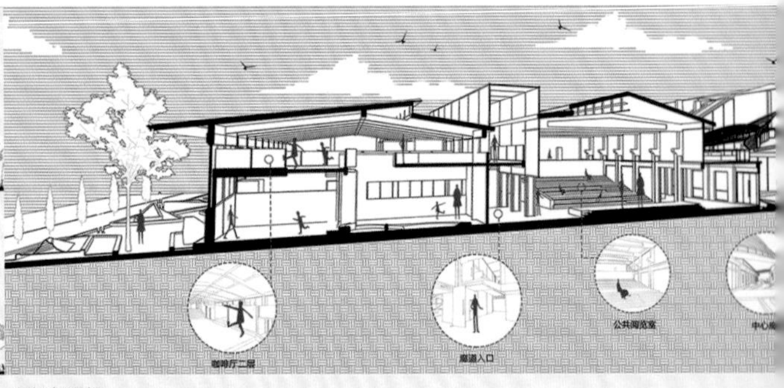

东侧剖透视

东侧剖面图　　东侧立面图

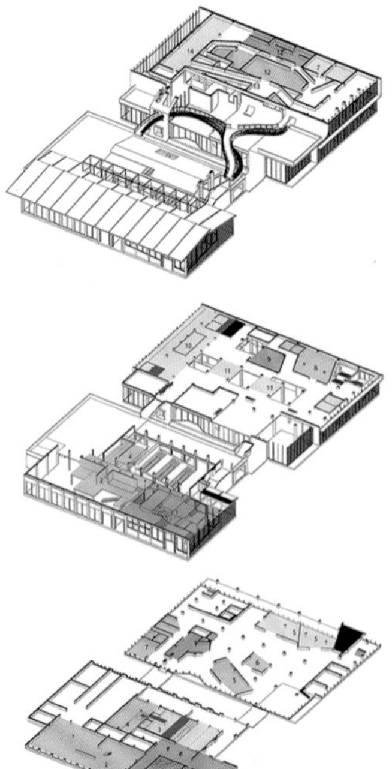

1、咖啡厅　2、餐厅　3、活动中心
4、阅览室　5、商铺　6、天井花园
7、办公区　8、书店　9、自习室
10、阅览室　11、观景露台　12、中心展厅
13、空中廊道　14、休闲区

功能分区图

东三 猫咖 收银台

东三 猫咖 活动区

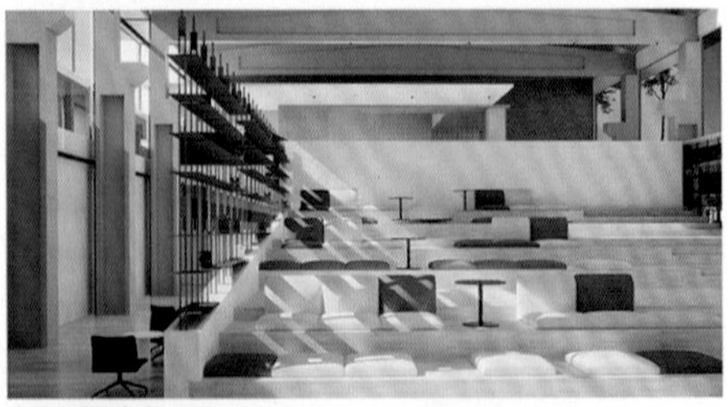
东三 活动中心

东三 餐厅

东四二层 自习室

东四二层 书店

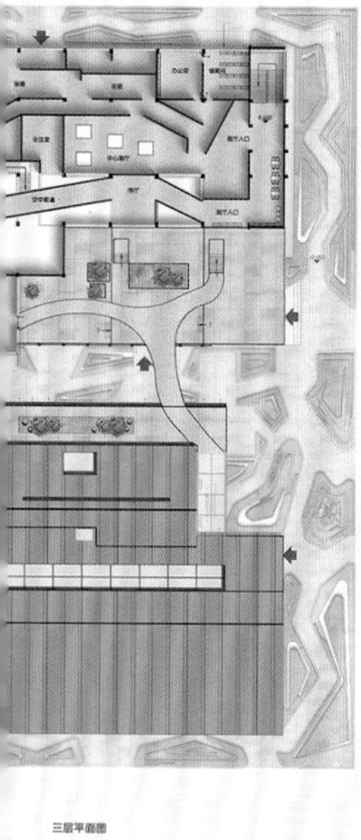

三层平面图

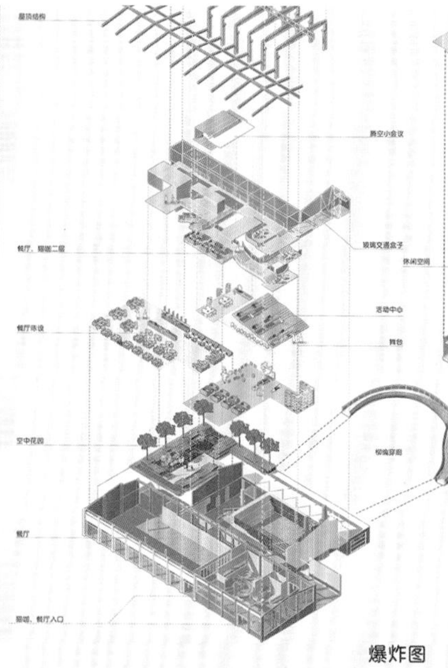
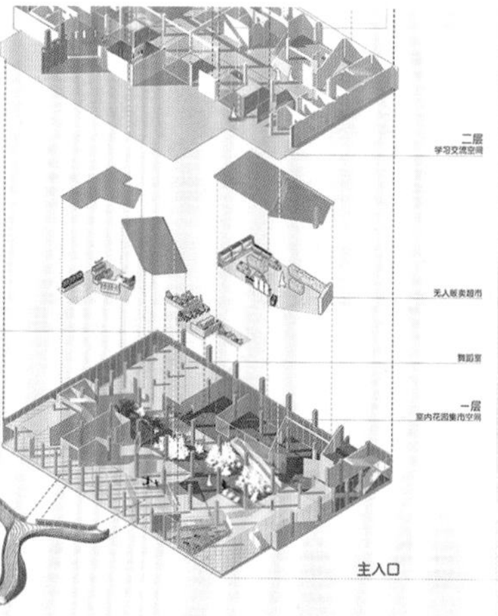

爆炸图

设计说明：

此次设计的项目是一座商业建筑，名为“山水廊道”，设计灵感源自中国传统山水画，以及柳编艺术，设计师将这些元素融合在建筑外立面和内部空间中。

在建筑外立面上，设计师采用了山水抽象的造型，以模拟自然山水景观的变化和流动。同时，设计师通过柳编造型的廊道将两栋新旧风格的建筑有机地连接起来，形成一个连贯的整体。廊道的设计不仅起到连接的作用，还提供了额外的商业空间，为商业租户提供更多的展示和销售空间。

在内部空间布置方面，设计师将一楼分为三个独立空间，其中两个为商业空间，另一个则是活动展示交流空间。二楼则是学习空间，整个空间从下往上逐渐减小噪音，环境趋于安静，设计师设置了多个自习室和朗读背诵区，以及咖啡吧台和舒适的座位，为学生提供了舒适的学习环境。此外，二楼还配备了概念设计书屋和非遗柳编手作室，为学生提供了丰富的文化体验。

三楼则是展览空间，用于展示任何非物质文化遗产，包括动态和静态的展示。展览空间的设计不仅满足了展览的需要，同时也是整个建筑设计中的重要组成部分。

总的来说，“山水廊道”商业建筑通过融合山水画和柳编艺术元素，以及有机的空间布置和设计，打造出一个独特而舒适的商业空间，为商业租户和学生提供了丰富的文化体验和舒适的学习、生活环境。

东三 猫咖 一层

东三 猫咖 一层

东四一层 超市

东四三层 展厅

东四二层 休闲室

东四三层 展厅

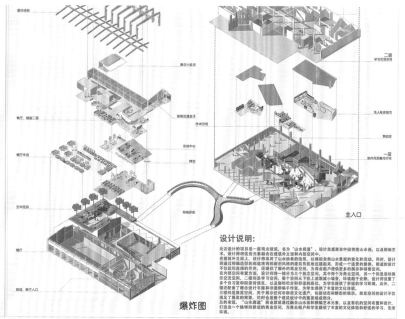

维境——华中科技大学东三、东四改造设计

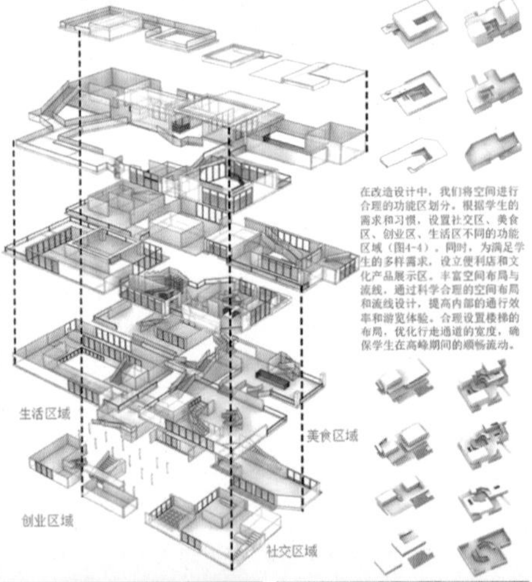

在改造设计中，我们将空间进行合理的功能区划分。根据学生的需求和习惯，设置社交区、美食区、创业区、生活区不同的功能区域（图4-4）。同时，为满足学生的多样需求，设立便利店和文化产品展示区，丰富空间布局与流线。通过科学合理的空间布局和流线设计，提高内部的通行效率和游览体验。合理设置楼梯的布局，优化行走通道的宽度，确保学生在高峰期间的顺畅流动。
生活区域
美食区域
创业区域
社交区域

湖北美术学院

指导教师：张 进 何 凡 黄学军
作 者：项天宇 雷世龙

设计说明

我们希望能设计一个以娱乐休闲空间和生活社交为主的集合体，通过空间的多维营造，让在其中步行者能感受到空间的多样性，抛弃传统的商业并联式的营业模式，寻求一种功能串联式的，故事型叙事的空间手法，让我们能满足购物社交等基础设计功能的前提下，给予同学以更新的体验。

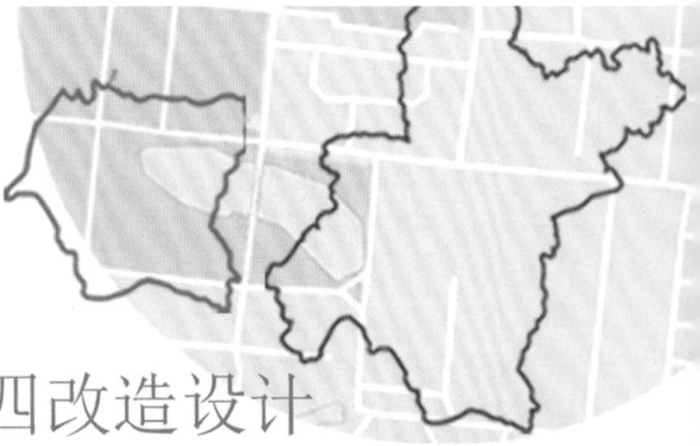

华中科技大学东三、东四改造设计

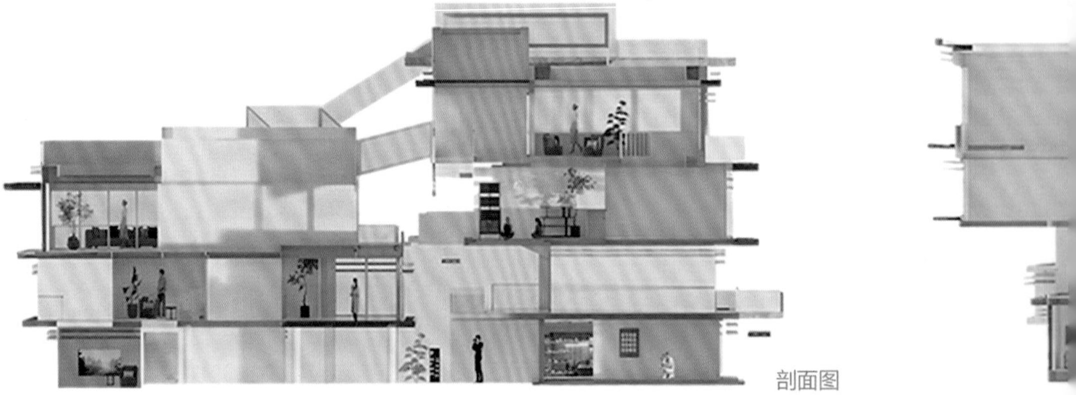

剖面图

在室内设计的过程中我们运用大量与外立面相同的白色色调，让整个室内的风格更加贴合建筑的调性，同时我们增加每个区域的窗户，让体验者能更好的感受光照。同时在社交区域我们运用多维的空间语言，给与体验者以放松有趣的视觉体验，打造综合多样的步行流线，营造多维的社交空间，打破传统二维的封闭式交流，让社交变得轻松愉悦。

在改造设计中，我们将空间进行合理的功能区划分，根据学生的需求和习惯，设置社交区、美食区、创业区、生活区不同的功能区域。同时，为满足学生的多样需求，设立便利店和文化产品展示区，丰富空间布局与流线，通过科学合理的空间布局和流线设计，提高内部的通行效率和游览体验。合理设置楼梯的布局，优化行走通道的宽度，确保学生在高峰期间的顺畅流动。

用户在华中科技大学东三、东四食堂中能够得到一个丰富而多元的体验。无论是在社交区交流互动、品尝美食区的佳肴、参与创业区的展示与交流，还是在生活区的学习休息，用户都能够感受到独特的参与感和体验乐趣。这样的设计不仅提升了食堂的功能性，也增加了用户对校园环境的认同感和归属感。

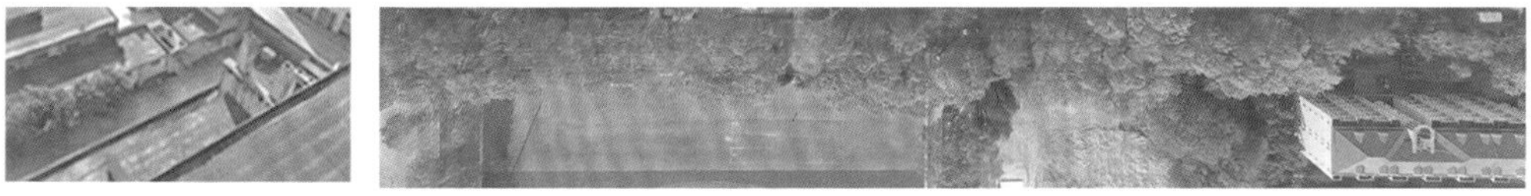

原场地现状图

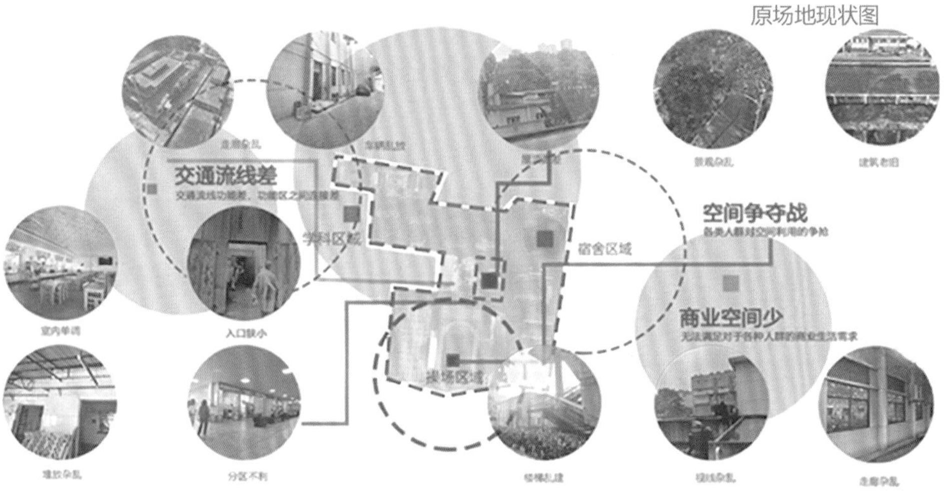

场地问题分析

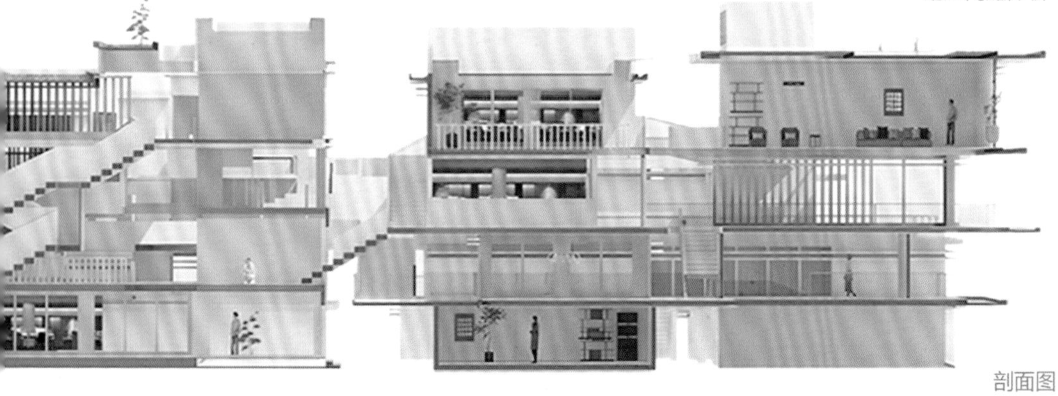

剖面图

光年站台

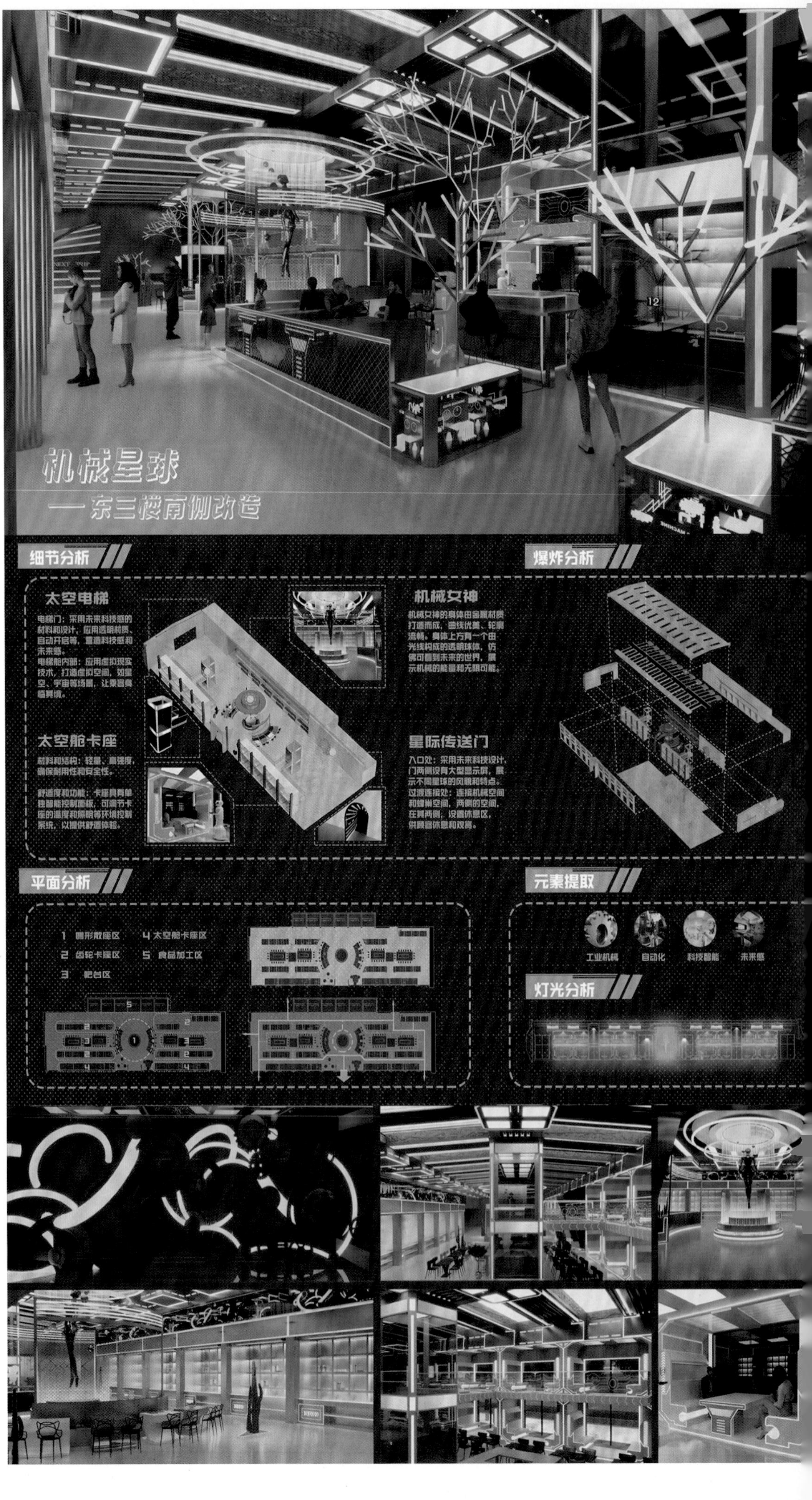
机械星球
——东三楼南侧改造
细节分析
太空电梯
电梯门：采用未来科技感的材料和设计，应用透明材质、自动开启等，营造科技感和未来感。
电梯舱内部：应用虚拟现实技术，打造虚拟空间，如星空、宇宙等场景，让乘客身临其境。
太空舱卡座
材料和结构：轻量、高强度，确保耐用性和安全性。
舒适度和功能：卡座具有单独智能控制面板，可调节卡座的温度和照明等环境控制系统，以提供舒适体验。
机械女神
机械女神的身体由金属材质打造而成，曲线优美、轮廓流畅。身体上方有一个由光线构成的透明球体，仿佛可看到未来的世界，展示机械的能量和无限可能。
星际传送门
入口处：采用未来科技设计，门两侧设有大型显示屏，展示不同星球的风貌和特点。
过渡连接处：连接机械空间和蜂巢空间，两侧的空间，在其两侧，设置休息区，供顾客休息和观赏。
爆炸分析
平面分析
1 圆形散座区
2 齿轮卡座区
3 吧台区
4 太空舱卡座区
5 食品加工区
元素提取
工业机械
自动化
科技智能
未来感
灯光分析

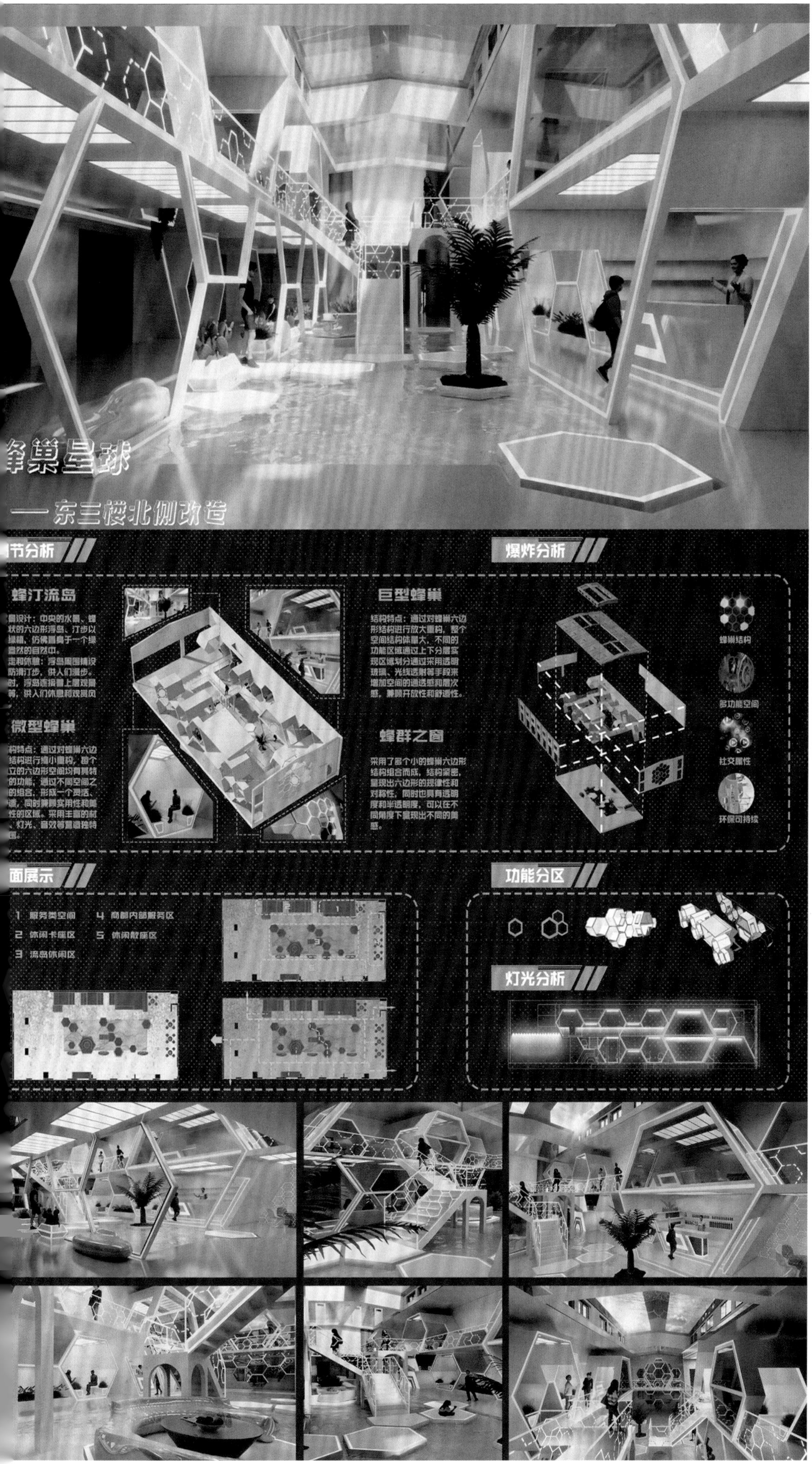

蜂巢星球
——东三楼北侧改造
节分析
蜂汀流岛
微型蜂巢
巨型蜂巢
结构特点：通过对蜂巢六边形结构进行放大重构，整个空间结构体量大，不同的功能区域通过上下分层实现区域划分通过采用透明玻璃、光线透射等手段来增加空间的通透感和层次感，兼顾开放性和舒适性。
蜂群之窗
采用了多个小的蜂巢六边形结构组合而成，结构紧密，呈现出六边形的规律性和对称性，同时也具有透明度和半透明度，可以在不同角度下呈现出不同的美感。
爆炸分析
蜂巢结构
多功能空间
社交属性
环保可持续
面展示
1 服务类空间
2 休闲卡座区
3 流岛休闲区
4 商都内部服务区
5 休闲散座区
功能分区
灯光分析

南昌大学

指导教师：梅小清 彭云 王中杰

作者：徐文浩 张常杰 张佳倩 吴建友

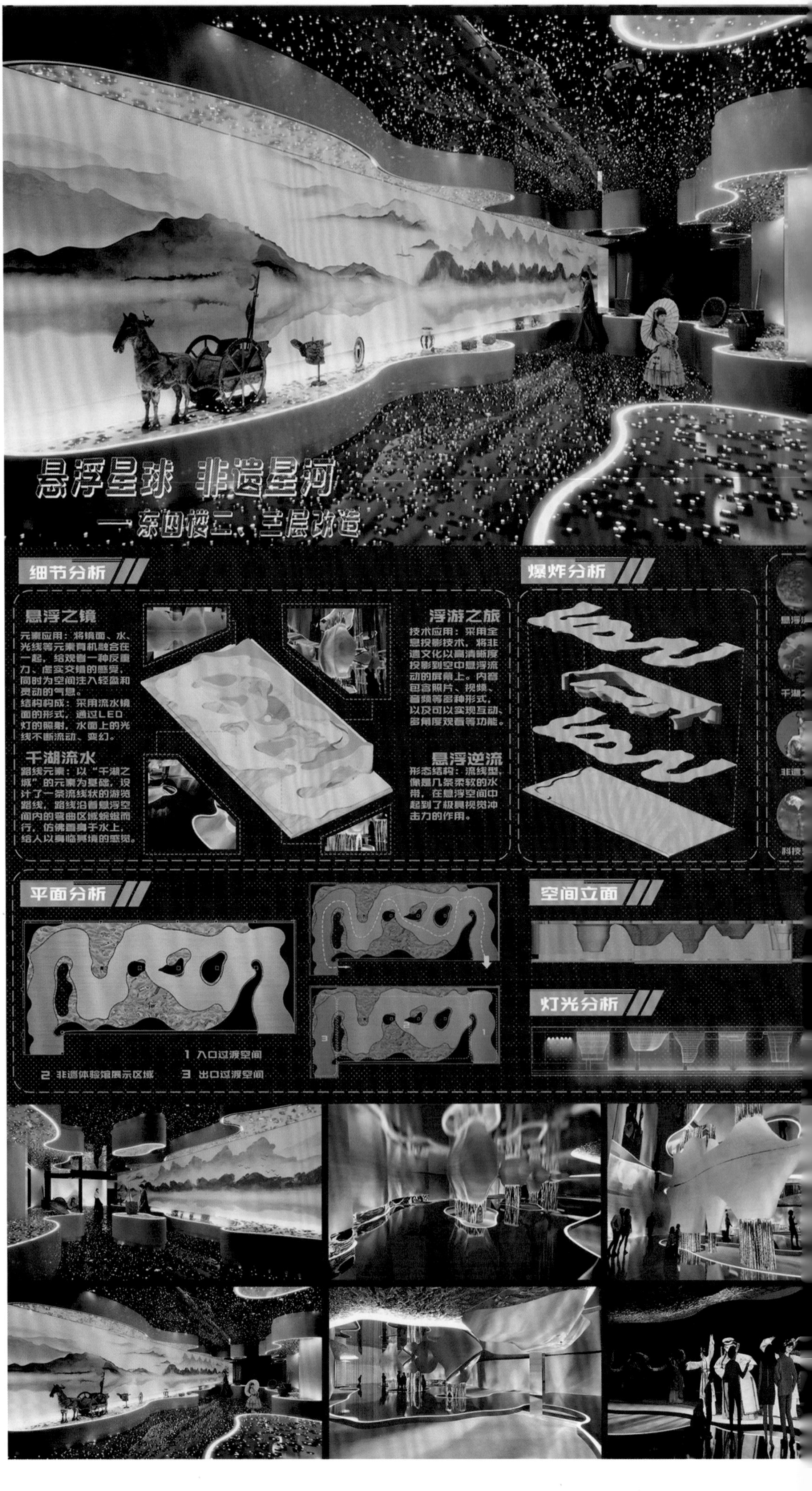
悬浮星球 非遗星河
——东四楼二、三层改造
细节分析
悬浮之镜
元素应用：将镜面、水、光线等元素有机融合在一起，给观者一种反重力、虚实交错的感受，同时为空间注入轻盈和灵动的气息。
结构构成：采用流水镜面的形式，通过LED灯的照射，水面上的光线不断流动、变幻。
千湖流水
路线元素：以"千湖之城"的元素为基础，设计了一条流线状的游览路线，路线沿着悬浮空间内的弯曲区域蜿蜒而行，仿佛置身于水上，给人以身临其境的感觉。
浮游之旅
技术应用：采用全息投影技术，将非遗文化以高清晰度投影到空中悬浮流动的屏幕上。内容包含照片、视频、音频等多种形式，以及可以实现互动、多角度观看等功能。
悬浮逆流
形态结构：流线型，像是几条柔软的水带，在悬浮空间中起到了极具视觉冲击力的作用。
爆炸分析
平面分析
1 入口过渡空间
2 非遗体验馆展示区域
3 出口过渡空间
空间立面
灯光分析

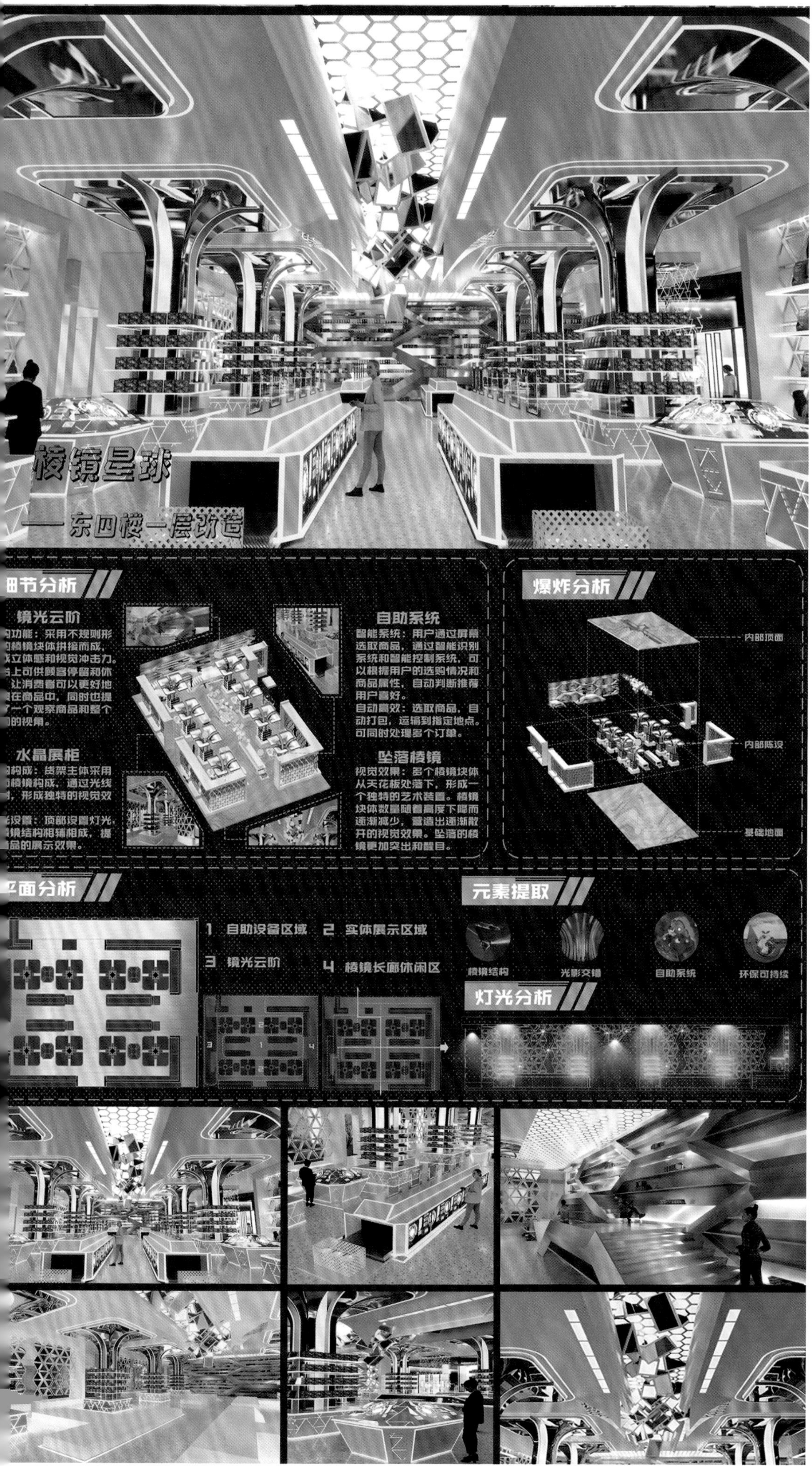
棱镜星球
——东四楼一层改造
细节分析
镜光云阶
构功能：采用不规则形
的棱镜块体拼接而成，
成立体感和视觉冲击力。
台上可供顾客停留和休
让消费者可以更好地
在商品中，同时也提
了一个观察商品和整个
的视角。
水晶展柜
构成：货架主体采用
棱镜构成，通过光线
，形成独特的视觉效
设置：顶部设置灯光，
镜结构相辅相成，提
品的展示效果。
自助系统
智能系统：用户通过屏幕选取商品，通过智能识别系统和智能控制系统，可以根据用户的选购情况和商品属性，自动判断推荐用户喜好。
自动高效：选取商品，自动打包，运输到指定地点。可同时处理多个订单。
坠落棱镜
视觉效果：多个棱镜块体从天花板处落下，形成一个独特的艺术装置。棱镜块体数量随着高度下降而逐渐减少，营造出逐渐散开的视觉效果。坠落的棱镜更加突出和醒目。
爆炸分析
内部顶面
内部陈设
基础地面
平面分析
1 自助设备区域
2 实体展示区域
3 镜光云阶
4 棱镜长廊休闲区
元素提取
棱镜结构
光影交错
自助系统
环保可持续
灯光分析

7

华中区作品

『解忧树集』——基于弹性设计理念的华科校园商业综合体设计

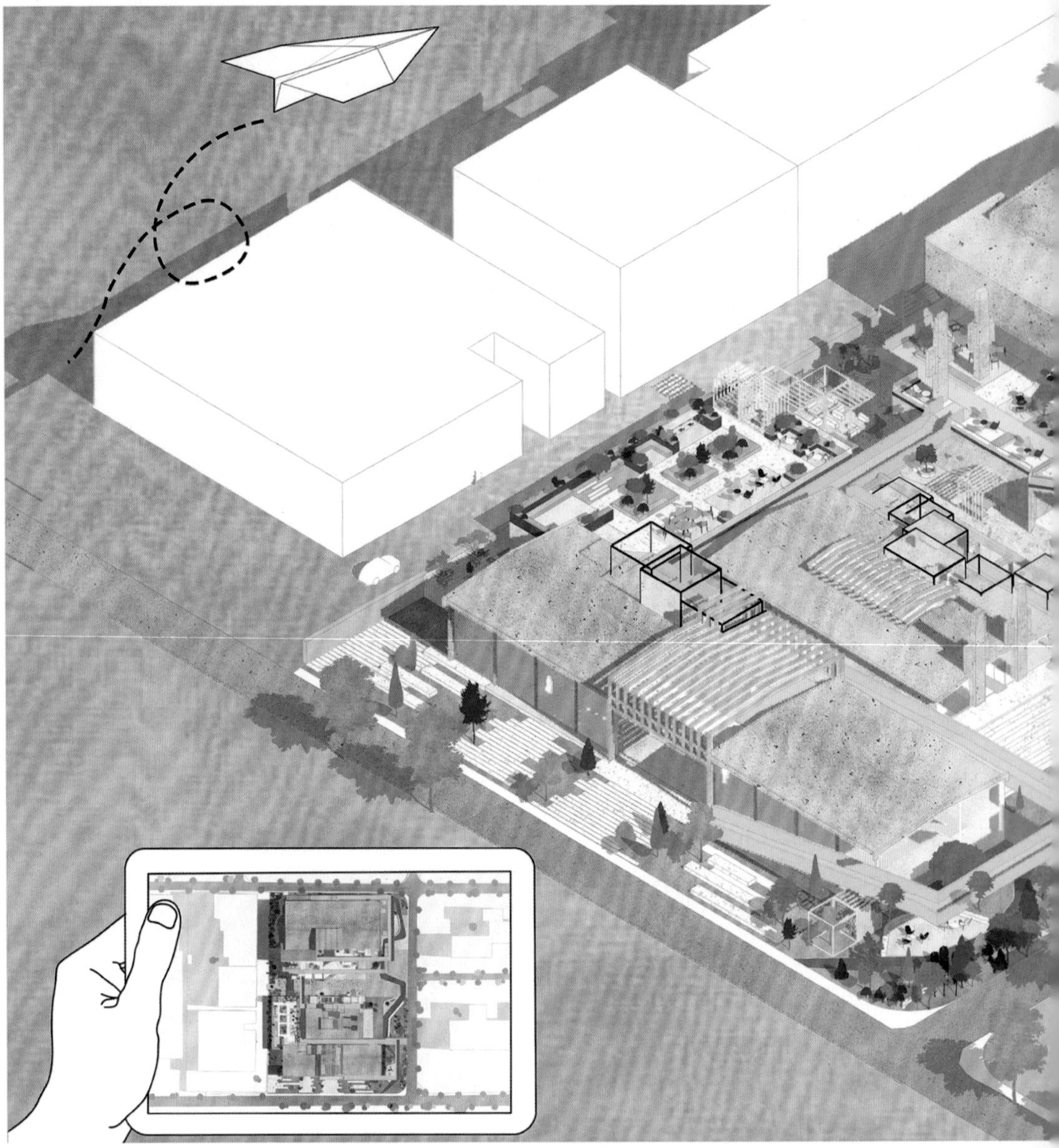

5 东三楼建筑改造设计

5.1 体块生成

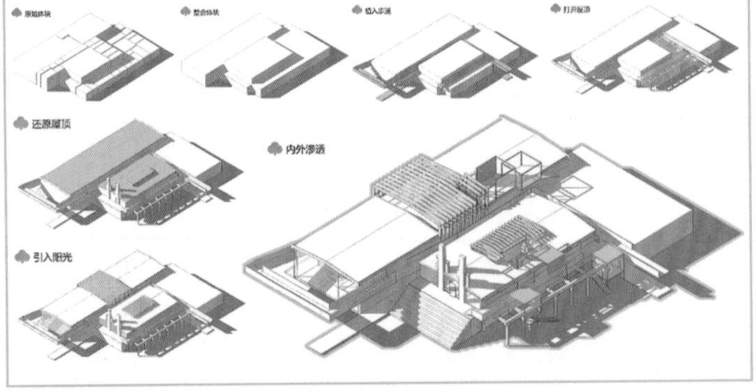

5.2 立面图

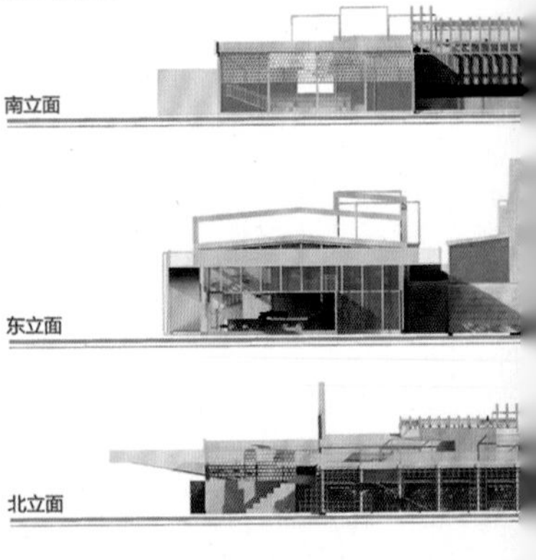

5.4 节点设计

中南大学

指导教师：刘少博
作　者：李林潼　吴嘉禾　杨依萍

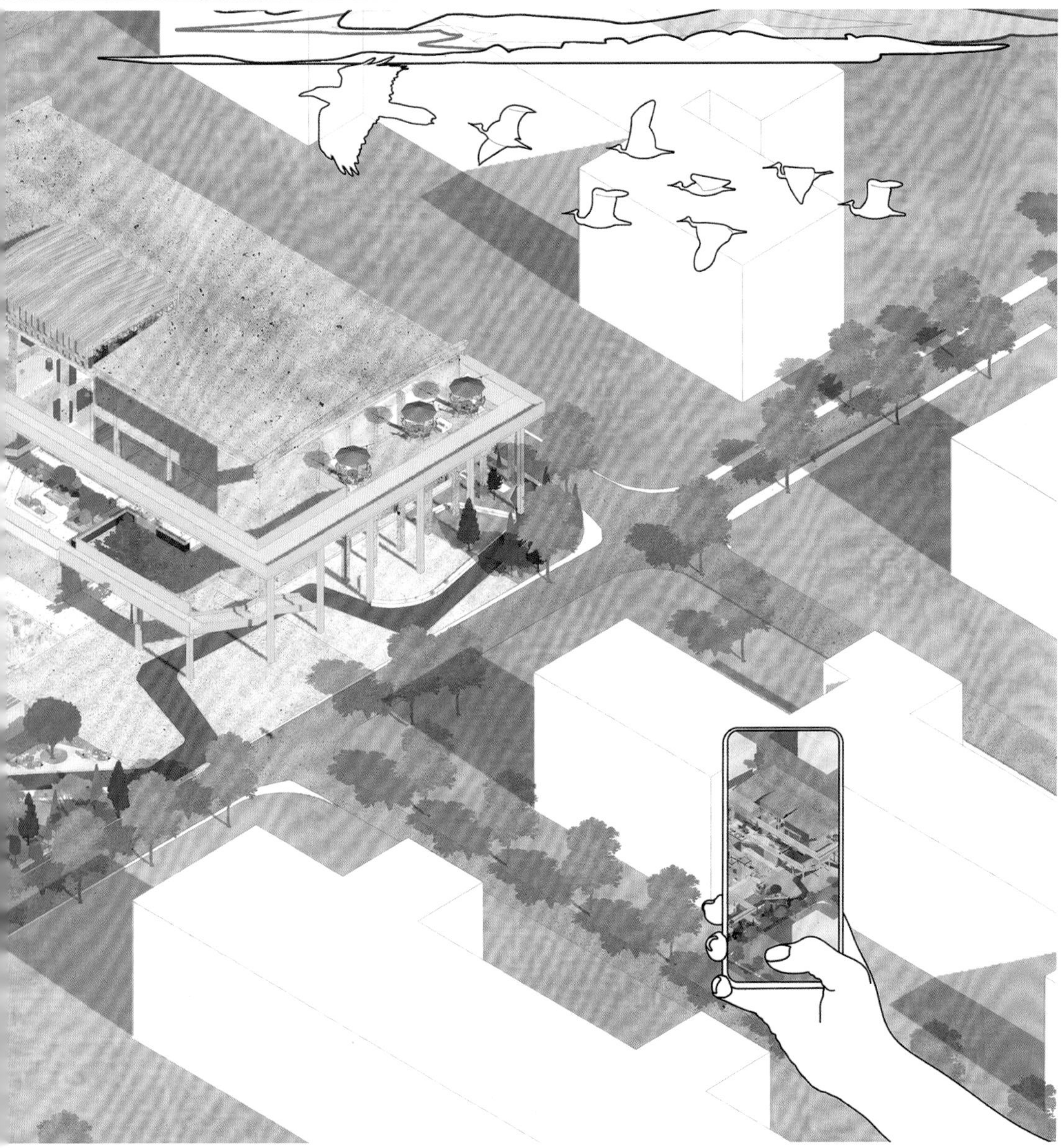

5.3 鸟瞰图

6 东三楼室内空间设计

6.1 整体规划

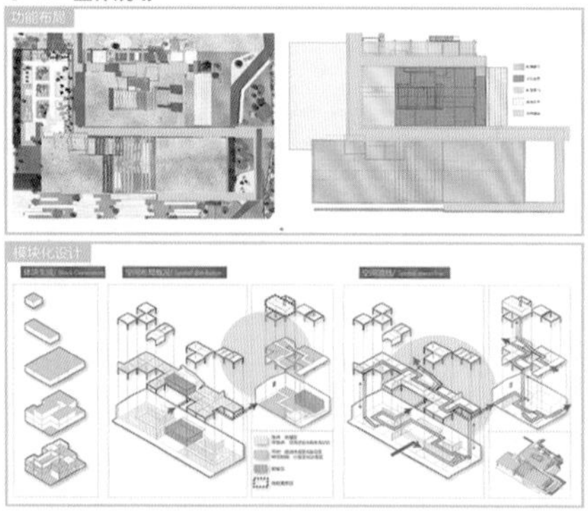

6.2 树集集市

6.4 喻见书屋

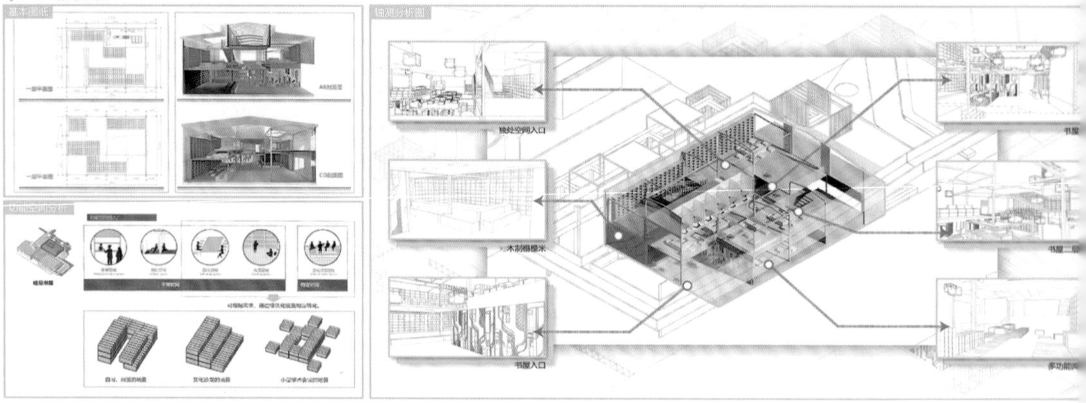
独处空间入口
木制榻榻米
书屋入口

7 东四楼建筑改造设计

7.1 东四楼改造效果

7.2 建筑立面材料

建筑立面纹样，来，源于场地周边原有建筑以穿孔板的材料，再现于东四楼改造后的立面表皮，使整栋建筑有实、有虚、有半虚。

8.7 室内设计效果图

消息树中心
消息树中心让我发现有趣的事!
公共树集区
刚刚在这里打印了别人的帖子!
相愈花园
相愈花园
天猫超市

8.2 室内设计节点展示

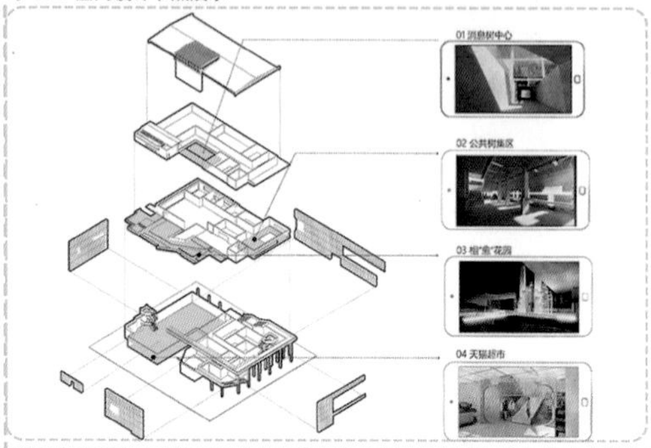
01 消息树中心
02 公共树集区
03 相"愈"花园
04 天猫超市

8.3 节点一——天猫超市

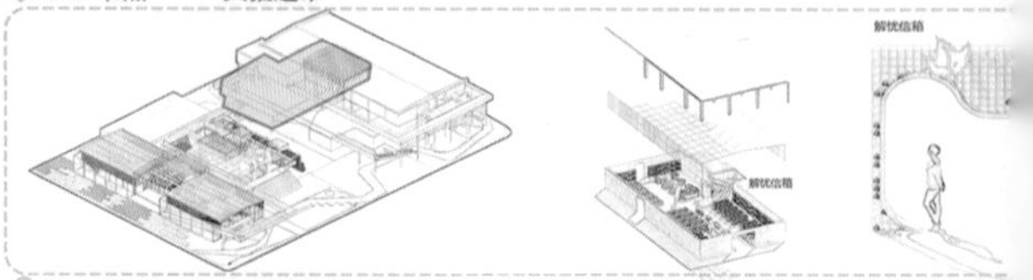

8.5 节点三——相愈花园

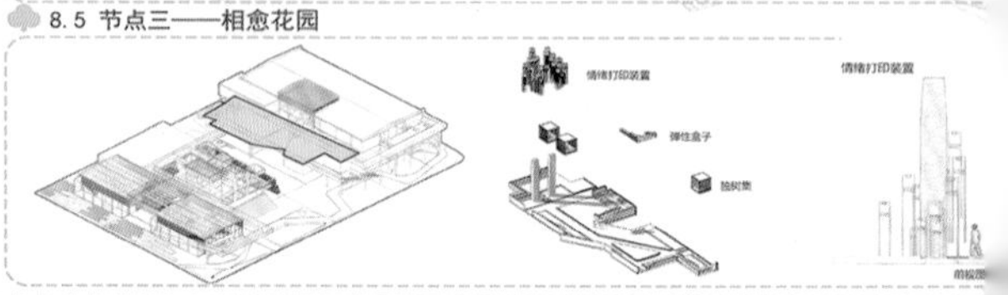

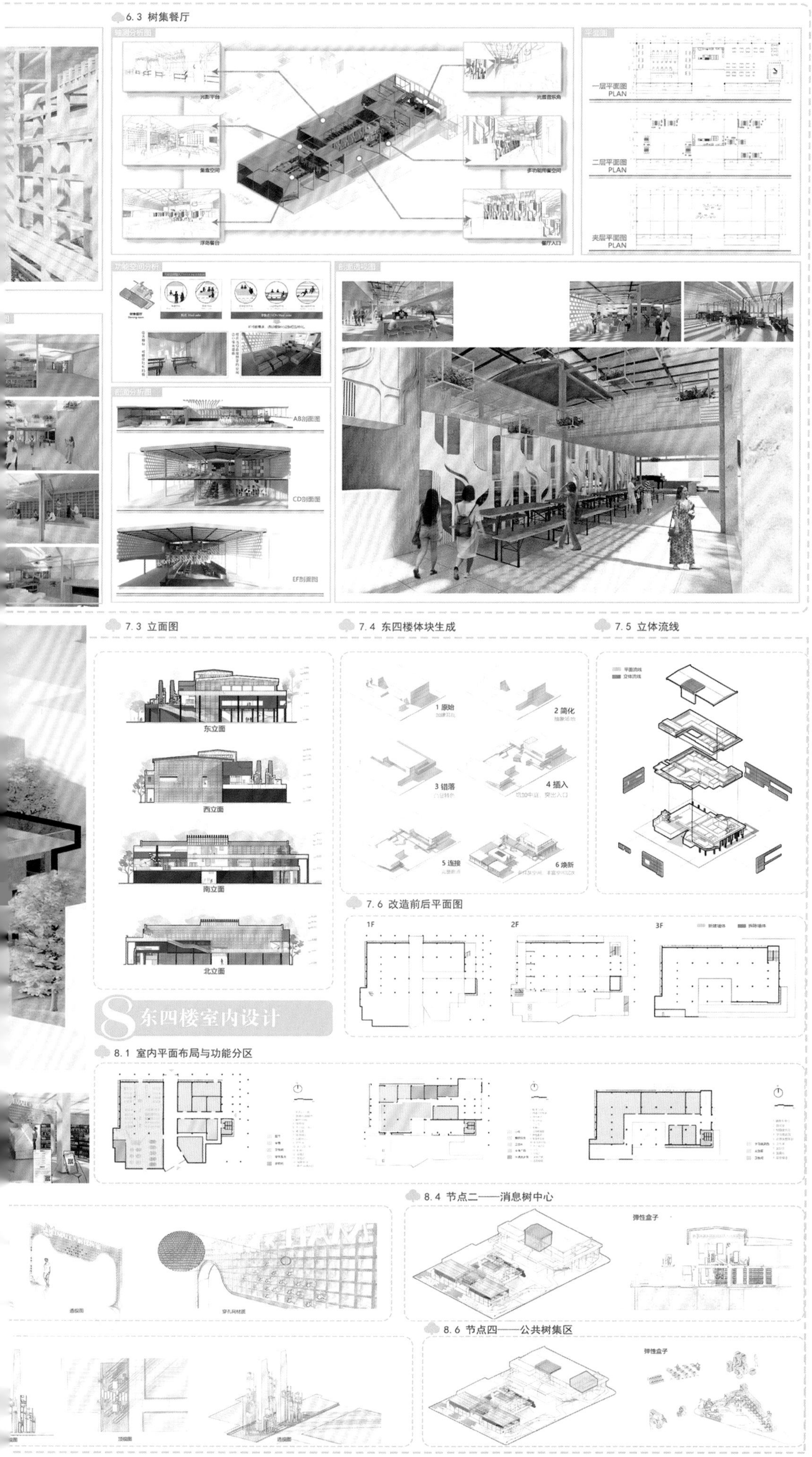
6.3 树集餐厅
一层平面图
PLAN
二层平面图
PLAN
夹层平面图
PLAN
AB剖面图
CD剖面图
EF剖面图
7.3 立面图
东立面
西立面
南立面
北立面
7.4 东四楼体块生成
1 原始
2 简化
3 错落
4 插入
5 连接
6 焕新
7.5 立体流线
7.6 改造前后平面图
1F
2F
3F
8 东四楼室内设计
8.1 室内平面布局与功能分区
8.4 节点二——消息树中心
弹性盒子
8.6 节点四——公共树集区
弹性盒子

林间集——高校商业综合体更新改造设计

TASTE NOW
HELLO
I 项目解读
项目选址
项目用地位于华中科技大学中区的东三楼、东四楼。东三楼整体一层，原为学生食堂，历经三次改造扩建，层高不统一，外立面为雨刷石，现计划以餐饮为主。东四楼在北边，为三层大开间老楼，外饰雨刷石，南边历经2次加建。现将整个东三楼、东四楼外环境、立面及室内整体改造，打造为师生服务的综合商业体，要求尊重现有结构，塑造符合华中科技大学人文气质的商业中心。
华中科技大学作为理工科院校的代表，实力强悍，但是在校园的建设上受到上世纪50年代建校时期苏联模式的影响，以内敛、低调的风格为主，并不张扬。虽然华中科技大学有着“森林式大学”的美誉，但整体建筑都没有较好的识别环境，缺少印象深刻的“地标”。
苏联式建筑
森林大学
区位分析
校内已有商业分布
辐射范围
学生公寓
集贸
西区学生服务中心
东区CBD
华中科技大学主校区地图
III 景观设计·橘调活
北
3F
1F
1.500
0.450
±0.000
1 景观图例
1.飘带座凳
2.休闲坐阶
3.折纸廊架
4.商业外摆
5.休闲广场
6.休闲廊架
7.商业景观
主入口
景观分区
1.主广场
2.休闲广场
3.商业街
4.品牌橱窗
5.景观廊道
6.通行空间
4 灯光
1.路灯
4.灯带
流线
主要商业
人流主要
人流次要
后勤流线
“一条街”

华中科技大学

指导教师：王祖君 白舸

作者：史韫琪 雷雅丝 钟田

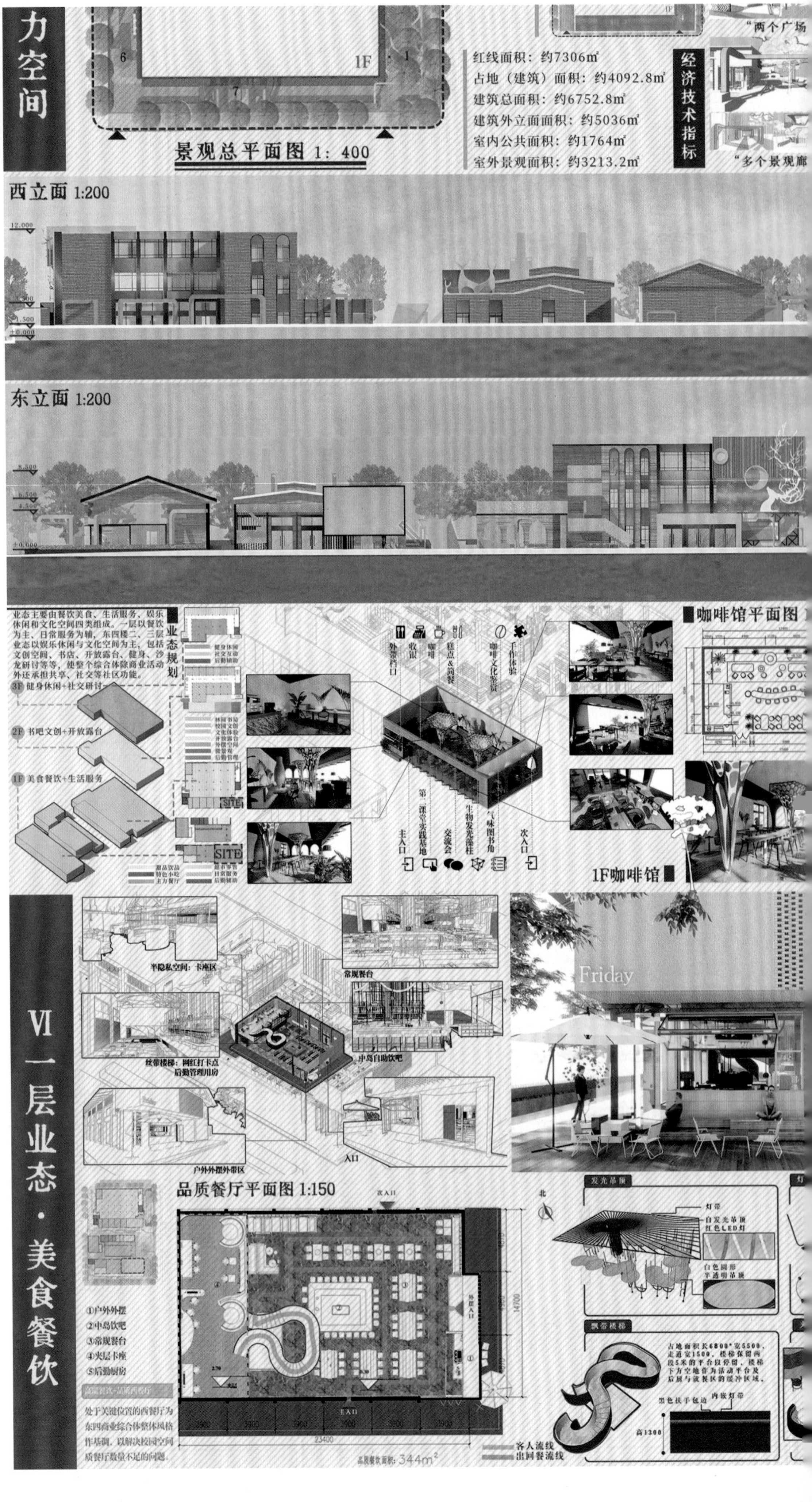
力空间
景观总平面图 1：400
红线面积：约7306㎡
占地（建筑）面积：约4092.8㎡
建筑总面积：约6752.8㎡
建筑外立面面积：约5036㎡
室内公共面积：约1764㎡
室外景观面积：约3213.2㎡
经济技术指标
“两个广场
“多个景观廊
西立面 1:200
东立面 1:200
业态主要由餐饮美食、生活服务、娱乐休闲和文化空间四类组成。一层以餐饮为主、日常服务为辅，东四楼二、三层业态以娱乐休闲与文化空间为主，包括文创空间、书店、开放露台、健身、沙龙研讨等等，使整个综合体除商业活动外还承担共享、社交等社区功能。
业态规划
3F 健身休闲+社交研讨
2F 书吧文创+开放露台
1F 美食餐饮+生活服务
SITE
咖啡馆平面图
1F咖啡馆
外带档口
收银
咖啡
糕点&简餐
咖啡文化鉴赏
手作体验
主入口
第二课堂实践基地
交流会
生物发光涂料
气味图书角
次入口
Ⅵ 一层业态·美食餐饮
半隐私空间：卡座区
常规餐台
纽带楼梯：网红打卡点
后勤管理用房
中岛自助饮吧
户外外摆外带区
入口
Friday
品质餐厅平面图 1:150
次入口
①户外外摆
②中岛饮吧
③常规餐台
④夹层卡座
⑤后勤厨房
处于关键位置的西餐厅为东四商业综合体整体风格作基调，以解决校园空间质餐厅数量不足的问题。
主入口
23400
14700
品质餐饮面积：344m²
客人流线
出回餐流线
发光吊顶
灯带
自发光吊顶
红色LED灯
白色圆形半透明吊顶
飘带楼梯
高1300

基本型
立体化
平滑座面
深化边线
撞色填充
几何元素
坐具以边长600mm，高度450mm的等边三角形为基本型，在此基础上进行简单的组合形成了菱形或箭头状的坐具。在开阔的场地中可以进行多样化的组合，通过水平方向组合形成坐姿各异的座面，通过垂直方向组合形成了座椅靠垫、绿植和分隔了两面朝向的座椅。
场地色彩主要以灰调为主，仅在主要的商业通道上的坐具注入明快的点状色彩。坐具采用经典的孟菲斯风格，运用饱和度高的色块打造强烈的装饰性，形式以几何元素和深色粗描边为主，在整个场地中形成活泼且极富表现力的“一点”。
坐具设计
立面 1:200
12.000
±0.000
立面 1:200
12.000
±0.000
东三东四楼作为年代比较久的混凝土建筑，整体排布工整方正，建筑外立面面积约5036㎡，除后期加建的部分以外，建筑开窗面积较大，墙体颜色灰败。外立面更新设计遵循绿色环保、节约成本的原则，不大拆大建，在原本框架的基础上替换表皮材质、置换窗户单元。在局部进行深化改造：在建筑入口处拆除原有笨重的雨棚和台阶，重新设计统一、轻巧的门头；在建筑转角处增设大型广告牌强化场地特征，打破整体规矩的表皮。
香槟金不锈钢
红砖
Ⅳ立面更新·打造视觉地标
咖啡馆天花图 1:200
图例
图名
筒灯
射灯
可调方向射灯
艺术吊灯
流线分析
顾客流线
出入口
动静分区
动区
制备区
静区
临时等候区
节点分析
影响范围
咖啡馆剖面图 1:75
+4.400
+3.500
+0.850
±0.000
Ⅴ业态规划
空间内照明主要依靠灯带及吊灯，照明主次明显，暖灯光、突出室内重点与氛围。
吊灯
（常规餐椅）
夹层卡座注重空间视线上的隐蔽性与半隐私性。

织韵流芳——非遗导向下华中科技大学校内商业综合体设计

武汉大学

指导教师：陆虹 罗雪

作者：李旭东 肖乐盈 刘小禾

该项目面积约为8000㎡，功能定位为高校商业综合体，有餐饮、游览、自习、购物等作用，以此来打造一个促进学生、老师学习生活的多样化、个性化空间。设计融入非物质文化遗产元素，体现了传统文化与现代技术的艺术特征。同时坚持以人为本和可持续设计的理念，从使用人群切身需求出发，兼顾传统特色和现代需求，塑造一个具有多业态体验的高校商业综合体，使旧建筑重新焕发活力，并为高校建筑改造提供设计实践案例。
人群分析
本调研针对华科大不同使用人群进行分析从而使设计更全面
目标人群分析
现实概况
年龄
时间
对应人群
时间节点
上午
下午
时间节点
18-30
30-65
65+

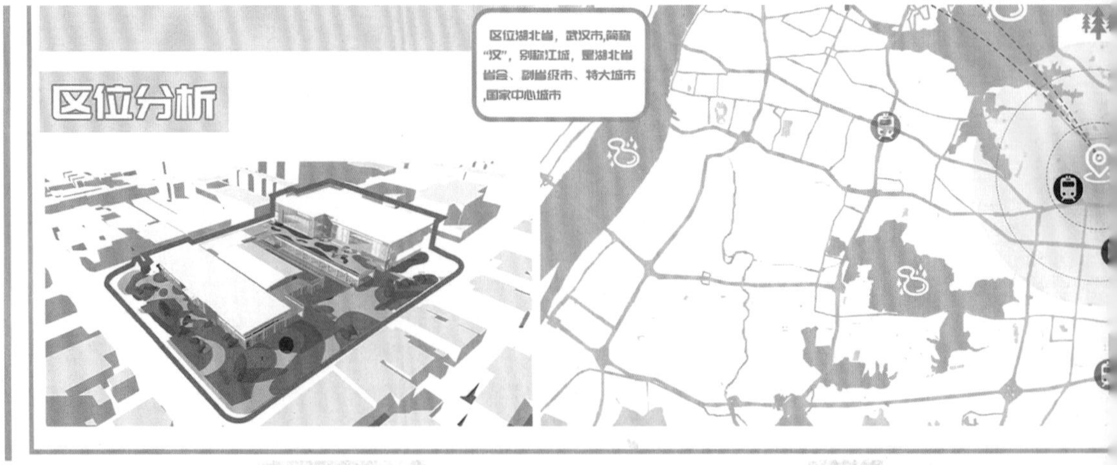
区位分析
区位湖北省，武汉市,简称“汉”，别称江城，是湖北省省会、副省级市、特大城市,国家中心城市

织韵流芳
华中科技大学校内商业综合体设计

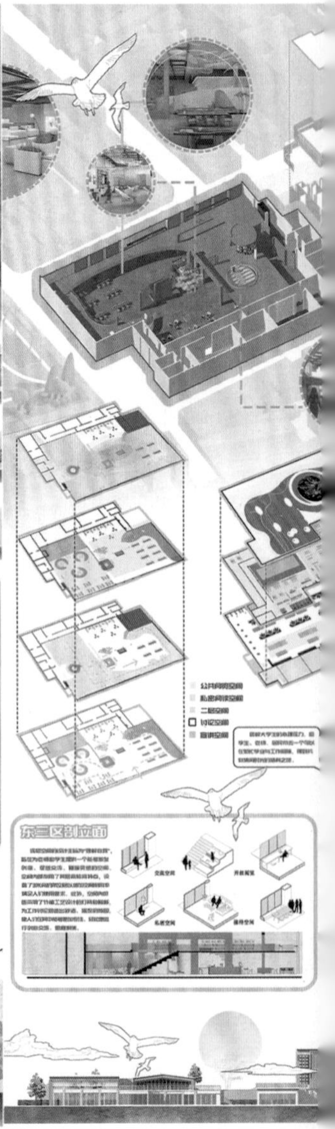
东二区剖立面

人群画像分析
人群时间节点
AM7:00
AM8:00
AM10:00
PM12:00
PM3:00
PM6:00
PM7:00
PM10:00
需求空间
0
8
12
18
24
华科位于中国湖北省武汉市，该项目位于中国湖北省武汉市洪山区华中科技大学东三区，东侧为学生宿舍楼，西侧紧邻东一食堂，南侧为中心操场，北侧为学生宿舍及教学楼。
织韵流芳
非遗导向下华中科技大学校内商业综合体设计
材质分析
故事板
空间设计策略
自我认同
健康放松
东三区一层讨论空间
东三区一层咖啡厅
东三区二层休憩区
东西区二层展厅
东西区二层非遗展厅
导视设计
东西区三层展厅

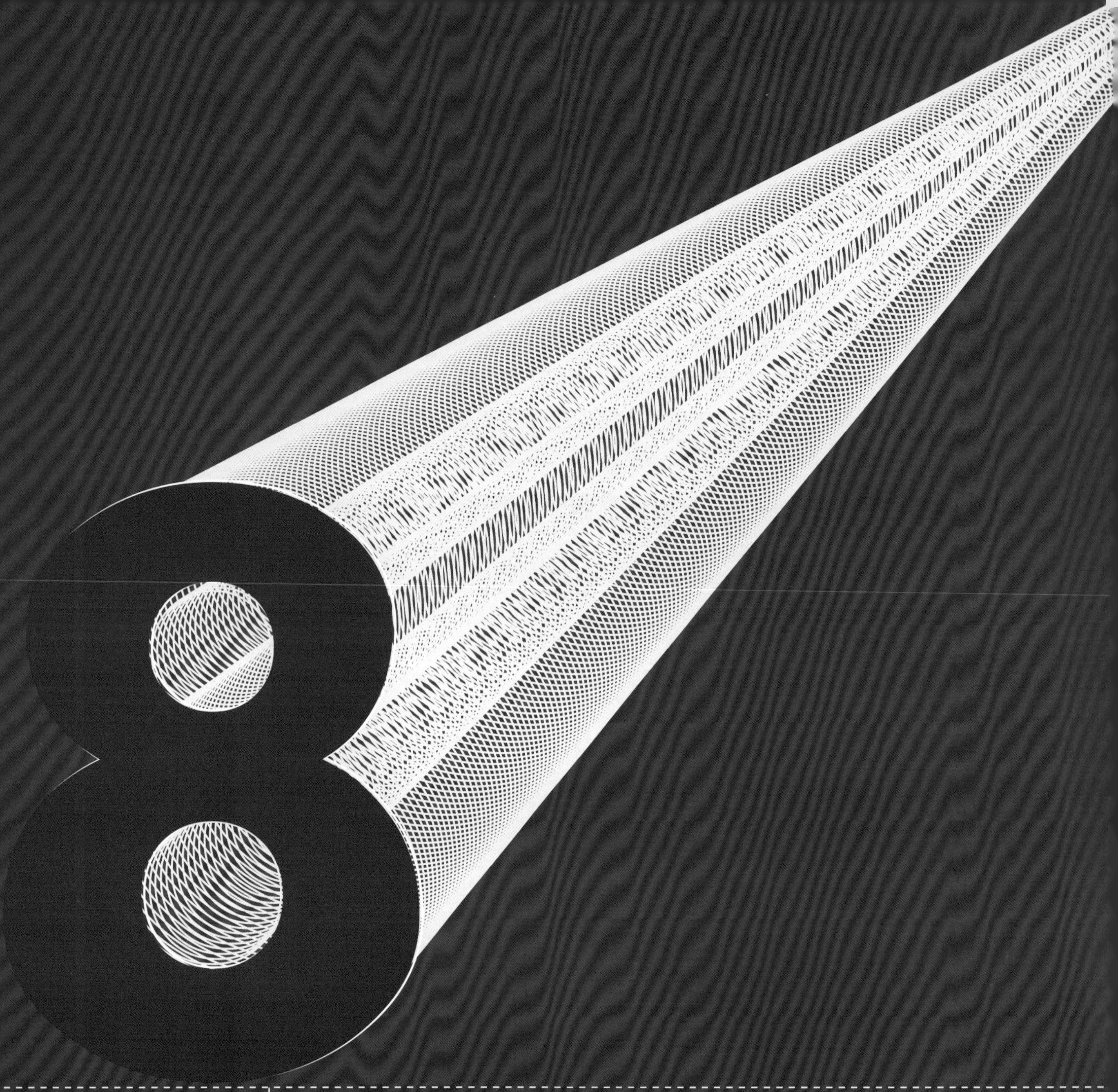

华南区

参加院校：广州美术学院、广东工业大学、广西艺术学院、福州大学、厦门大学、深圳大学、辽宁工业大学

联合主办：福州大学、辽宁工业大学、广东工业大学

支持单位：珠海市科家设计工程有限公司、中山市岩峰照明科技有限公司、广东科劳斯实验系统科技股份有限公司、横琴意品空间科技有限公司

华南区作品

深圳大学

等麻雀落满屋头——基于排山村的乡宿非遗文创综合体设计研究

广州美术学院

知识生产中“服务”与“被服务”空间关系质变

福州大学

光影窥往昔，幕后支今戏——粤剧文化展演厅空间概念设计

广东工业大学

编遗重塑实验——排山村非遗文化主题民宿设计

辽宁工业大学

脉动·塑·承——排山村非遗活态传承与康养空间环境设计

广西艺术学院

海上墟·与陆——疍家非遗文化体验馆设计

厦门大学

向往的生活——排山乡村会客厅

6+ 室内·联合毕业设计

等麻雀落满屋头——基于排山村的乡宿非遗文创综合体设计研究

项目改造场地

总体规划

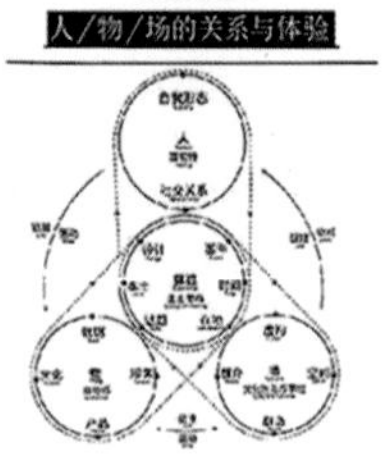

痛点，需求，结论

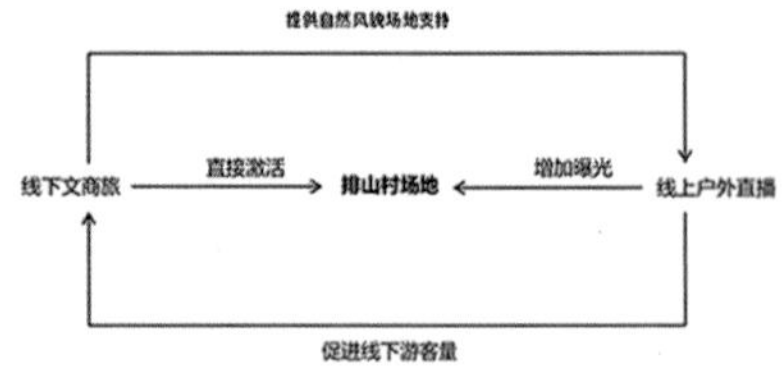

① 资本引入乡村 打造线下文商旅

② 媒体介入乡村 同步线上户外美食直播

新轴网生成过程

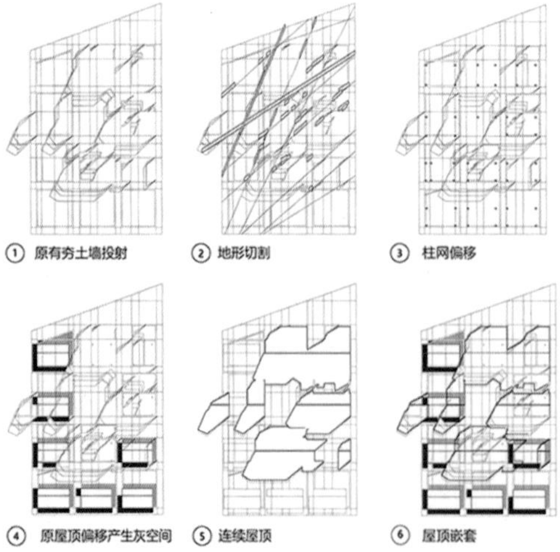

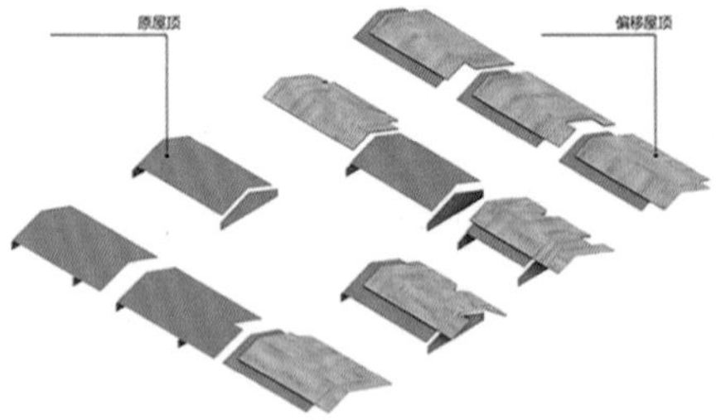

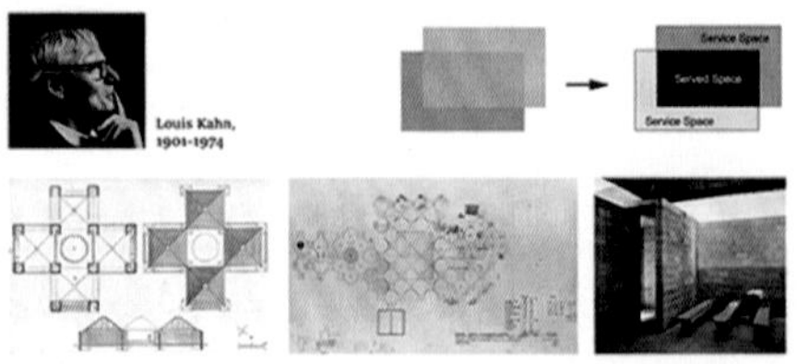

田野调研

拼接实验

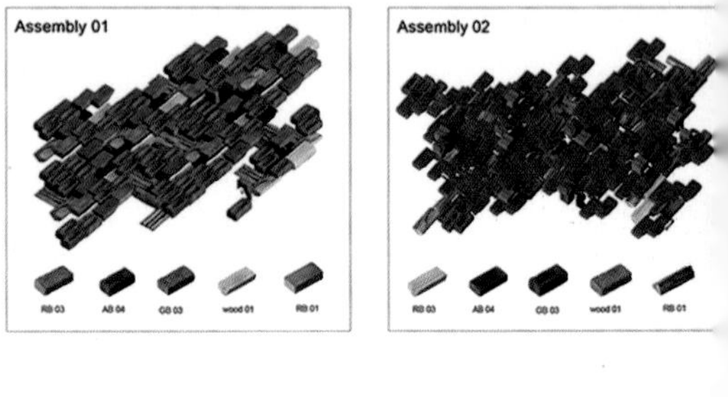

匠心传承——非遗文化空间设计

深圳大学

指导教师：巫濛

作　者：廖语寒

场地照片

屋顶
屋顶
屋檐
屋檐
门洞
残破屋顶
窗洞
夯土
巷道

场地分析

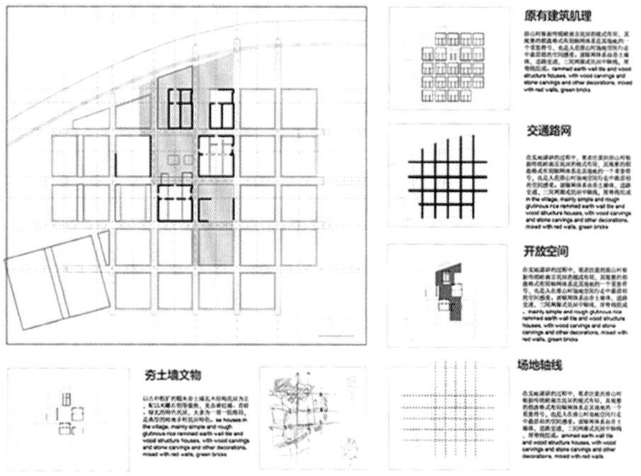
原有建筑肌理
交通路网
开放空间
场地轴线
夯土墙文物

功能排布

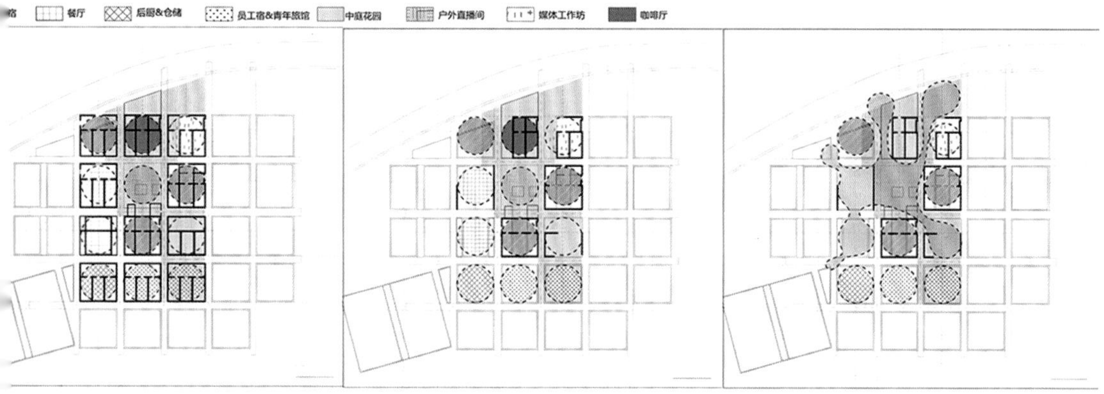
餐厅
后厨&仓储
员工宿&青年旅馆
中庭花园
户外直播间
媒体工作坊
咖啡厅

2400平方米，为12栋单层古民居建筑，建筑高度为5.5米。本次建筑改造设计包含地形设计、平面铺装、立面改造、承重柱梁、屋顶改造、室内设计。功能区域为民宿客房3套、咖啡厅1间、餐厅1间、媒体工作坊1间、后厨仓库1间、员工宿舍青

屋顶改造

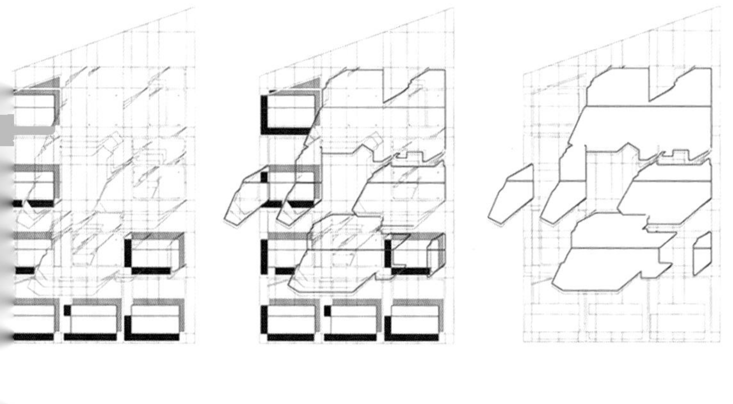

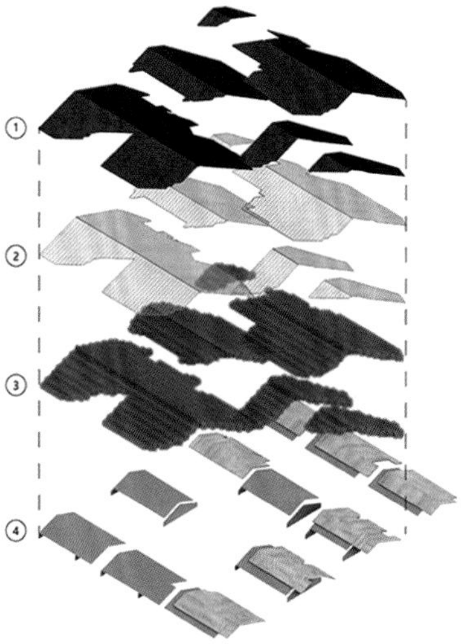
①
②
③
④

地原有屋顶破损严重，在重新设计屋顶的时候根据先前新的轴网体系，将屋顶面积扩大整合，形成整片区连廊；并借用路易康的双重网格体系定的偏移，从而得出的缝隙灰空间成为服务空间，原有墙体围合空间为被服务空间。整片的连廊屋顶将一层的碎建筑体块以另一个层面串联起成一种漫游动线的投射，打造了流动屋顶，原本场地建筑的室内外空间比较明确肯定，动线也比较单一，通过屋顶的改造再设计，室内外边界，空间也变得更暧昧、模糊和不明确，空间也多了一层嵌套关系。由于屋脊线的位置保留，屋檐的一边高一边低限定了屋前和屋后的空间，也上带来了某种节奏感。

地形切割

0: 代入轴网　　STEP 1: 折叠　　STEP 2: 偏移

地面铺装

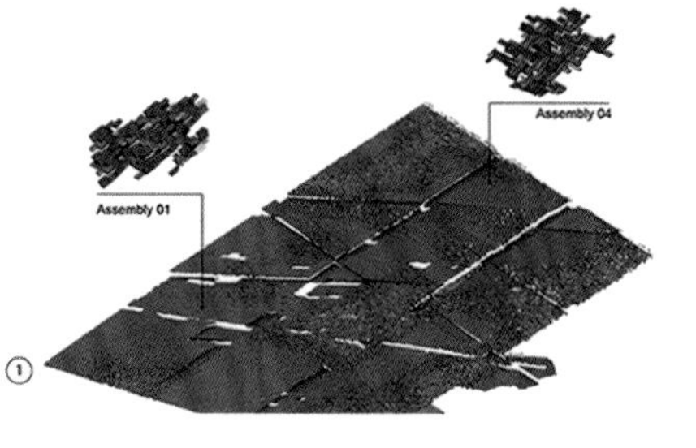
Assembly 04
Assembly 01
①

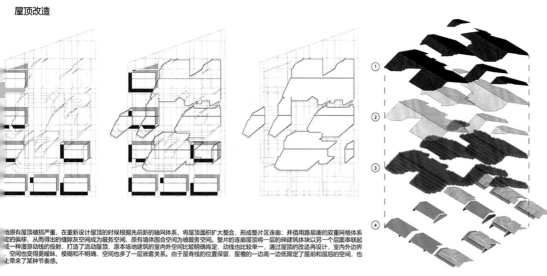

材料选择

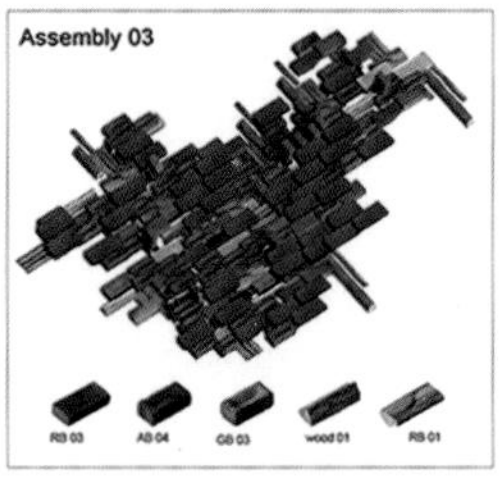

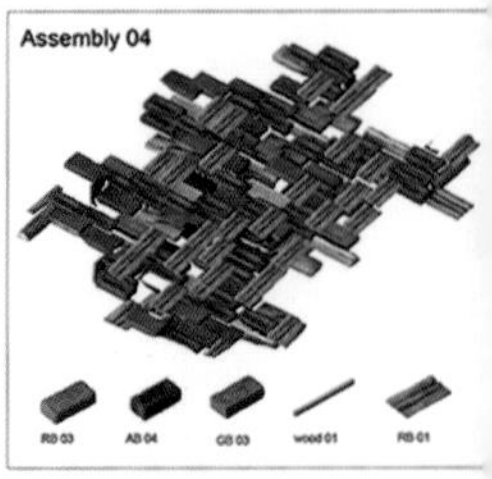

梁柱木结构设计

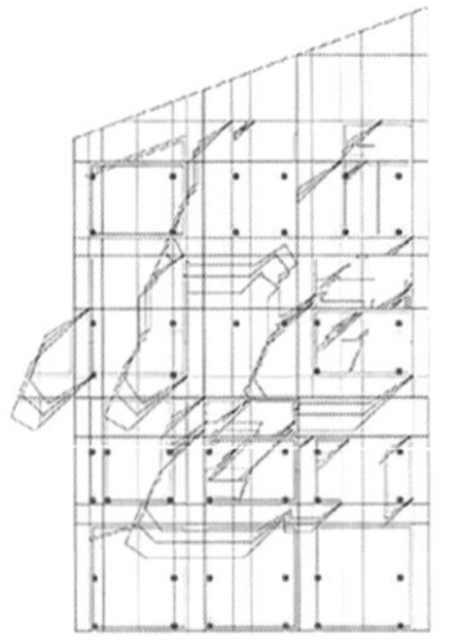

柱网跟随屋顶偏移同时界定新的空间

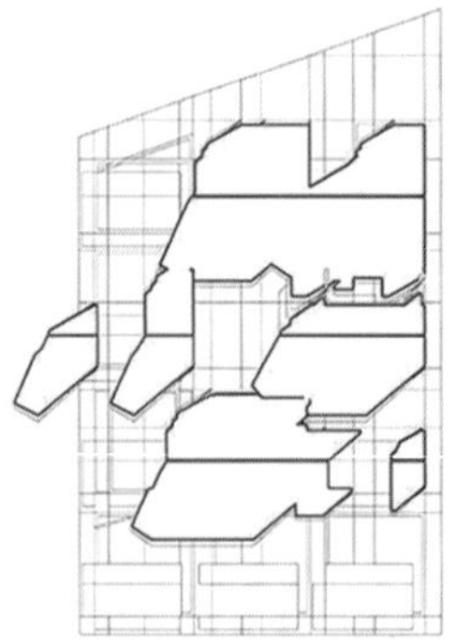

木结构支撑有屋顶垂直投射生成将屋顶抬高

建筑搭建过程

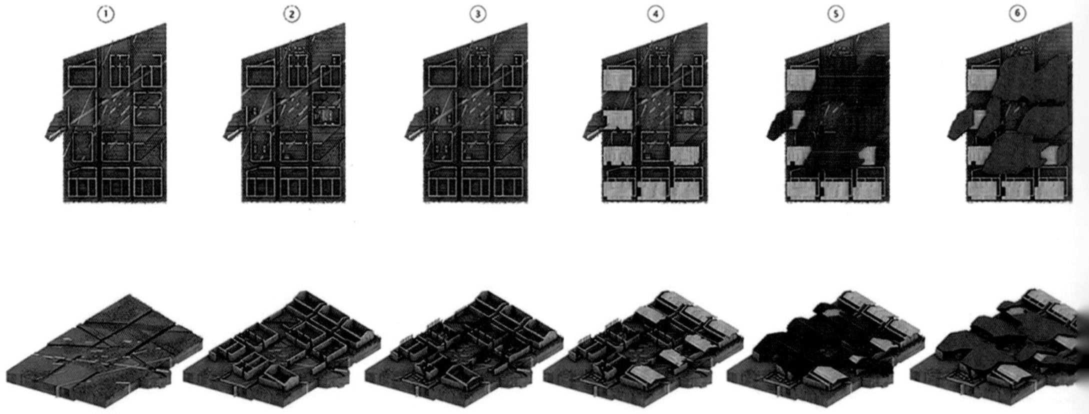

在改造的过程当中，很多时候并不是浮于表层的物理阻断指引，而是通过屋顶与地形的拓扑形态模糊了实体与虚体的界限，房屋体量和院落附属关系不再明确，房屋的体量感不被感知，这种独特
出 一种关于迷失和选择的空间趣味：游览者迷失在不断的选择中，记忆发生微妙的重龟时间和空间在不断的选择中被无限的延长。

流线的交织记忆的无限延长

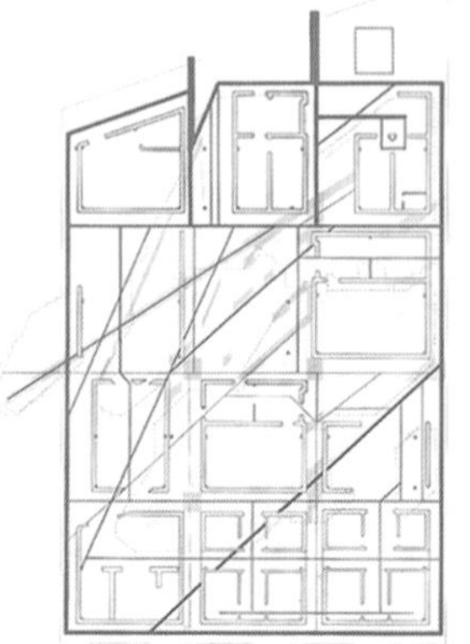

一层平面图

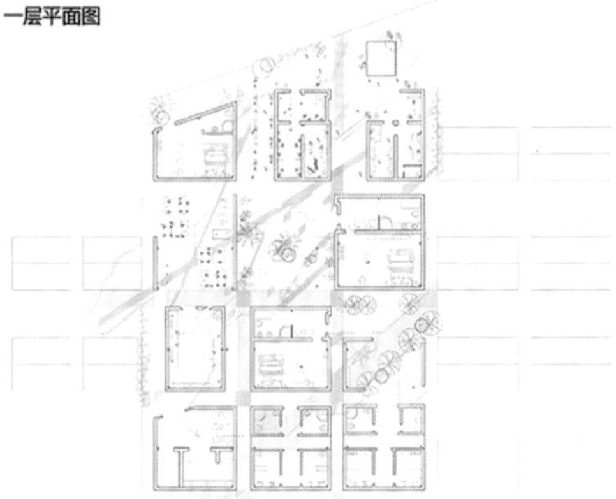

建筑立面

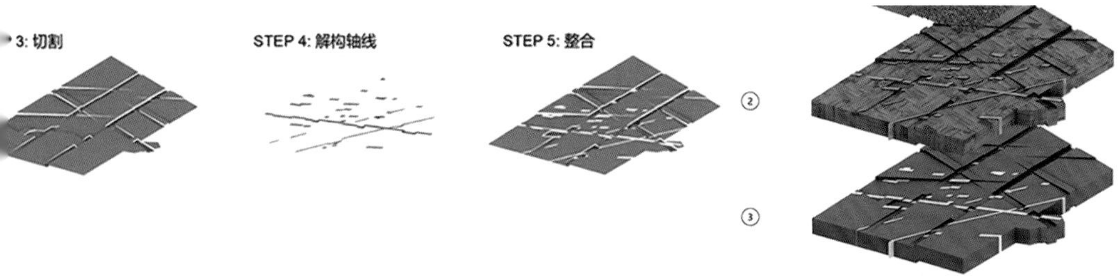
3: 切割
STEP 4: 解构轴线
STEP 5: 整合
②
③

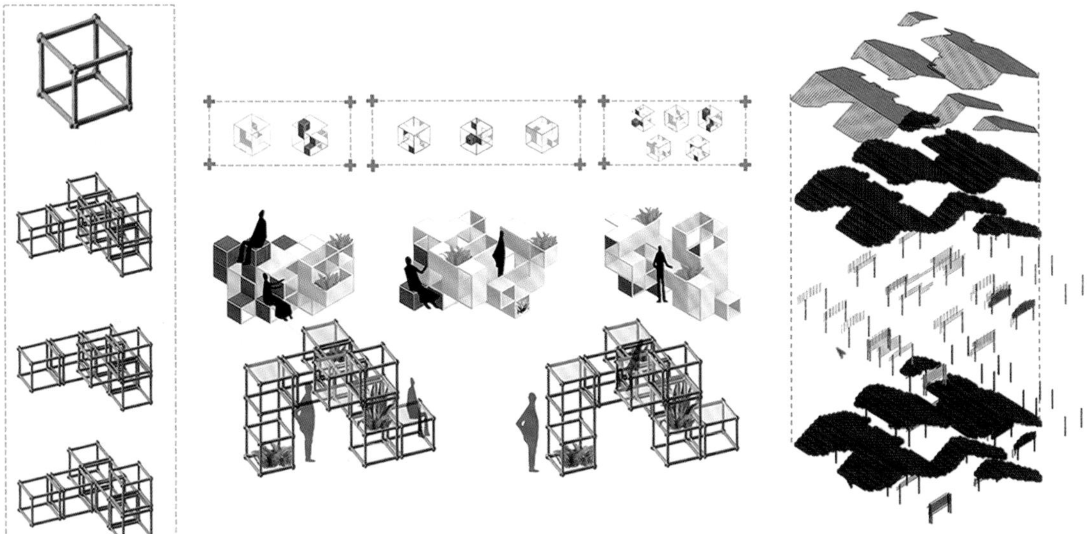

梁柱木结构设计

设计小结

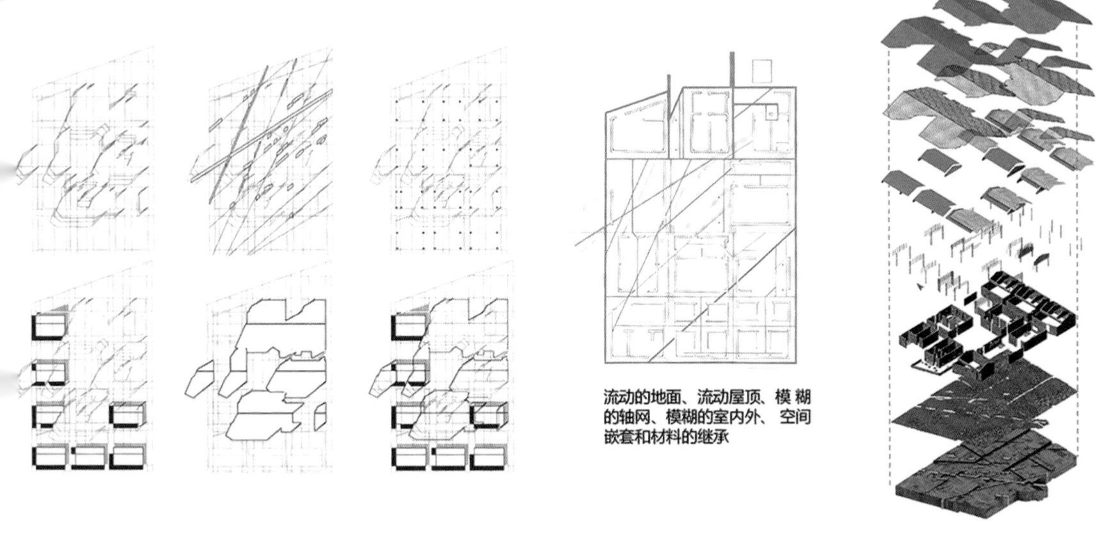

流动的地面、流动屋顶、模 糊的轴网、模糊的室内外、 空间嵌套和材料的继承

建筑轴测

知识生产中『服务』与『被服务』空间关系质变

平面图

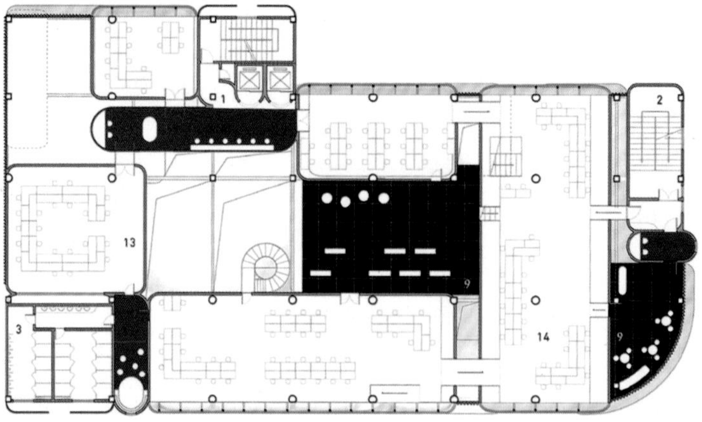

2层平面图

1 电梯
2 消防梯
3 洗手间
4 储藏室
5 吸烟室
6 歌舞间
7 聊天室
8 午休室
9 大厅
10 餐吧
11 阅读室
12 美工组
13 测试组办公区
14 策划组

城市意向

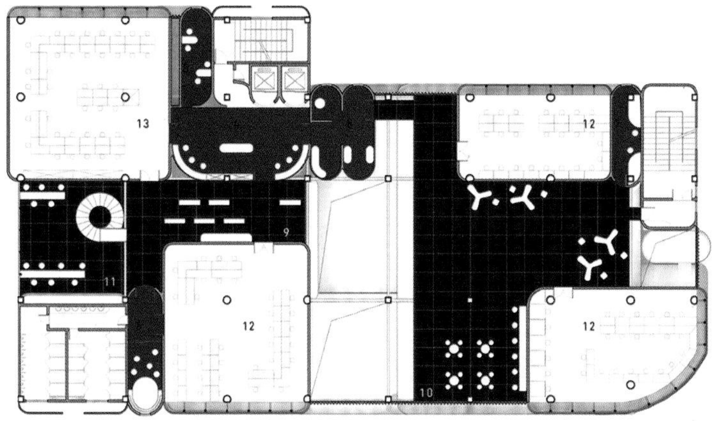

4层平面图

呈现

新的办公形象

错落的楼层

隐于城市绿地的办公楼

自然光的引入丰富空间

广州美术学院
指导教师：廖 橙 朱应新
作　者：郑楚生

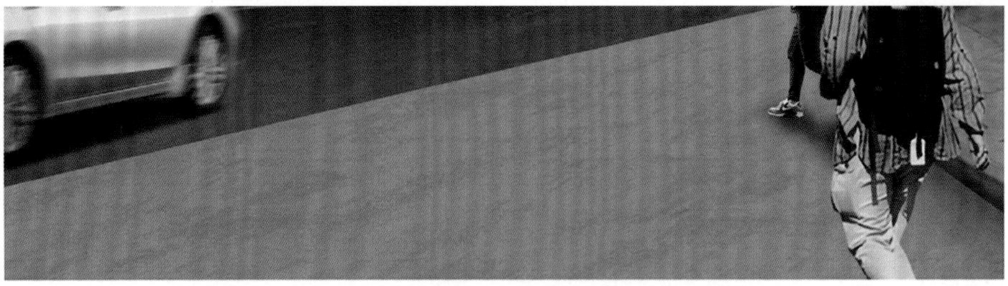

空间趣味性

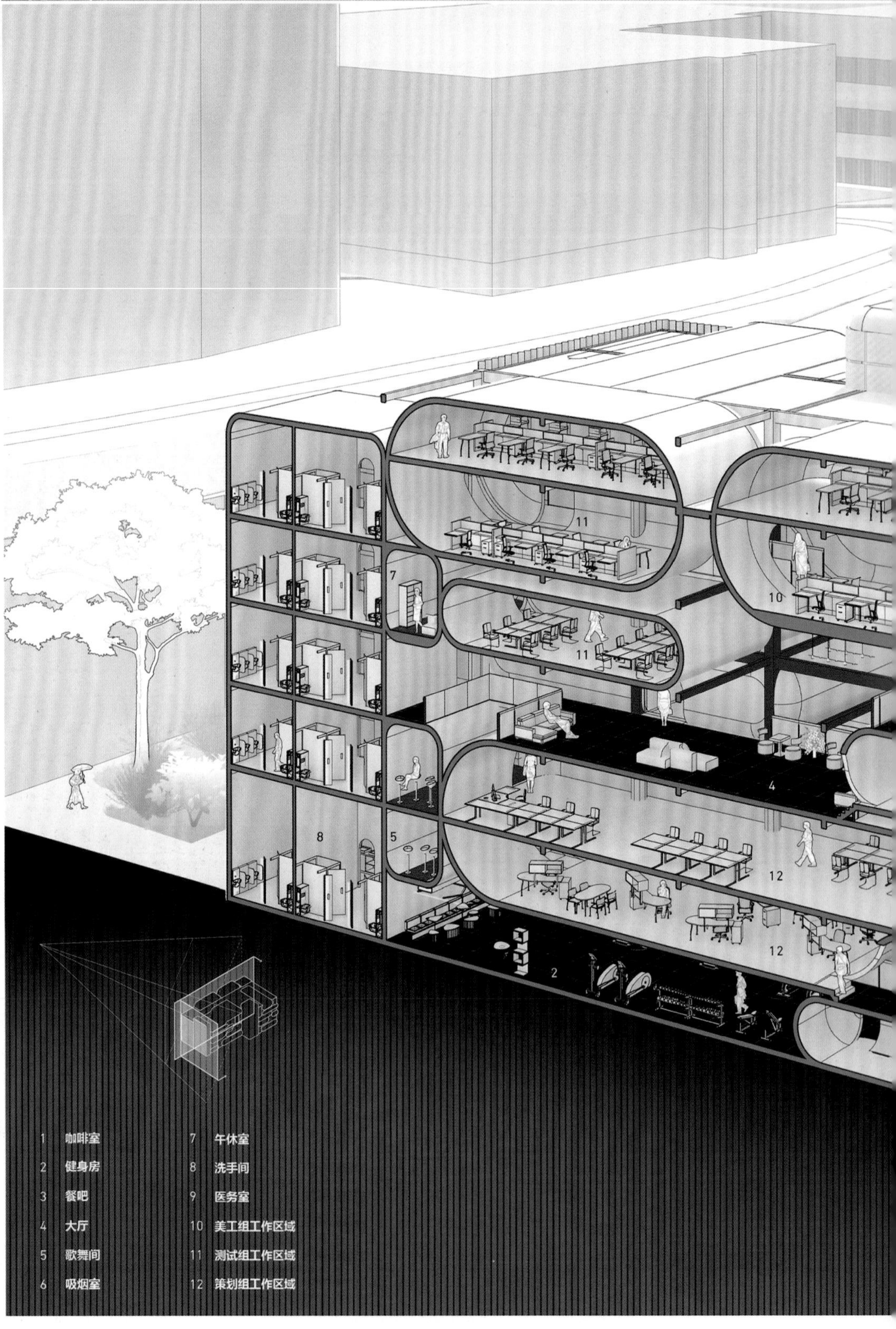
11
7
10
11
4
8
5
12
12
2
1 咖啡室
2 健身房
3 餐吧
4 大厅
5 歌舞间
6 吸烟室
7 午休室
8 洗手间
9 医务室
10 美工组工作区域
11 测试组工作区域
12 策划组工作区域

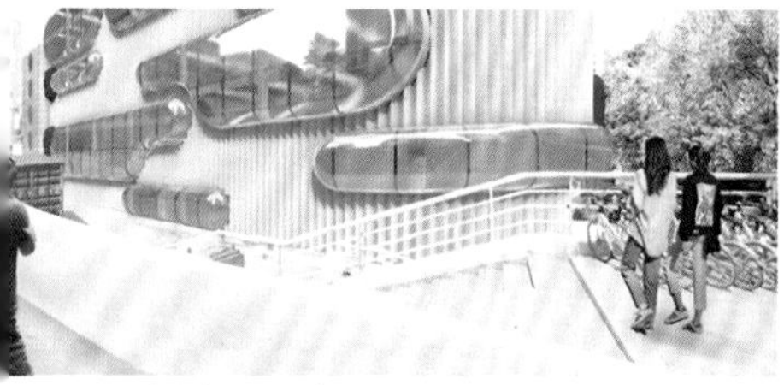

向城市呈现办公状态

圆柱与开放的立面

光影窥往昔，幕后支今戏——粤剧文化展演厅空间概念设计

建筑体块生成

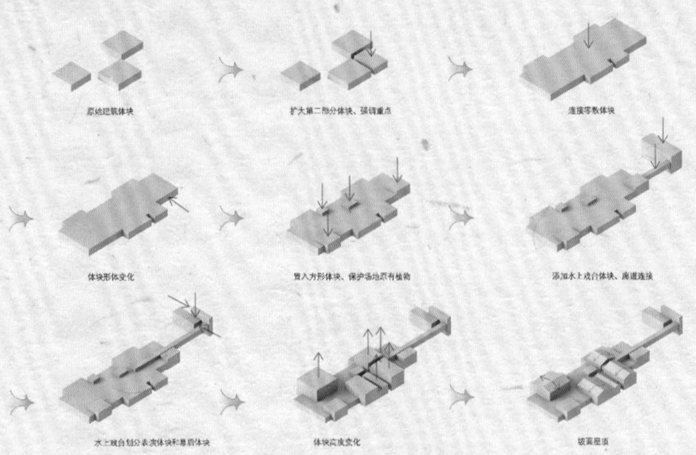

平面图

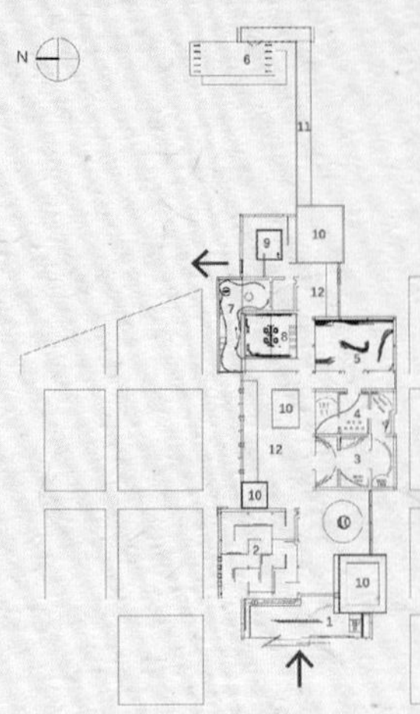

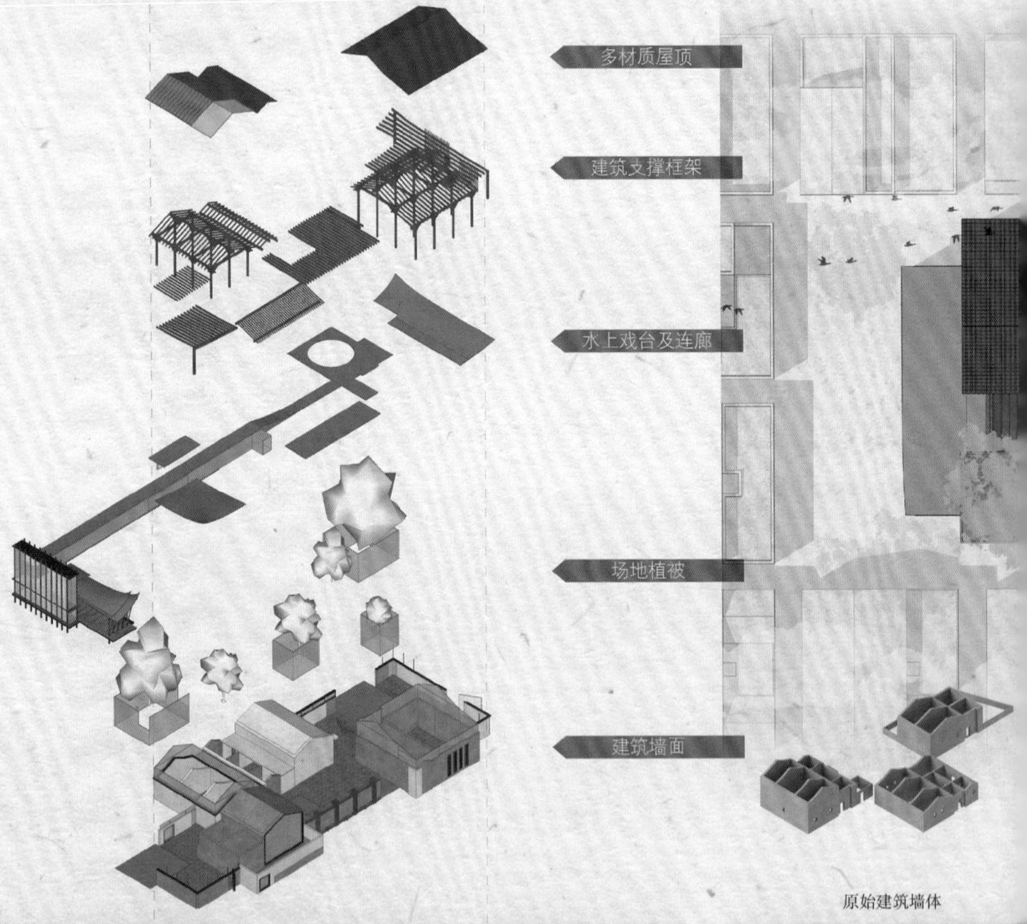

动线分析

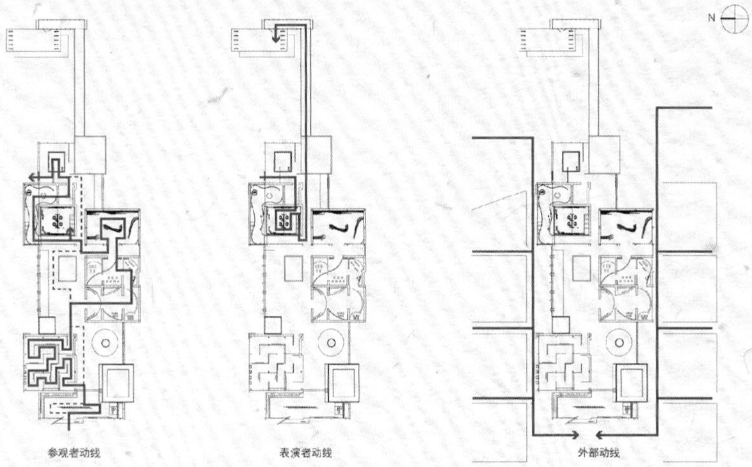
N
参观者动线
表演者动线
外部动线

1 序厅
2 第一展厅——粤剧曲折故事
3 第二展厅——粤剧艺术特色
4 第三展厅——粤剧表演场所
5 第四展厅——群星争艳的粤剧人舞台
6 第五展厅——水上戏台
7 第六展厅——粤剧装造及幕后用品
8 第七展厅——粤剧幕后工作
9 尾厅——粤剧文创产品售卖
10 树池景观
11 空中长廊
12 休憩区域

指导教师：叶昱 梁青
作者：侯婷婷 徐方喆 王婉力

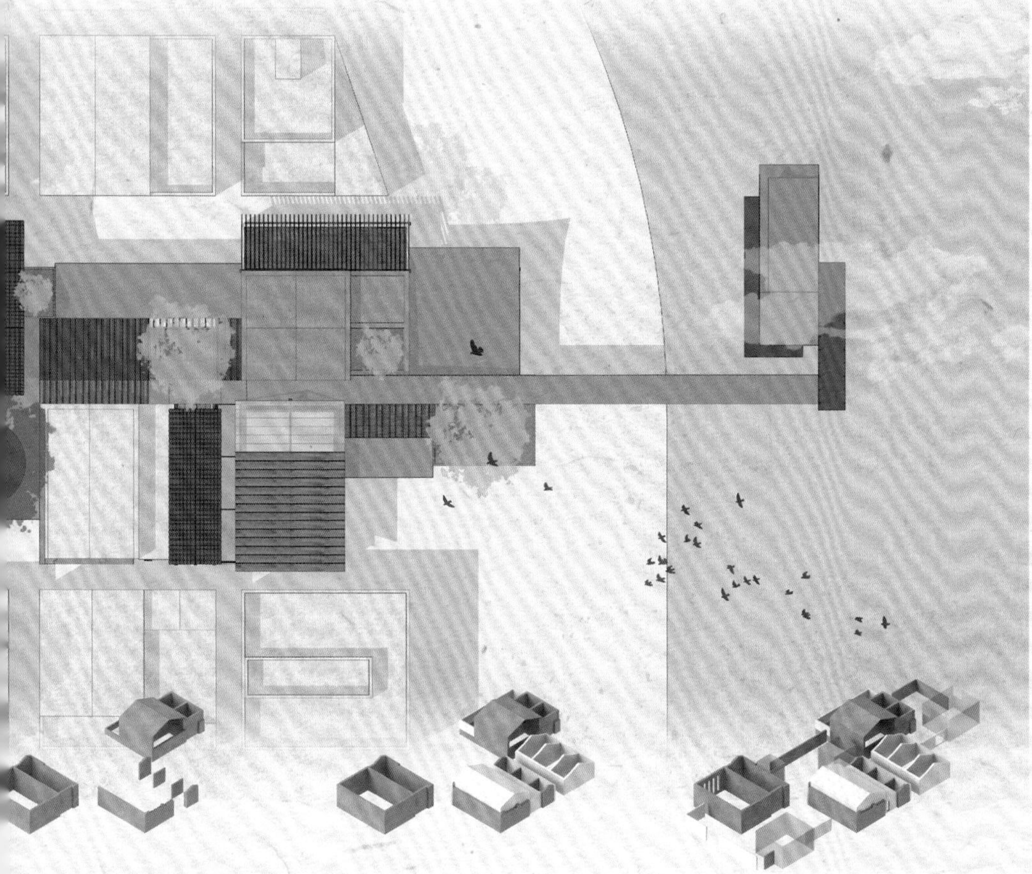

除部分墙体、保留原始框架　　原始建筑上（展厅部分）新建墙体　　原始建筑外新建墙体

展厅 ——粤剧幕后工作

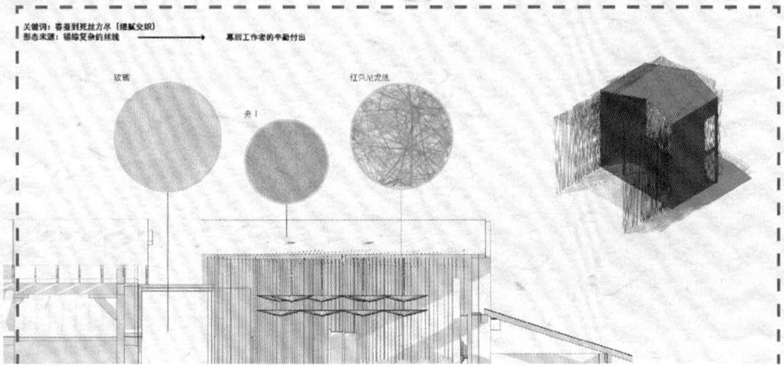
关键词：春蚕到死丝方尽（细腻交织）
形态来源：错综复杂的丝线 → 幕后工作者的辛勤付出
玻璃
光
红色尼龙线

展厅——粤剧坎坷故事

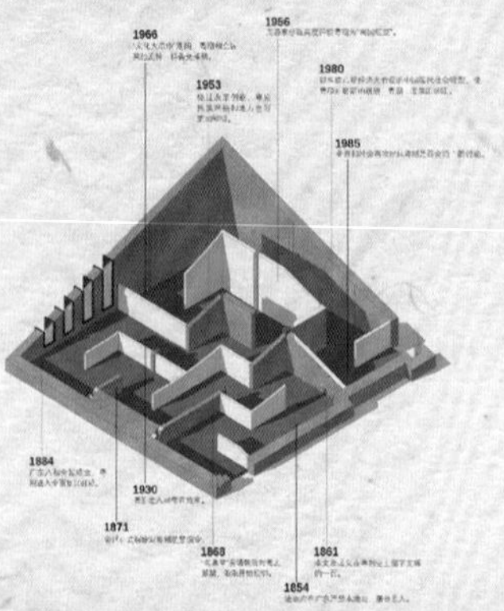

关键词：柳暗花明又一村（坎坷曲折、豁然开朗）
形态来源：迷宫

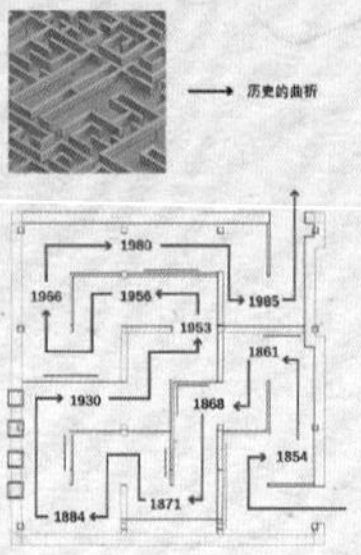

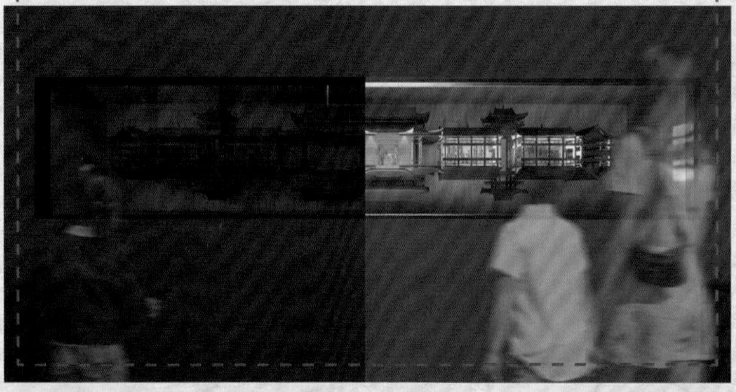

编遗重塑实验——排山村非遗文化主题民宿设计

建筑一层平面图1:100

建筑二层平面图1:100

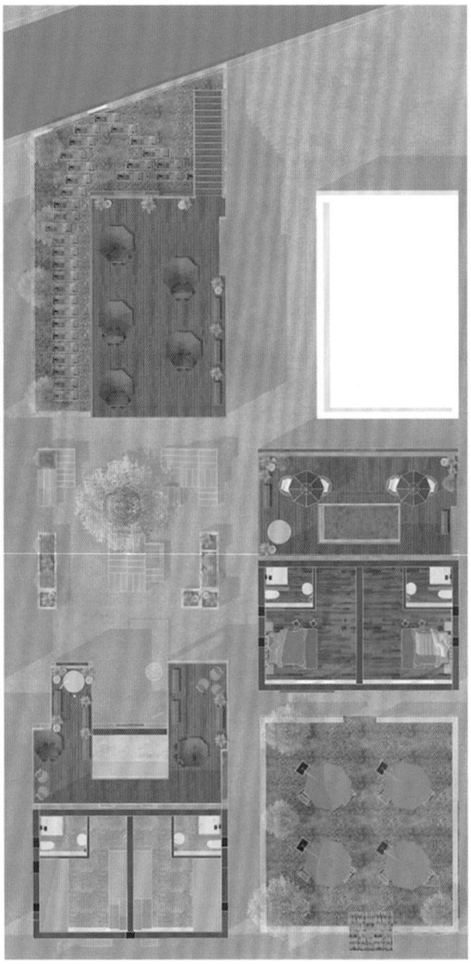

建筑效果展示

建筑一层布局

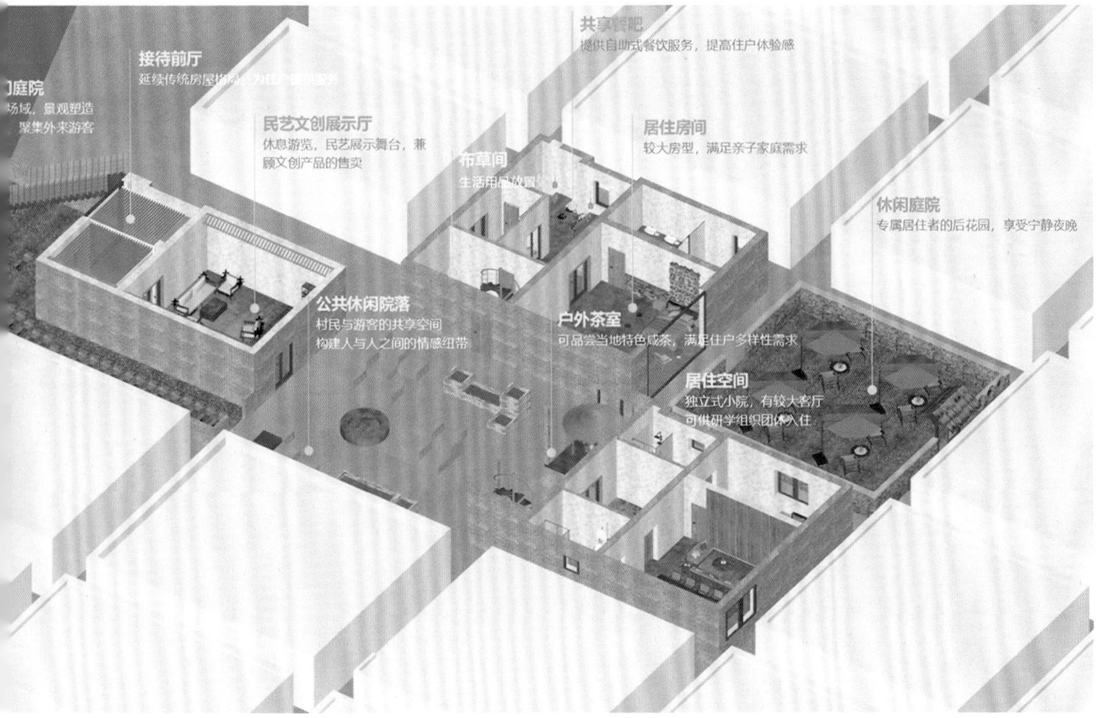
庭院
场域，景观塑造
聚集外来游客
接待前厅
延续传统房屋
民艺文创展示厅
休息游览，民艺展示舞台，兼
顾文创产品的售卖
布草间
共享餐吧
提供自助式餐饮服务，提高住户体验感
居住房间
较大房型，满足亲子家庭需求
休闲庭院
专属居住者的后花园，享受宁静夜晚
公共休闲院落
村民与游客的共享空间
构建人与人之间的情感纽带
户外茶室
可品尝当地特色咸茶，满足住户多样性需求
居住空间
独立式小院，有较大客厅
可供研学组织团体入住

建筑二层布局

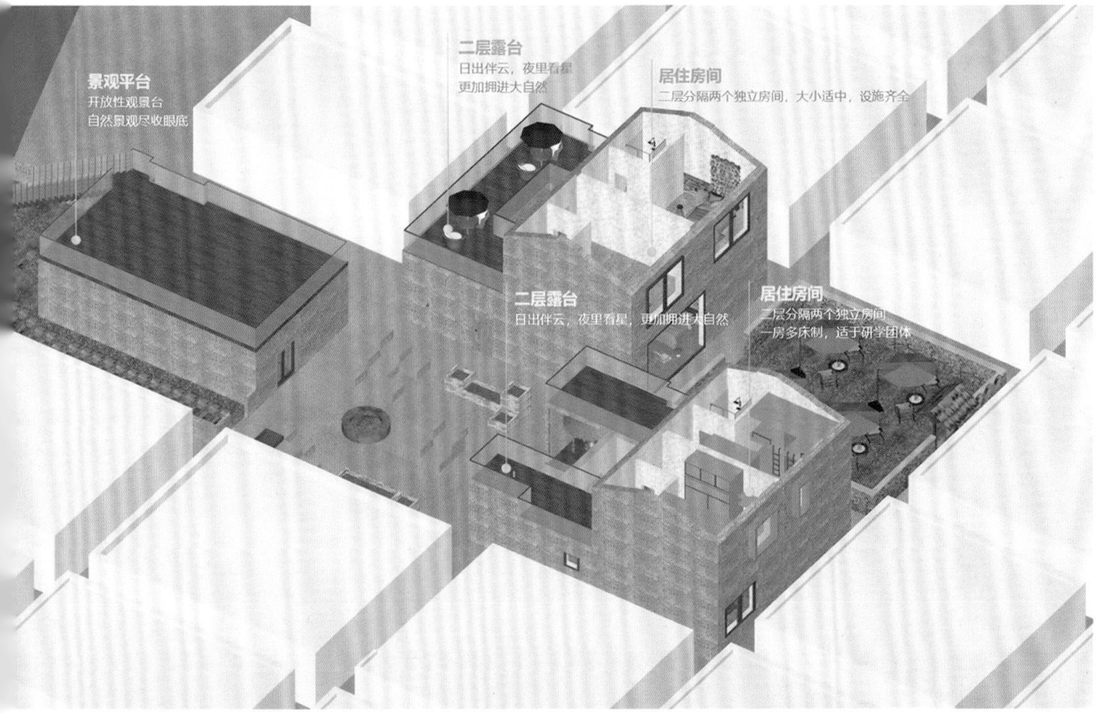
景观平台
开放性观景台
自然景观尽收眼底
二层露台
日出伴云，夜里看星
更加拥进大自然
居住房间
二层分隔两个独立房间，大小适中，设施齐全
二层露台
日出伴云，夜里看星，更加拥进大自然
居住房间
二层分隔两个独立房间
一房多床制，适于研学团体

广东工业大学

指导教师：王萍 胡林辉
作者：李淑梅 李宇斌 黄俊杰

脉动·塑·承——排山村非遗活态传承与康养空间环境设计

设计构思

1.建筑改造

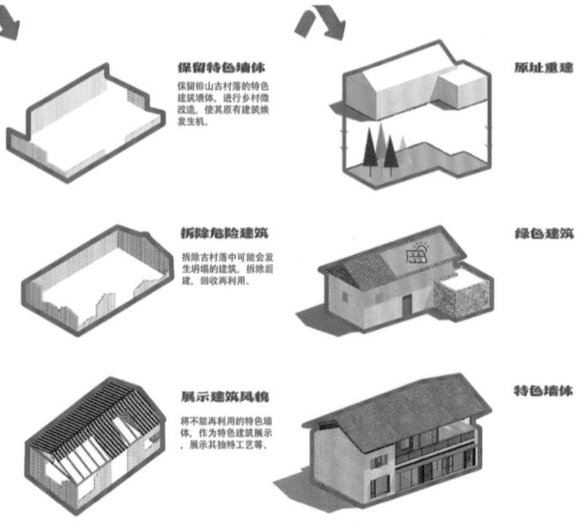
保留特色墙体
保留排山古村落的特色建筑墙体，进行乡村微改造，使其原有建筑焕发生机。
拆除危险建筑
拆除古村落中可能会发生坍塌的建筑，拆除后建，回收再利用。
展示建筑风貌
将不能再利用的特色墙体，作为特色建筑展示，展示其独特工艺等。
原址重建
绿色建筑
特色墙体

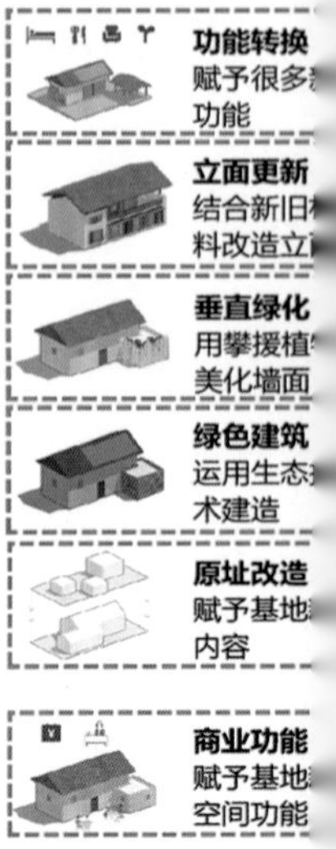
功能转换
赋予很多
功能
立面更新
结合新旧
料改造立
垂直绿化
用攀援植
美化墙面
绿色建筑
运用生态
术建造
原址改造
赋予基地
内容
商业功能
赋予基地
空间功能

辽宁工业大学

指导教师：何兰 黄宏伟

作者：高广玉 李采璇 张潇文

设计说明

根据“匠心传承（非遗）文化空间设计”的主命题，我们选定“非遗＋乡村振兴”以及“中医康养”作为项目方向，并以“寻脉”作为主题——探究乡村、非遗与人居环境之间的关系，然后进一步引入“非遗＋旅游＋康养”的乡村发展新模式，从而促进乡村振兴和非物质文化遗产传承，形成“展示、展演、康养、茶饮、零售”五大业态，以“中医康养”作为中心，双向服务（游客、原居民）通过挖掘岭南风情的特殊性，融合现代审美需求，打造品牌效应，进而达到可持续发展，丰富文化体验的新业态。

调研概况

□区位分析

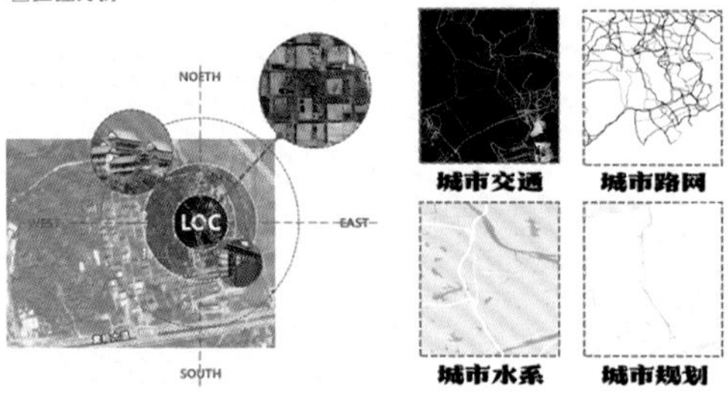

NORTH
LOC
EAST
SOUTH
城市交通
城市路网
城市水系
城市规划

□非遗现状

□活动现状

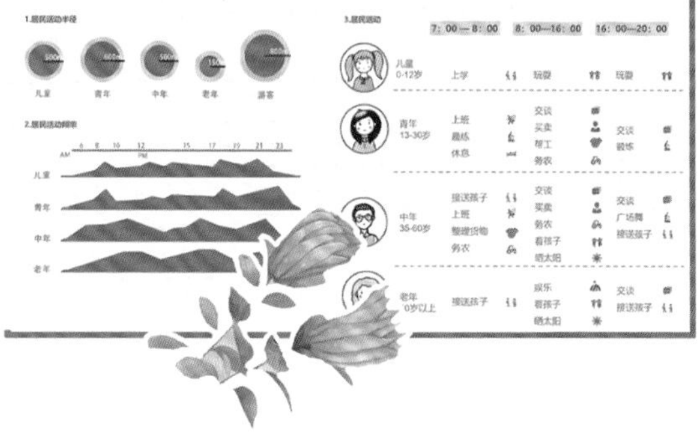

7: 00—8: 00
8: 00—16: 00
16: 00—20: 00

场地推演

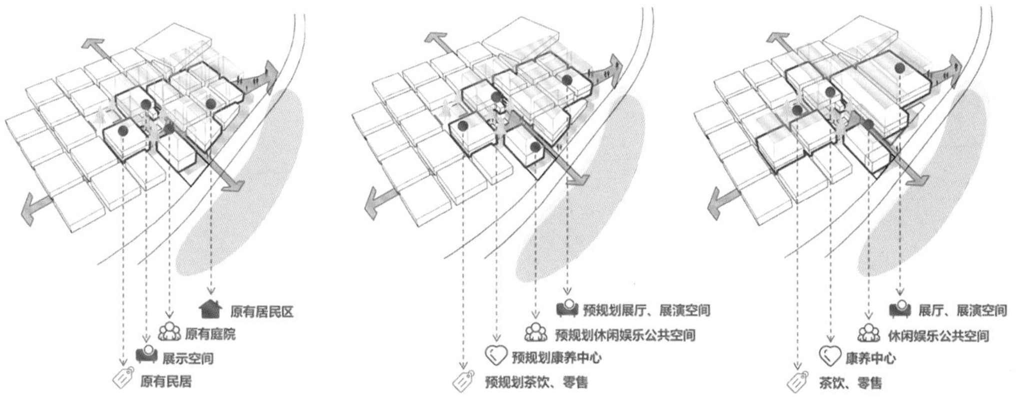

原有居民区
原有庭院
展示空间
原有民居
预规划展厅、展演空间
预规划休闲娱乐公共空间
预规划康养中心
预规划茶饮、零售
展厅、展演空间
休闲娱乐公共空间
康养中心
茶饮、零售

环境有机融合
对排山古村的榕树进行保护，围绕其做特色公共空间设计。

生态原则

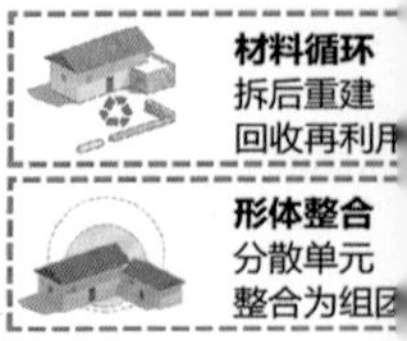
材料循环
拆后重建
回收再利用
形体整合
分散单元
整合为组

4.场地规划

康养民宿
中医康养馆
该项目主要区域
祠堂
展演区
非遗展馆
休闲娱乐公共空间
康养中心
茶饮、零售

展示
康养
展演
茶饮
零售
SOLD

根据原有的场地，以院落为中心点向外拓展设计面积，形成两种设计手法“链接”“共生”，五种业态“展示”“展演”“
“茶饮”“零售”。

通过对原有建筑的链接、加高等手法，形成以该区域为中心的乡村公共空间区域。服务外来游客，又可以成为原有居民的
活动空间。

□空间透视效果

非遗文化展厅

茶馆 产

非遗文化展厅

茶馆 二

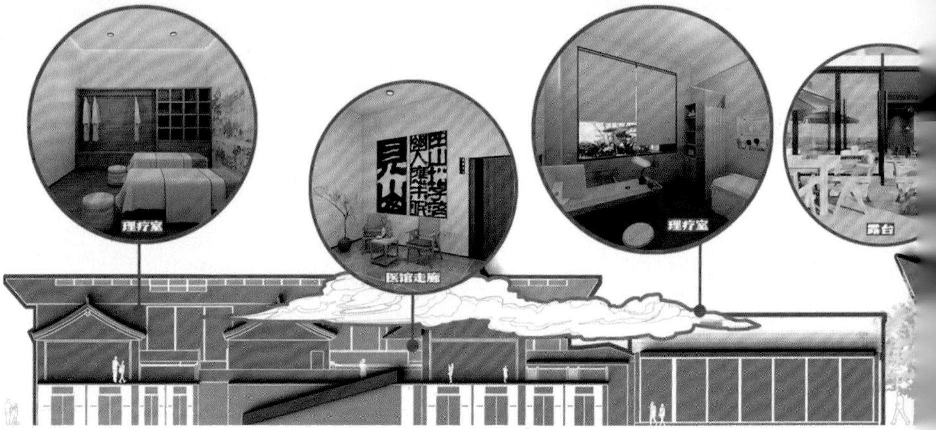
理疗室
医馆走廊
理疗室
露台

概念植入

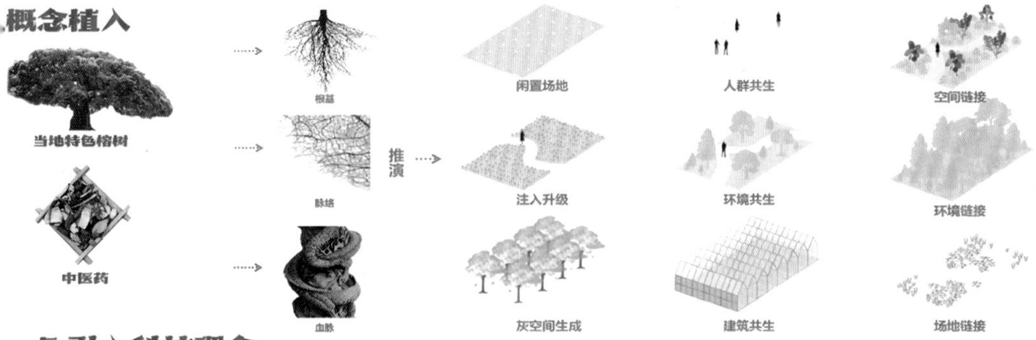
当地特色榕树
中医药
根基
脉络
血脉
推演
闲置场地
注入升级
灰空间生成
人群共生
环境共生
建筑共生
空间链接
环境链接
场地链接

5.引入科技理念

旧所新生

串联场所历史文脉要素，赋予新的功能价值，唤醒场地记忆。通过多种场所重构，联系公共性，开放各个区域，塑造多种业态，构建多元智慧生活。

功能置换

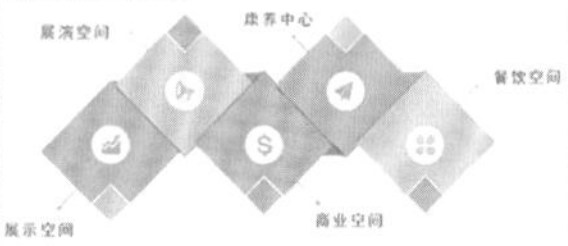
展演空间
康养中心
餐饮空间
展示空间
商业空间

场所植入

非遗展馆 演绎舞台 中医 康养 茶饮 文创产品售

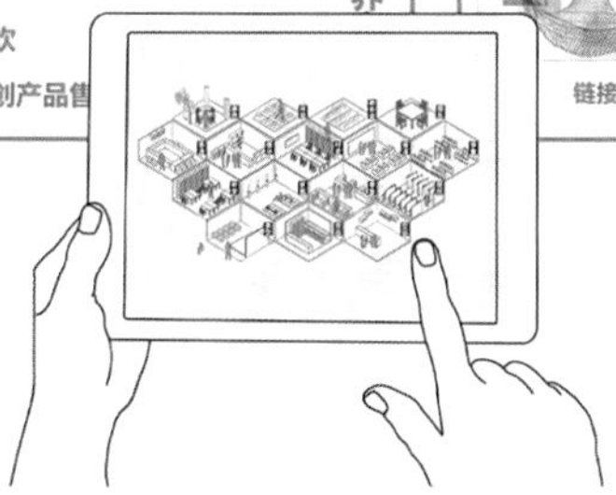

旧貌新生

根据调研确定了人群类型占比，把握使用者实际需求，吸引老龄化群体参与社会文化活动，关怀老人精神文化生活，促进社群碰撞交流，延续斗门排山村村落精神。

新材料

钢竹 杜邦纸 电镀石材 阳光板 3D打印

新理念

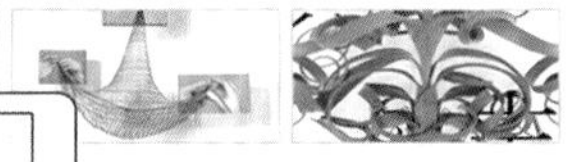

链接 共生

旧艺新生

挖掘第三产业潜力，延续民俗文化根基，生成村落内部驱动力，打造文化新触点，激活经济社会价值，打造“非遗＋文旅”的新模式，生成展示、展演、茶饮、零售、康养五种新业态。

新技术

OpenAI
CHATGPT

CHAT GPT　CHARACTE

输出该项目地非物质文化遗产知识，村落历史等等，将该文化输入到与之类似的人工智能中，只想新技术的注入，节省大量人力资源，实现场地年轻化、现代化。

打造品牌形……使其运用光……象，实现在场……中零距离互动……村落居民、外……与该项目空间的……感，拉近人与……距离，实现链……

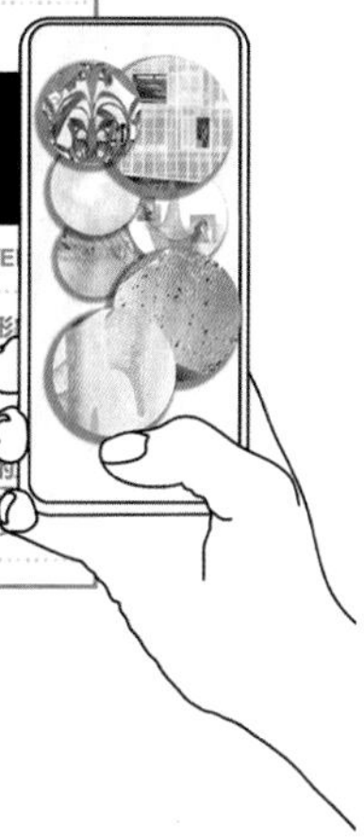

茶馆 露台区

茶馆 二层茶饮区

茶馆 二层茶饮区

茶馆 室外

商品展示区
问诊室
乡土展示墙

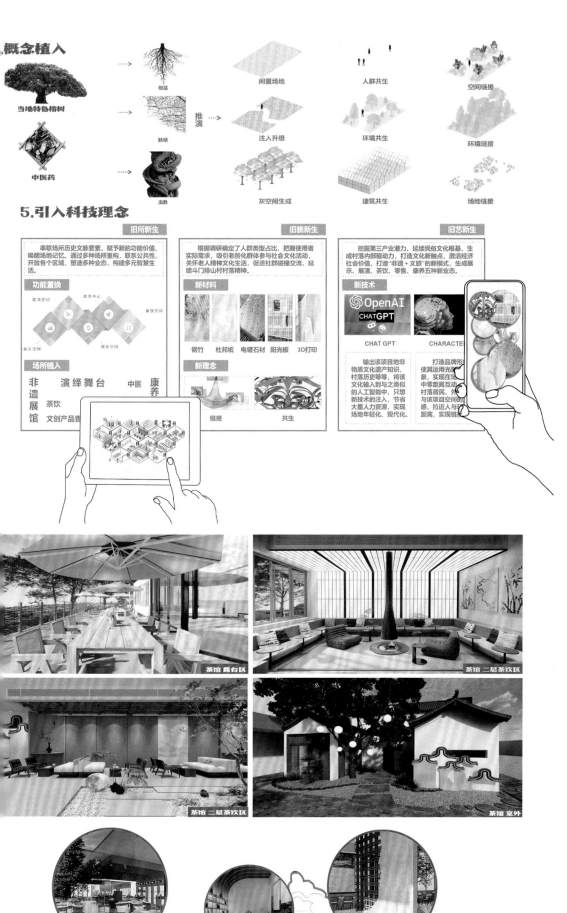

室内·联合毕业设计 6+

海上墟·与陆——疍家非遗文化体验馆设计

稻之香
上岸定居主题体验厅
巷与檐下
喂~快来，
非遗讲坛马上开始啦！！
转屋喫飯！！！~
“搁搁 的的的 局七七七
仓七七七 七仓 七得得！！！”

设计定位

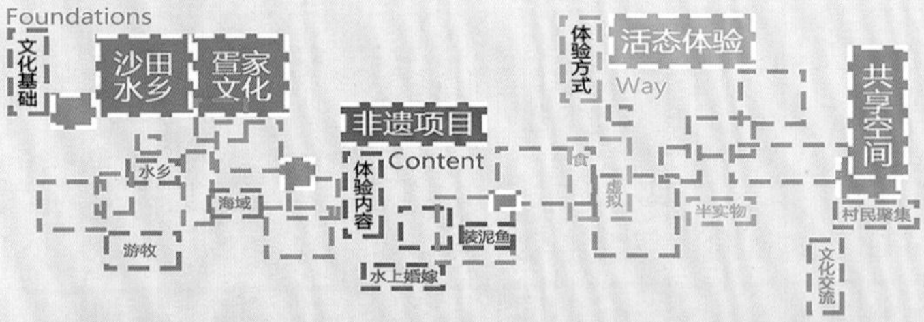
Foundations
文化基础
沙田水乡
疍家文化
水乡
海域
游牧
非遗项目
Content
体验内容
水上婚嫁
蔆泥鱼
体验方式
活态体验
Way
虚拟
半实物
共享空间
村民聚集
文化交流

根据排山村独具特色的夯土建筑，赋予了它独特的文化特点，该设计将此空间设计成为当地地区文化主题展馆和村民活动聚集空间，以夯土作为设计的主要原料的同时，加入新材料进行对比，并将当地非遗文化进行活化融入，公共空间的合理利用，既是展示空间又是开放性的空间，这是空间的活化利用，非遗文化展示的同时加入体验区域，也为周围村民提供文化场所，满足当地村民的精神文化需求，吸引了外来游客进行体验。

设计策略

自然基础、建筑元素 → 文化体现 → 融入 → 转译 → 置入空间 → 设计生成

- 自然基础、建筑元素：传统建筑外观；传统建筑空间
- 文化体现：非遗文化；建筑文化；人文文化
- 融入：提取灵感；结合设计
- 转译：元素转换
- 置入空间：非遗文化体现；文化空间感受；疍家生活习俗

文化感染——被动认知；身临其境；文化传播

活化场景——海上拼搏空间；亲身体验空间

设计融入——传统元素（桅杆；尾舵）；造型——篷船

空间节点

公共交流阶梯

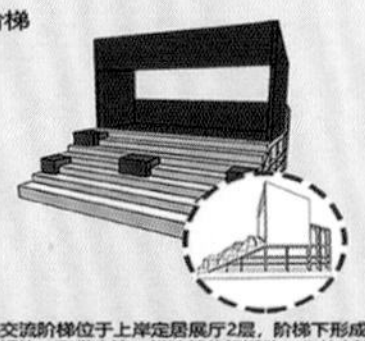

公共交流阶梯位于上岸定居展厅2层，阶梯下形成负空间，设置嵌入式柜体，可供交流、阅读等休闲活动。公共交流阶梯设置卡座置物台，可用于放置物品。

瞭望台

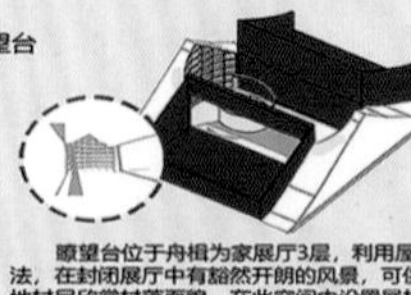

瞭望台位于舟楫为家展厅3层，利用屋顶开洞设计手法，在封闭展厅中有豁然开朗的风景，可供外来游客和当地村民欣赏村落面貌。在此空间中设置展柜和书架，在欣赏村落面貌同时被动接受非遗文化输出。

下沉式共享空间

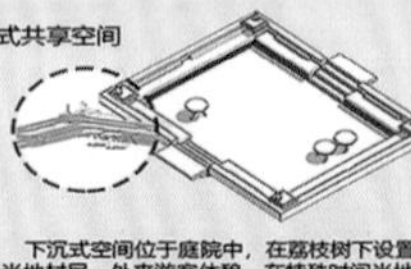

下沉式空间位于庭院中，在荔枝树下设置卡座，可用于当地村民、外来游客休憩，在特殊时间当地村民可进行举办小型活动，满足当地村民的精神文化需求。

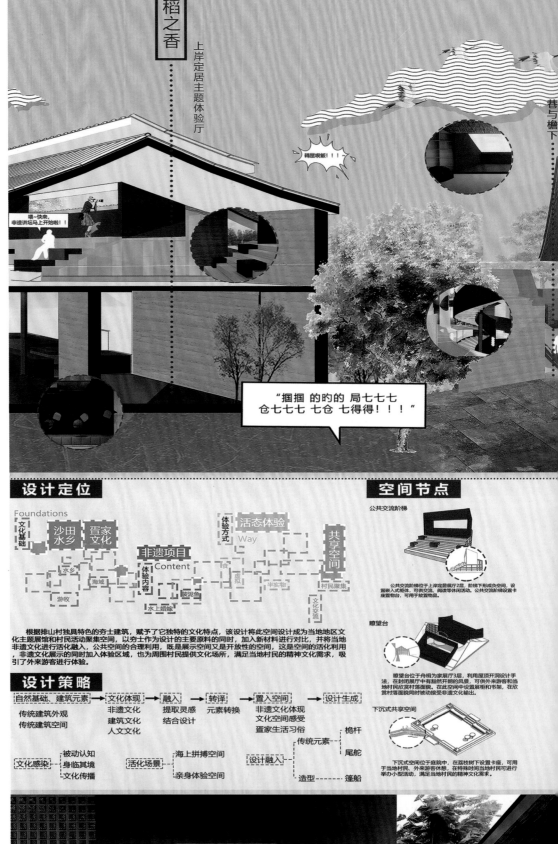

广西艺术学院

指导教师：肖彬 黄芳

作者：梁永誉 李忠航 黄耀黎

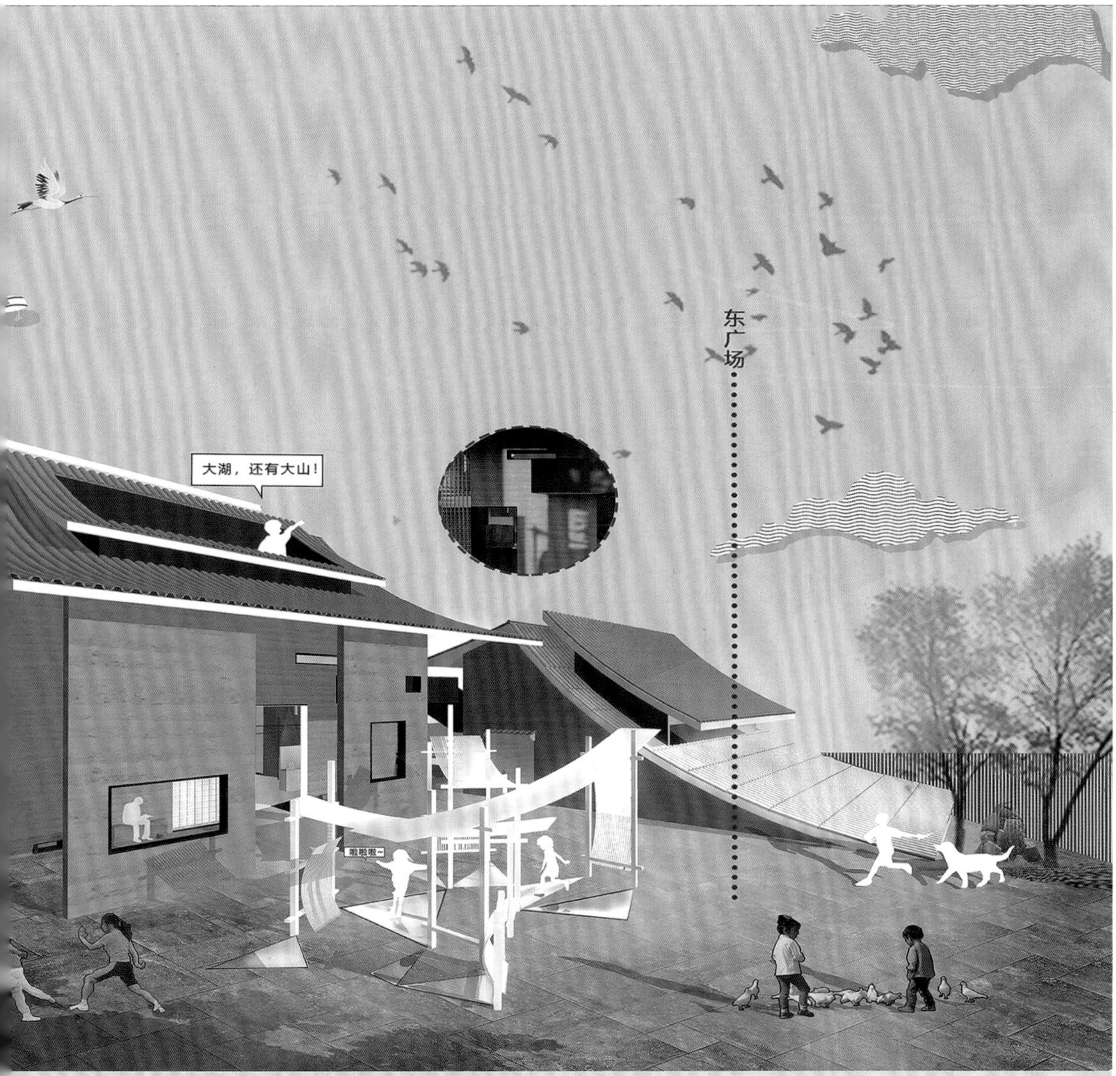

共享空间分析

展厅

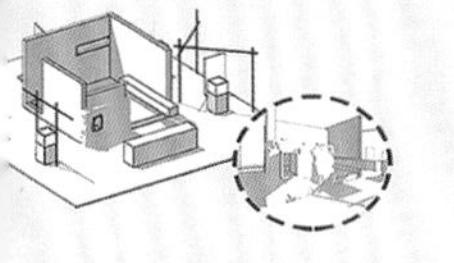

架杆提取了鱼船竿的元素，将其比喻为鱼
地面比喻为舟楫。中央做了一个半围合的空
咸水歌(非遗)试听。空间外形成了一个回字
同时增加了锣鼓柜互动体验区。

展厅

体验馆内进行一个视听体验，营造海上的氛
正对着是由桅杆演化而来的艺术装置，体验
放置了一艘疍家渔船，可供访客上船进行一个
体验，船头放置了由装泥鱼笼制作而成的
在体验馆两旁设计了疍家模型渔船的展区。

场

艺术装置，由疍家文化渔民晒渔网晒鱼干的
而来。游客村民可以在这里自由穿梭。户外
位于一号庭院，庭院无边界，人们可以从各
来散步、游玩。

共享空间

为大众自由开放的共享空间，还原村落记忆，为大众参与和事件的发生创造可能性，活化情绪，调动积极性。

檐下

后屋檐下，置入夯土工艺体验学习向四周开放。

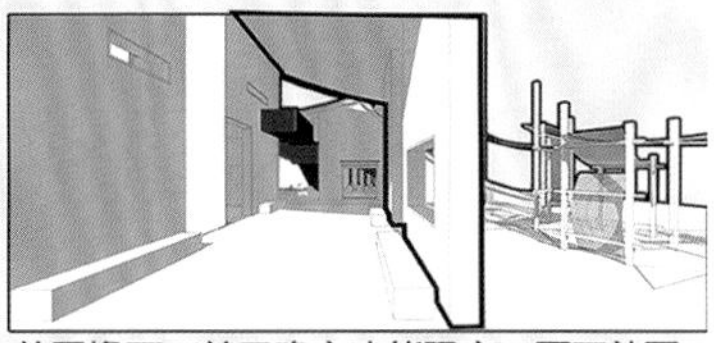

前屋檐下，并无确定功能限定，更开放更自由。

瞭望台、连廊

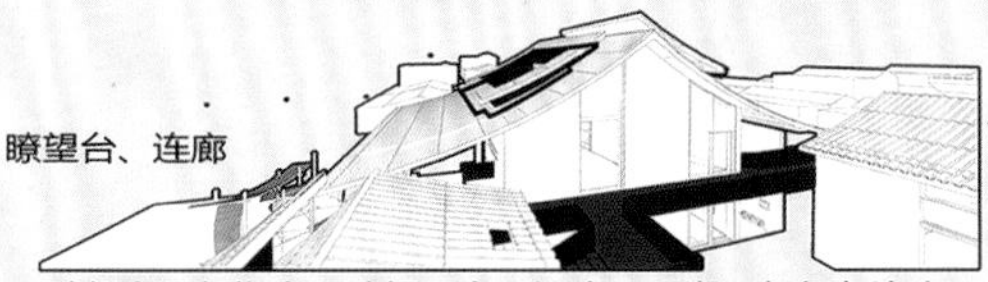

瞭望台顶部掏空，瞭望天空、远山，观湖。长红色连廊与展厅、院落、村民相互连接、渗透。

2，3观景台，与村落连接。

广场、庭院　　广场、院落，循序渐进，自由通达。

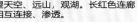

夯土材料分析

沙　石子

传统夯土墙的主要材料来源是就地获取的原状土，而现代夯土墙的材料可以通过土、砂、石的配比实验得到理想比例的混合料。除了以上几种主体材料外，也会添加一些其他辅助材料应用于夯土墙的营建。

夯土工具分析

夯筑工具主要包括预制模板、气动夯锤、手动夯锤、常用砌筑工具、滴水桶、脚手架等。传统的手动夯锤由金属夯板和木质手柄组合而成。

预制模板　气动夯锤　手动夯锤

夯土制作工序分析

材质与色彩

筑主要使用夯土、瓦
璃材料，夯土、瓦片
项目基地的地域特色
了玻璃、玻璃砖主要
增加空间的通透性。

院主要使用了水泥砖
馆内主要运用了微水
磨石、亮面砖营造不
间质感。

入的观景台和楼梯主
材料为红色艺术漆，
梯主要材料为木地板
及部分台面运用了铝
这些材料的运用主要
夯土形成材料对比。

夯土的黄占据了主要
色彩上主体为一个暖
红色为点缀色，其余
为辅助色。

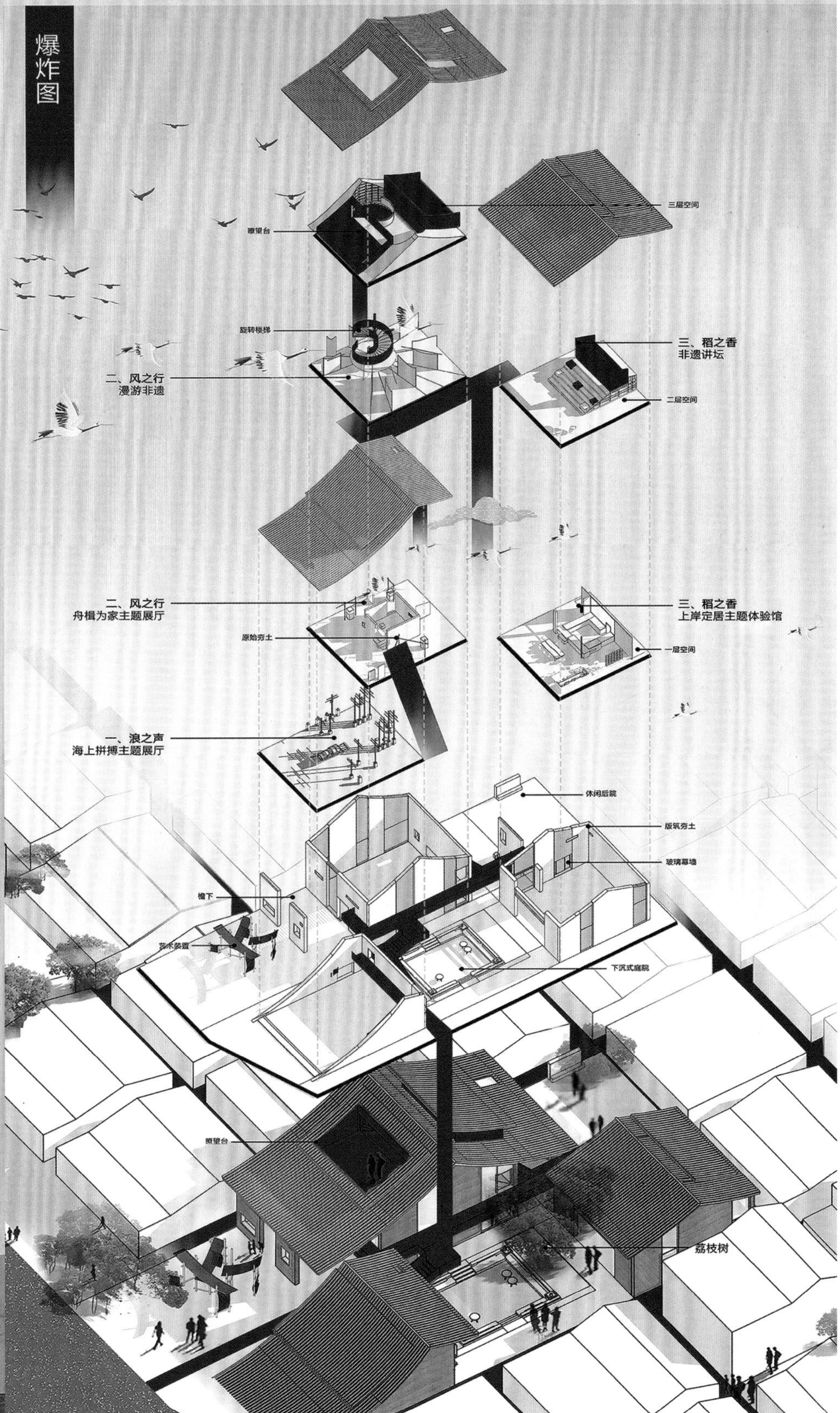
爆炸图
三层空间
瞭望台
旋转楼梯
三、稻之香
非遗讲坛
二、风之行
漫游非遗
二层空间
二、风之行
舟楫为家主题展厅
原始夯土
三、稻之香
上岸定居主题体验馆
一层空间
一、浪之声
海上拼搏主题展厅
休闲后院
版筑夯土
玻璃幕墙
檐下
艺术装置
下沉式庭院
瞭望台
荔枝树

向往的生活——排山乡村会客厅

区位分析

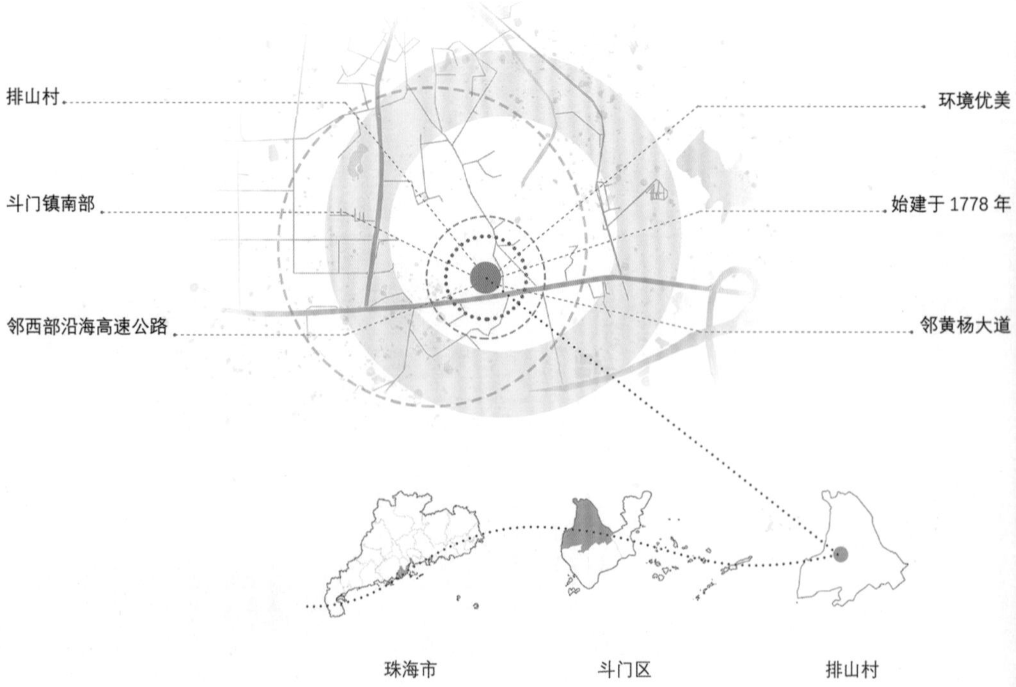
排山村
斗门镇南部
邻西部沿海高速公路
环境优美
始建于 1778 年
邻黄杨大道
珠海市
斗门区
排山村

厦门大学

指导教师：黄智

作者：高歌　钱亦凡

/ 设计说明

本项目结合排山村国家级非遗文化——装泥鱼，进行室内空间改造。

项目名为"向往的生活"——排山乡村会客厅，意为通过空间改造改善当地居民生活，重塑了久违的村庄聚落活力，解决当地留守老人、儿童的生活问题，同时吸引外来游客，激活当地经济发展，为周边的乡村民居改造提供新思路。

我们希望通过对原有建筑的空间改造和功能重置，提升乡村接待能力的同时，为村民提供一个公共活动场所，同时植入新的文化项目，由此拉动村庄经济，提高村民生活质量。

我们在设计中尽可能保留原始建筑中的夯土泥墙，同时采用了新型无机石复合材料，用科技的手法将岭南地区传统建筑中破败的材料变废为宝，节约成本并利于当地可持续发展。

周边分析

01 周边业态

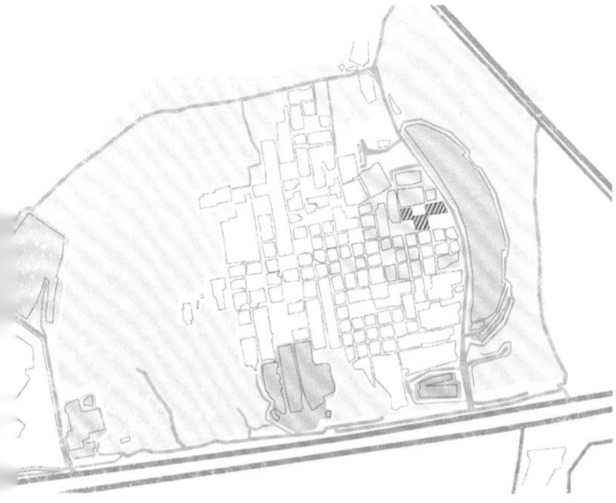

改造场地	民宿	餐厅
一级道路	休闲场所	公司工厂
二级道路	学校	子孙塘
		绿化用地

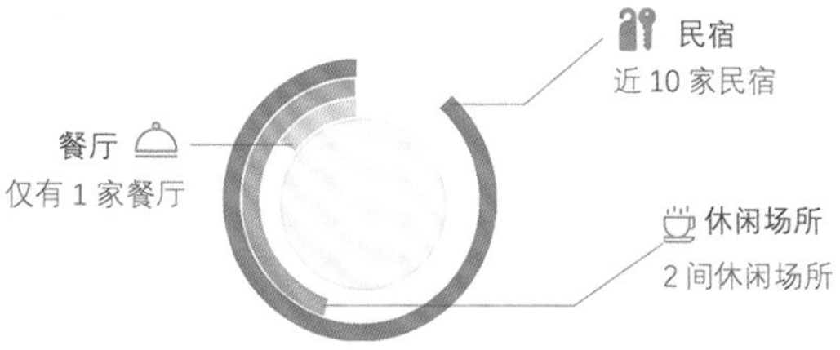
民宿
近 10 家民宿
餐厅
仅有 1 家餐厅
休闲场所
2 间休闲场所

周边业态功能

民宿

餐厅

咖啡厅

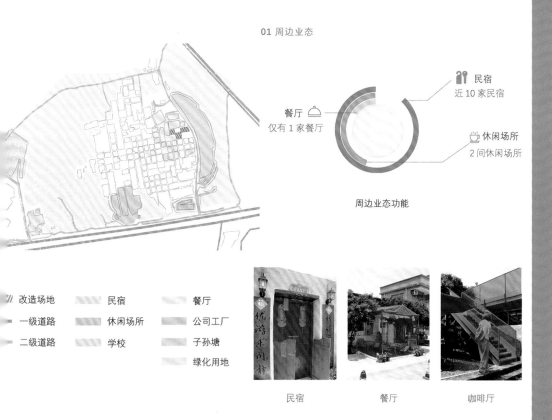

周边现存问题

- 周边古民居功能基本为民宿改造
- 周边业种单一
- 无法满足游客消费需求
- 局限旅游市场的发展
- 局限当地经济的发展

人群分析 —— 当地居民

01 当地居民分析

人口 420 人

住户 102 户

70座
20 座在住古民

排山村现存 70 座古民居中有居民居住的不到 20 座。由于早年当地的移居热潮，多数古屋逐渐无人居住和打理。

人群分析 —— 观光游客

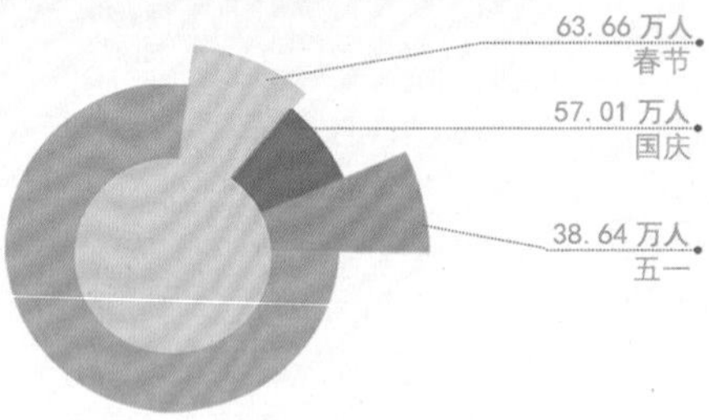

63.66 万人
春节
57.01 万人
国庆
38.64 万人
五一

2019 年游客数据分析

观光游客问题分析

排山村作为珠海市保存最完整的古村落，以其特有的自然景和文化元素，吸引众多游客前来体验。

但排山村古村落因村落规模小，目前几乎所有的改造都围绕民居改造民宿，无处休憩、逗留。

排山村古村落因村落规模小，几乎没有旅游消费、娱乐设施游客一般只在排山村做短暂的观光停留，因此缺乏旅游设施和建设的排山村无法形成一个独立的可提供游客接待的旅游景点。

功能较为单一，缺少宣传当地文化的展陈、体验设施，因游消费的发展也相对停滞。

建筑原始材料分析

· 材料一 —— 夯土泥墙

岭南古建筑墙体大致有土墙、蚝壳墙、青砖墙等，中排山民居以夯土墙建筑

因珠海地处沿海，三版筑夯土墙有优越的抗风抗雨水侵蚀性。与众不同的排山村版夯土墙的夯筑中糯米浆和红糖浆等传统工筑。夯筑出来的墙体均匀板结性强、颜色匀称。

· 材料二 —— 青砖 红砖

珠海大部分位于亚热带候区，日照时间较长，所以筑外墙的隔热性能尤为重因此砖墙也是当地民居建主要材料之一，另外青砖砖还具有良好的防潮防水

现存古民居中，青砖屋红砖屋 7 间。

· 材料三 —— 蚝壳墙

珠江三角洲盛产生蚝古代加工技术成熟之前，被吃掉后留下的贝壳基本收集起来，作为不同类别筑材料出售。建造房屋时蚝壳与黄泥、红糖和蒸糯合，层层堆砌。

它们不仅有隔声效果且冬天温暖，夏天凉爽。结实耐用，据说能够抵抗的攻击。

02 当地居民问题分析

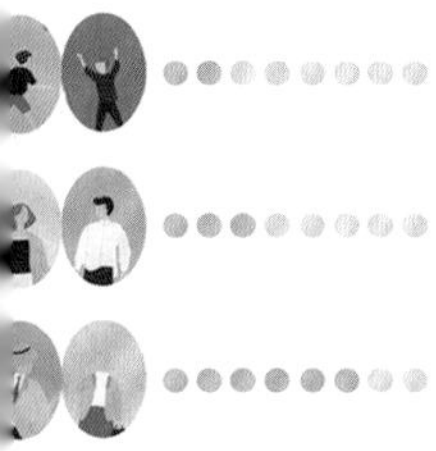

人口结构

根据 2020 年的数据显示，斗门区全区 **60 周岁以上户籍老人有 6.25 万人**，占全区户籍人口总数约 **14.96%**，而我国规定超过 7% 即为人口老龄化，因此斗门区的老龄化程度极高，并且随着农村进城务工人数的增加，农村空巢老人比例也在逐步增加。

通过实地调研，我们发现由于排山村的布局特殊，当地老人缺少共享开放的休憩场所。但目前**老年人的需求**在民居改造中逐渐被忽视，村庄缺少聚落活力。

/ 人群需求分析

人群分析

- 当地居民 → 老龄化严重 → 当地老年人的需求
  - 共享庭院
  - 售卖手作工艺品、糕点
- 游客
  - 无处逗留
  - 场地功能单一
  - 无处了解当地文化
  - → 游客的需求
    - 逗留、休憩的空间
    - 了解体验当地传统文化

/ 新型复合材料 —— 无机石

介

人造石是人工合成的一种建筑装饰材料，其主要原材料（骨料）为石英石、大理石等天然石材，再加入少量的配料（粘接剂、颜料、点缀物）经过精确的调配后压制成一体。

在此基础上，无论骨料、配料，无机人造石全都采用无机材料，在节约资源的同时又保证了产品的健康、安全、环保。

产品特点

资源再生

通过材料回收再研发再制造，解决发展中造成的闲置与浪费，以智造技术提高资源的剩余利用率。原材料广泛多样，玻璃颗粒、陶瓷颗粒、金属颗粒、尾矿砂等。

花色可定制

预制水磨石可随意拼接花色、颜色均可自定义配制。运用不同石料搭配碰撞演绎出全新的美学组合，引领未来个性化而不失经典的设计理念。

材料工艺流程

红砖 青砖

蚝壳

- 红砖 青砖、蚝壳 → 打碎
  - 压纹 → 岭南特色图样
  - 搅拌 → 新型融合材料

型融合材料

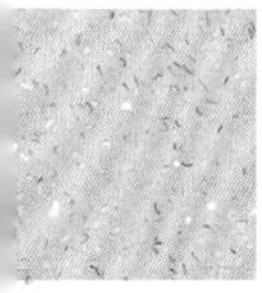

蚝壳

将生蚝壳用机器打碎成不同粒径的碎片，同时可以加入碎石、玻璃、石英石等骨料拌入水泥粘接料制成混凝制品，将多种材料混合、搅拌，经过二次研磨抛光后，便可得到不同肌理的新型“蚝壳墙”。

岭南特色图样

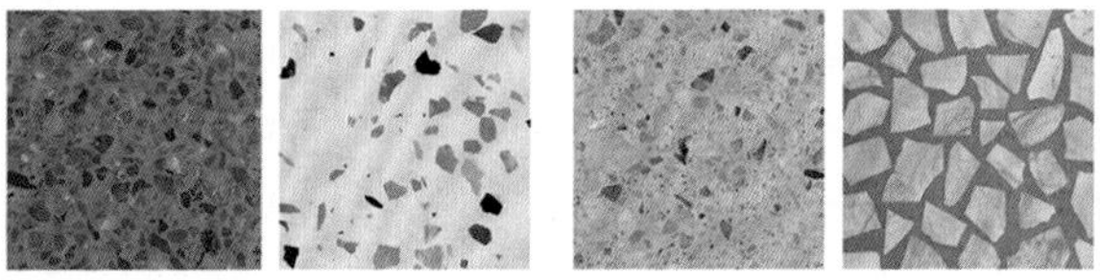

红砖　　青砖

不同研磨精度下的红砖和青砖会呈现不同的色彩和肌理，将其以真空高频压制的方式和多种材质的无机石结合，便可得到多样的花砖。

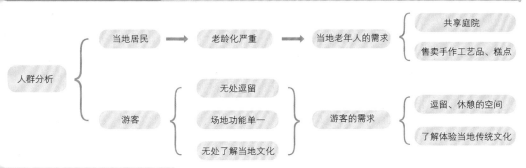

2023 年实验组毕业答辩合影（哈尔滨工业大学）

2023 东北区毕业答辩合影（沈阳建筑大学）

2023 年华北区中期汇报合影（北方工业大学）

2023 年华东区中期汇报合影（合肥工业大学）

2023 华西区毕业答辩合影（云南艺术学院）

2023 年华中区中期汇报合影（南昌大学）